高职高专“十四五”规划教材
高等学校美容化妆品专业规划教材
美容化妆品行业职业培训教材

化妆品质量检验技术

龚盛昭　邵庆辉　李丰　徐梦漪　等 编著

化学工业出版社
·北京·

内 容 简 介

本书简要介绍了化妆品及原料检验的基本知识，重点介绍了化妆品用油脂、香料、香精、表面活性剂及其他常用原料检验，香皂检验和化妆品检验，有针对性地编写了大量的实训项目，特别是将大量教学资源以二维码形式嵌入到书中，方便学生学习使用。书中介绍的检验方法与企业生产实际基本一致，实用性强，参考价值大。

本书注重理论与实际相结合，书中内容与化妆品产业发展实际保持了高度一致，体现了化妆品产业先进的技术元素，非常适用于高校化妆品类专业学生学习使用，同时也非常适合化妆品企业质量工程师和检验技术人员作为参考书。

图书在版编目（CIP）数据

化妆品质量检验技术/龚盛昭等编著. —北京：化学工业出版社，2021.7 （2024.9重印）

高职高专“十四五”规划教材

ISBN 978-7-122-38902-2

Ⅰ.①化… Ⅱ.①龚… Ⅲ.①化妆品-质量检验-高等职业教育-教材 Ⅳ.①TQ658

中国版本图书馆 CIP 数据核字（2021）第 063321 号

责任编辑：张双进 提 岩　　　文字编辑：张亿鑫 陈小滔
责任校对：张雨彤　　　装帧设计：王晓宇

出版发行：化学工业出版社（北京市东城区青年湖南街 13 号 邮政编码 100011）
印 装：河北延风印务有限公司
710mm×1000mm 1/16 印张 20 字数 376 千字 2024 年 9 月北京第 1 版第 4 次印刷

购书咨询：010-64518888　　　售后服务：010-64518899
网 址：http://www.cip.com.cn
凡购买本书，如有缺损质量问题，本社销售中心负责调换。

定 价：58.00 元

编写人员

龚盛昭　广东轻工职业技术学院、广州环亚化妆品科技有限公司

邵庆辉　艾依诺科技有限公司

李　丰　广州汇标检测技术中心

徐梦漪　广东轻工职业技术学院

陈庆生　广州环亚化妆品科技有限公司

高爱环　肇庆学院

谢桂容　湖南化工职业技术学院

许丹妮　咸阳职业技术学院

彭　莺　顺德职业技术学院

王宗君　广西工业职业技术学院

李传茂　广东丹姿集团有限公司

李仁衬　广州天芝丽实业有限公司

龚德明　广州广妆生物科技有限公司

雷曼苹　佛山市雷院长美容有限公司

郭宏霞　佛山博诗尼澳生物科技有限公司

胡晓永　佛山市顺德信元生物科技有限公司

Kate Ou　深圳壹博士生物科技有限公司

陈宇霞　广州环亚化妆品科技有限公司

刘　薇　广州环亚化妆品科技有限公司

李楚忠　广州环亚化妆品科技有限公司

李　强　广州环亚化妆品科技有限公司

汪　洋　广州环亚化妆品科技有限公司

前言

随着我国人民生活水平不断提高，越来越多的人追求时尚追求美，带动了化妆品领域市场规模的持续增长，我国化妆品行业迎来黄金时代。但也要清醒地认识到，我国化妆品企业良莠不齐，急需加强产品品质管理。随着《化妆品监督管理条例》的实施，对化妆品质量安全提出了新要求，同时也对化妆品质量管理和检验人员提出了新需求。为了满足产业对人才的需求，培养企业所需的专门人才，我们查阅了近年来国内外大量的科技文献资料，结合多年在教学、科研中的实践经验，进行了本书的编写。

本书注重理论与实际相结合，突出实用性，书中内容与化妆品产业发展实际保持了高度一致，将化妆品产业的新技术、新标准、新规范编写入教材中，体现了化妆品产业先进的技术元素，非常适合作为高校化妆品技术等相关专业用教材，也非常适合作为化妆品企业检验技术人员和质量工程师的参考书。

本书根据化妆品产品的类型进行模块化分类编写，每个模块按照以学生学习效果为中心的“问题导向”教学法组织教材内容。主要编写了化妆品用油脂、香料香精、表面活性剂及其他常用原料、香皂、化妆品的检验技术。

本书注重校企合作“双元”开发，编写人员由高职院校教师与化妆品企业工程师组成。全书由广东轻工职业技术学院龚盛昭教授，艾依诺科技有限公司邵庆辉高级工程师，广州汇标检测有限公司李丰高级工程师，广东轻工职业技术学院徐梦漪副教授，广州环亚化妆品科技有限公司陈庆生高级工程师，肇庆学院高爱环副教授，湖南化工职业技术学院谢桂容，咸阳职业技术学院许丹妮，顺德职业技术学院彭莺，广东丹姿集团有限公司李传茂，广州天芝丽实业有限公司李仁衬，广州广妆生物科技有限公司龚德明，广州环亚化妆品科技有限公司陈宇霞、刘薇、李楚忠、李强、汪洋，佛山市雷院长美容有限公司雷曼苹，佛山博诗尼澳生物科技有限公司郭宏霞，佛山市顺德信元生物科技有限公司胡晓永，深圳壹博士生物科技有限公司 Kate Ou 等共同编写。本书是在国家级职业教育教师教学创新团队课题研究项目——高职国家名师引领下“三教”改革研究与推广（GG2020N00001）、精细化工技术专业群“1+N”双元育人模式创新与实践研究（YB2020090204）和广东省化妆品学会资助下完成的，在此一并表示感谢。

限于编者水平有限，不妥之处在所难免，恳请广大读者批评指正。

编者
2020 年 12 月于广州

目录

《化妆品质量检验技术》二维码资源目录

序号	二维码编码	资源名称	资源类型	页码
1	M0-1	pH 值测定方法	文字	003
2	M0-2	国家标准示例	文字	004
3	M0-3	行业标准示例	文字	004
4	M0-4	企业标准示例	文字	004
5	M0-5	团体标准示例	文字	004
6	M1-1	75%消毒酒精的配制及其杀菌原理	文字	013
7	M2-1	显微熔点测定仪	图片	041
8	M2-2	阿贝折射仪	图片	048
9	M2-3	旋光仪	图片	052
10	M2-4	卡尔费休水分测定仪	图片	059
11	M2-5	铁钴比色计	图片	063
12	M2-6	电导率仪	图片	071
13	M2-7	黏度计	图片	074
14	M2-8	离心机	图片	081
15	M3-1	氢化蓖麻油熔点高的原因	文字	086
16	M3-2	罗维朋比色计原理	文字	087
17	M3-3	植物油脂变色原因	文字	087
18	M3-4	冷热指示剂滴定法比较	文字	092
19	M3-5	电位滴定法原理	文字	092
20	M3-6	部分常见油脂皂化值和 INS 值	文字	094
21	M3-7	油脂常见的特征参数	文字	098
22	M3-8	GB/T 5532—2008	文字	098
23	M3-9	改良方法	文字	098
24	M3-10	测定油脂过氧化值的其他方法	文字	107

续表

序号	二维码编码	资源名称	资源类型	页码
25	M3-11	罗维朋比色计	图片	110
26	M4-1	评香的正确操作	文字	125
27	M4-2	香料的阈值	文字	126
28	M4-3	不同介质中香气的区别	文字	126
29	M4-4	香豆素酸值测定方法	文字	130
30	M4-5	柠檬桉油含醛量测定方法	文字	133
31	M4-6	精油中水溶性化合物对含酚量测定的影响	文字	134
32	M5-1	表面张力仪	图片	149
33	M5-2	酸性混合指示剂溶液配制方法	文字	155
34	M6-1	化妆品安全技术规范	文字	170
35	M6-2	抑菌圈	图片	185
36	M7-1	白度仪使用说明书	文字	222
37	M8-1	《化妆品安全技术规范》简介	视频	228
38	M8-2	化妆品理化检验报告模板	文字	230
39	M8-3	pH 计的校准与读数	视频	232
40	M8-4	罗氏泡沫仪标准操作规程	文字	239
41	M8-5	有效物测定报告模板	文字	240
42	M8-6	巯基乙酸含量测定报告模板	文字	249
43	M8-7	过氧化氢含量测定报告模板	文字	250
44	M8-8	溴酸钠含量测定报告模板	文字	251
45	M8-9	杀菌率的测定报告模板	文字	255
46	M8-10	铅汞砷含量测定报告模板	文字	265
47	M8-11	微生物检验报告模板	文字	272

绪 论

知识目标

- (1) 了解化妆品生产的特点。
- (2) 熟悉相关技术标准。
- (3) 掌握化妆品检验工作的基本程序。

能力目标

- (1) 能进行化妆品相关标准的查阅。
- (2) 能根据化妆品检验目标确定检验工作程序。

案例导入

作为一名化妆品检验人员，你知道GB/T 35827—2018《化妆品通用检验方法 乳化类型(W/O或O/W)的鉴别》中各符号代表什么意思吗?

?

课前思考题

(1) 化妆品的定义是什么? 包括哪些产品类型?

(2) 仪器分析法一定比化学分析法准确吗?

化妆品是指以涂擦、喷洒或者其他类似方法，施用于皮肤、毛发、指甲、口唇等人体表面，以清洁、保护、美化、修饰为目的的日用化学工业产品。

1. 化妆品生产的特点

化妆品的含义决定了化妆品生产具有如下特点。

① 多品种、小批量。每批化妆品产量不是很大，通常是几百千克到几十吨，但对产品质量要求较高。不断地开发新产品和提高产品质量是精细化工行业发展的总趋势。

② 综合生产装置和多功能生产装置。由于化妆品多品种、小批量的特点，化妆品企业往往是利用一套装置生产多种产品，并随市场的需要不断更换生产的品种。

③ 高度技术密集。由于在实际应用中化妆品是以综合功能出现的商品，这就要求在配方中应筛选不同化学结构的原料，在剂型上充分发挥其自身功能与其他物质的协同作用，这是造成化妆品生产高度技术密集的主要原因。

④ 商品性强。由于化妆品品种多，用户对产品可选择面广，市场竞争激烈，因而应用技术的开发和技术产品的应用服务是组织生产的两个重要环节，应在技术开发的同时，做好服务工作，以提高信誉。

2. 化妆品检验的任务

化妆品检验是分析化学在化妆品质量检验中的应用，它的检验对象是化妆品的原料、半成品和成品，其主要任务如下。

① 通过检验，随时了解产品生产各环节的运行情况，保证生产正常进行。

② 通过检验，依据相关标准评定产品质量等级，促进企业优质、高效地进行生产。

3. 化妆品检验的方法

化妆品的组成往往比较复杂，需要依据一定的方法，对其主要成分及重要的杂质成分做检验。其检验方法主要有以下几种。

（1）按检验原理不同分为化学分析法和仪器分析法

① 化学分析法是以化学反应为基础的分析方法，主要有质量法、容量法等，常用于产品的常量及半微量分析检验。

② 仪器分析法是借助分析仪器测量产品的光学性质（如吸光度），电化学性质（如电位、电导），密度、熔点等物理或物理化学性质，以求出或了解产品中待测组分的含量或物理性能。仪器分析法具有快速、准确的优点，但需要分析仪器。

与化学分析法相比，仪器分析法具有一定的优势，但化学分析法不需要昂贵的仪器，故目前仍大量采用。

（2）按生产及要求不同分为快速分析法和标准分析法

① 快速分析法是为适应生产要求，通过简化操作步骤、提高分析速度而形成的一类新型分析方法，具有快、准、简、廉的特点，但检验结果精确度较低，误差较大。企业内部的生产过程监测和半成品检验多采用此法。

② 标准分析法是依据相关标准，对产品进行鉴定分析、仲裁分析和校验分析的一种方法，具有准确度高，完成分析所需时间长的特点。通常用于企业成品检验、国家质量监督检验和质量仲裁等方面。

【问题】 在化妆品生产过程中需要粗测产品的 pH 值，应采用哪种方法测定？生产结束后需要精确测定产品的 pH 值，应采用哪种方法测定？

M0-1 pH 值测定方法

【回答】 请扫二维码查询答案。

4. 我国技术标准的分级和分类

(1) 技术标准的分级

按照标准的适用范围，我国的技术标准分为以下几个等级：

① 国家标准。由国家市场监督管理总局审查批准和颁发，代号为 GB，在全国范围内执行。凡是带有 GB/T 代号的为推荐性国家标准，而只有 GB 代号的为强制性国家标准。

国家标准的编号由国家标准的代号、国家标准发布的顺序号和国家标准发布的年号构成。如推荐性国家标准编号 GB/T 29679—2013《洗发液、洗发膏》中，GB/T 为国家推荐性标准的代号，29679 为国家标准发布的顺序号，2013 为国家标准发布的年号。

② 行业标准。由国家各主管部门审查批准和颁发。如化工行业标准为 HG；轻工行业标准为 QB。行业标准在各行业部门内执行。

行业标准的编号由各行业标准的代号、标准顺序号和标准年号组成。与国家标准的区别就在代号上。如轻工业标准编号 QB/T 1994—2013《沐浴剂》中，QB/T 为轻工业推荐性标准代号，1994 为标准顺序号，2013 为标准年号。

③ 地方标准。由地方各级人民政府审查批准，在该地区内执行。强制性地方标准的代号由“DB”加上省、自治区、直辖市行政区划代码前两位数再加斜线组成，再加“T”则组成推荐性地方标准的代号。例如，广东省行政区划代码为 440000，所以广东省强制性地方标准代号为 DB44、推荐性地方标准代号为 DB44/T。

地方标准的编号由地方标准的代号、地方标准的顺序号和年号三部分组成。如广东省地方标准 DB44 26—2001《水污染物排放限值》。

④ 企业标准。由生产企业负责人审查批准，在企业内部执行。企业标准代号为“Q”，某企业的企业标准代号由企业标准代号 Q 加斜线再加企业代号组成，即 Q/×××。

企业标准的编号由该企业的企业标准的代号、顺序号和年号组成。如广州环亚化妆品科技有限公司的企业标准 Q/HYHZKJ 13—2020《发油》。

⑤ 团体标准。由具有法人资格，且具备相应专业技术能力、标准化工作能力和组织管理能力的学会、协会、商会、联合会和产业技术联盟等社会团体按照团体确立的标准制定程序自主制定发布，由社会自愿采用的标准。团体标准的代号为“T”，某团体的团体标准代号由团体标准代号 T 加斜线再加团体代号组成，即 T/×××。

团体标准的编号由该团体的团体标准的代号、顺序号和年号组成。如浙江省保健品化妆品行业协会的团体标准 T/ZHCA 001—2018《化妆品美白祛斑功效测试方法》。

M0-2
国家标准示例

M0-3
行业标准示例

M0-4
企业标准示例

M0-5
团体标准示例

标准问题

【问题】 GB/T 29679—2013 规定洗发液要在 (40±1)℃ 下进行 24h 的耐热稳定性试验，但×××公司要求检验人员在 (48±1)℃ 下进行 1 周的耐热稳定性试验。

【讨论】 ×××公司的规定是否违背了 GB/T 29679—2013 这一国家标准？

(2) 技术标准的分类

我国技术标准分为以下几类：

① 基础标准。基础标准是指在一定范围内作为其他标准的基础并具有广泛指导意义的标准，包括：标准化工作导则、通用技术语言标准、量和单位标准、数值与数据标准等。

② 产品标准。产品标准是指对产品的结构、规格、质量和检验方法所做的技术规定。

③ 方法标准。方法标准是指以产品性能、质量方面的检测、试验方法为对象而制定的标准。其内容包括检测或试验的类别、检测规则、抽样、取样测定操作、精度要求等方面的规定，还包括所用仪器、设备、检测和试验条件、方法、

步骤、数据分析、结果计算、评定、合格标准、复验规则等。

④ 安全、卫生与环境保护标准。这类标准是以保护人和动物的安全、保护人类健康、保护环境为目的而制定的。

5. 检验工作的基本程序

化妆品成品、半成品和原材料的检验一般应按下列基本程序进行操作。

(1) 试样的采集

一个待测样品所代表的产品数量往往很大，而采集的样品只是其中极少的部分。因此，所采集的样品，必须能代表物料的平均组成，否则检验过程和检验结果就失去意义。正确采样是保证检验结果准确的重要前提，应遵循随机采样的原则，采取足够的样品量，确保样品具有代表性，并保证各项检测任务的完成。

(2) 方法的选择

对于原材料、半成品和成品的检验，方法的选择比较简单，一般直接采用国家标准、行业标准或企业标准进行测定。如无合适的检验方法，则可参照其他国家的标准方法或参考文献提供的分析方法。

(3) 样品的测定

在选定了检验方法后，应严格按照有关的操作规程进行测定。

(4) 检验结果的审查

检验结果的审查是整个检验工作的重要一环，其目的在于进一步发现问题，保证质量。

练习题

1. 我国技术标准分为哪几个等级？代号分别是什么？
2. 检验工作基本程序有哪几步？

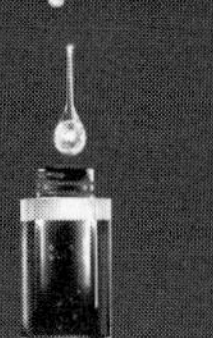

第1章 化妆品检验基础知识

知识目标

- (1) 了解化妆品检验数据处理相关知识。
- (2) 熟悉标准物质、标准溶液和普通溶液标签和浓度表示方法。
- (3) 熟悉精细化学品的采样方法。
- (4) 掌握标准溶液和普通溶液的配制及标准溶液的标定方法。

能力目标

- (1) 能正确使用物质浓度的表示方法。
- (2) 能进行标准溶液和普通溶液的配制。
- (3) 能进行标准溶液的标定。

案例导入

如果你是一名企业的检验人员，工作中需配制1L 0.1mol/L NaOH标准溶液，应如何配制和标定?

课前思考题

(1) NaOH能作为标准物质使用吗?

(2) NaOH能作为基准物质使用吗?

溶液配制

化妆品检验所用溶液分为水溶液（简称溶液）和非水溶液两大类。常用的溶液一般是水溶液。常用溶液的配制是化妆品检验员必须掌握的基本技能，配制溶液除需选择合适的玻璃仪器，还应选择符合要求的溶质（化学试剂）和溶剂（水）。另外，若要正确地配制和使用溶液，必须掌握有关溶液浓度的表示方法等知识。

1.1.1　分析实验室用水规格及分析用水检验

一般化工产品的检验用水为“蒸馏水或相应纯度的去离子水”，某些超纯分析及痕量分析需要使用纯度更高的水。

1.1.1.1　分析实验室用水的规格

根据 GB/T 6682—2008《分析实验室用水规格和试验方法》的规定，分析实验室用水分 3 个级别：一级水、二级水和三级水。一级水用于有严格要求的分析试验，包括对颗粒有要求的试验，如高效液相色谱分析用水。一级水可用二级水经过石英设备蒸馏或离子交换混合床处理后，再经 0.2μm 微孔滤膜过滤来制取。二级水用于无机痕量分析等试验，可用多次蒸馏或离子交换等方法制取。三级水用于一般化学分析试验，可用蒸馏或离子交换等方法制取。分析实验室用水的规格见表 1-1。

表 1-1　分析实验室用水的规格

技术名称	一级	二级	三级
pH 值范围(25℃)	—	—	5.0～7.5
电导率(25℃)/(mS/m)	≤0.01	≤0.10	≤0.50
可氧化物质含量(以 O 计)/(mg/L)	—	≤0.08	≤0.4
吸光度(254nm,1cm 光程)	≤0.001	≤0.01	—
蒸发残渣(105℃±2℃)含量/(mg/L)	—	≤1.0	≤2.0
可溶性硅(以 SiO_2 计)含量/(mg/L)	≤0.01	≤0.02	—

注：1. 由于在一级水、二级水的纯度下，难于测定其真实的 pH 值，因此，对一级水、二级水的 pH 值范围不做规定。

2. 由于在一级水的纯度下，难于测定可氧化物质和蒸发残渣，对其限量不做规定。可用其他条件和制备方法来保证一级水的质量。

1.1.1.2 分析用水的检验

通常，三级水即可满足一般化妆品分析检验的用水要求，在此主要介绍三级水的检验方法。

（1）pH 值

量取 100mL 水样，用 pH 计测定 pH 值，具体测定方法见本教材第 2 章 2.8 节。

（2）电导率

水的电导率是水质纯度的一个重要指标。用电导仪测定水的电导率是水质分析和检测的最佳方法之一，具体测定方法见本教材第 2 章 2.9 节。

（3）可氧化物质含量

量取 200mL 三级水注入烧杯中，加入 1.0mL 硫酸溶液（20%，按 GB/T 603—2002 配制），混匀。在上述已酸化的试液中，加入 1.00mL 高锰酸钾标准滴定溶液 [$c(1/5KMnO_4)=0.01mol/L$]，混匀，盖上表面皿，加热至沸并保持 5min，溶液的粉红色不得完全消失。

（4）蒸发残渣

量取 500mL 三级水，将水样分几次加入旋转蒸发器的蒸馏瓶中，于水浴上减压蒸发（避免蒸干），等水样最后蒸至约 50mL 时，停止加热。将此浓集的水样转移至一个已于（105±2）℃恒量的蒸发皿中，用 5～10mL 水样分 2～3 次冲洗蒸馏瓶，洗液合并至蒸发皿，于水浴上蒸干，并在（105±2）℃的烘箱中干燥至质量恒定。

1.1.2 化学试剂和标准物质

对于从事分析工作的人员来说，了解化学试剂的性质、用途、储存及有关选购等方面的知识，是非常必要的。只有很好地掌握了化学试剂的性质和用途，才能正确使用化学试剂，不致因选用不当，影响分析结果的准确度或产生一些不应有的错误，造成浪费。

1.1.2.1 化学试剂的分类和选用

化学试剂数量繁多，种类复杂，通常根据用途分为通用试剂、基准试剂、生化试剂、生物染色剂等。进行化妆品检验时，通常要使用以上化学试剂。表 1-2 列出了化学试剂的门类、等级和标志。

选用化学试剂的原则是根据检验工作的实际需要，选用不同纯度和不同包装的试剂。

（1）根据分析任务的不同，选用不同等级的试剂

① 进行痕量分析，应选用优级纯试剂，以降低空白值，避免杂质干扰。当

然对分析用水的纯度、仪器的洁净度以及环境条件要求也高。

表 1-2 化学试剂的门类、等级和标志

门类	质量级别	代号	标签颜色	说明
通用试剂	优级纯	GR	深绿色	主体成分含量高，杂质含量低，主要用于精密的科学研究和痕量分析
	分析纯	AR	金光红色	主体成分含量略低于优级纯，杂质含量略高，主要用于一般科学研究和重要的检验工作
	化学纯	CP	中蓝色	品质略低于分析纯，但高于实验试剂，一般用于工业产品检验和教学的一般分析工作
基准试剂			深绿色	用于标定容量分析标准溶液浓度及 pH 计定位的标准物质，纯度高于优级纯；需检测的杂质项目多，但杂质总含量低
生化试剂			咖啡色	用于生命科学研究的试剂种类特殊，纯度并非一定很高
生物染色剂			玫红色	用于生物切片、细胞等的染色，以便显微观察

② 用于标定标准滴定溶液浓度的试剂，应选用基准试剂，其纯度一般要求达（100±0.05）%。

③ 进行仲裁分析，应选用优级纯试剂和分析纯试剂。

④ 进行一般分析，选用分析纯试剂或化学纯试剂，即可满足需要。

（2）根据分析方法的不同，选用不同等级的试剂

① 配位滴定中，常选用分析纯试剂，以免试剂中所含金属离子杂质对指示剂起封闭作用。

② 分光光度法、原子吸收分光光度法的分析等，也常选用纯度较高的试剂，以降低试剂的空白值。

1.1.2.2 标准物质

（1）标准物质的分级

为了保证分析测试结果具有一定的准确度，并具有可比性和一致性，常常需要一种用来校准仪器、标定溶液浓度和评价分析方法的物质，这种物质被称为标准物质。滴定分析中所用的基准试剂就是一种标准物质。标准物质要求材质均匀，性能稳定，批量生产，准确定值，有标准物质证书（标明标准值的准确度等内容）。

我国的标准物质分为以下两个级别。

一级标准物质——代号为 GBW。一级标准物质由国家计量行政部门审批并授权生产。采用绝对测量法定值或由多个实验室采用准确可靠的方法协作定值，其测量准确度达到国内最高水平。主要用于研究和评价标准方法，对二级标准物质定值等。

二级标准物质——代号为 GBW（E）。二级标准物质是采用准确可靠的方法或直接与一级标准物质相比较的方法定值的。二级标准物质常称为工作标准物

质，主要用作工作标准，以及同一实验室间的质量保证。

为了满足各种分析检验的需要，我国已生产了很多种属于标准物质的标准试剂，见表 1-3。

表 1-3　主要的国产标准试剂

类别	主要用途
容量分析第一基准	工作基准试剂的定值
容量分析工作基准	容量分析标准溶液的定值
杂质分析标准溶液	仪器及化学分析中作为微量杂质分析的标准
容量分析标准溶液	容量分析法测定物质的含量
一级 pH 基准试剂	pH 基准试剂的定值和高精密度 pH 计的校准
pH 基准试剂	pH 计的校准(定位)
热值分析标准	热值分析仪的标定
气相色谱标准	气相色谱法进行定性和定量分析的标准
临床分析标准溶液	临床化验
农药分析标准	农药分析
有机元素分析标准	有机元素分析

（2）标准物质的用途

从表 1-3 中看出，标准物质的用途相当广泛。其用途可归为以下几类。

① 用于校准分析仪器。理化测试仪器及成分分析仪器一般都属于相对测量仪器，如酸度计、电导仪、折射仪、色谱仪等。使用前，必须用标准物质校准，如 pH 计，使用前需用 pH 标准缓冲物质来校准，然后测定未知样品的 pH 值。

② 用于评价分析方法。某种分析方法的可靠性可用加入标准物质做回收实验的方法来评价。具体做法是，在被测样品中加入已知量的标准物质，然后做对照试验，计算标准物质的回收率，根据回收率的高低，判断分析过程是否存在系统误差及该方法的准确度。

③ 用于实验室内部或实验室之间的质量保证。标准物质可以作为控制物用于考核某个分析者或某个化验室的工作质量。分析者在同一条件下对标准物质和被测样品进行分析，当对标准物质分析得到的数据与标准物质的保证值一致时，则认定该分析者的测定结果是可信的。

标准物质还有一些其他用途，如制作标准曲线、制定标准检验方法、产品质量仲裁等。

（3）常用的标准物质

表 1-4 列出了各种常用标准物质的基本单元及基本单元的摩尔质量（M_B）。

1.1.3　溶液浓度的表示方法

在化妆品检验工作中，随时都要用到各种浓度的溶液，溶液的浓度是指一定量的溶液（或溶剂）中所含溶质的量。在国际标准和国家标准中，一般用 A 代表溶剂，用 B 代表溶质。化妆品检验中常用的溶液浓度的表示方法有以下几种。

表 1-4 常用标准物质一览表

名称	分子式	基本单元	$M_B/(g/mol)$
盐酸	HCl	HCl	36.46
硫酸	H_2SO_4	$1/2H_2SO_4$	49.04
氢氧化钠	$NaOH$	$NaOH$	40.00
碳酸钠	Na_2CO_3	$1/2Na_2CO_3$	52.99
高锰酸钾	$KMnO_4$	$1/5KMnO_4$	31.61
重铬酸钾	$K_2Cr_2O_7$	$1/6K_2Cr_2O_7$	49.03
碘	I_2	$1/2I_2$	126.90
硫代硫酸钠	$Na_2S_2O_3 \cdot 5H_2O$	$Na_2S_2O_3 \cdot 5H_2O$	248.18
硫酸亚铁铵	$Fe(NH_4)_2(SO_4)_2 \cdot 6H_2O$	$Fe(NH_4)_2(SO_4)_2 \cdot 6H_2O$	392.14
三氧化二砷	As_2O_3	$1/4As_2O_3$	49.46
草酸	$H_2C_2O_4$	$1/2H_2C_2O_4$	45.02
草酸钠	$Na_2C_2O_4$	$1/2Na_2C_2O_4$	67.00
碘酸钾	KIO_3	$1/6KIO_3$	35.67
硝酸银	$AgNO_3$	$AgNO_3$	169.87
氯化钠	$NaCl$	$NaCl$	58.45
硫氰酸钾	$KCNS$	$KCNS$	97.18
乙二胺四乙酸二钠	$C_{10}H_{14}N_2O_8Na_2 \cdot 2H_2O$	$C_{10}H_{14}N_2O_8Na_2 \cdot 2H_2O$	372.24
氧化锌	ZnO	ZnO	81.38
无水对氨基苯磺酸	$HO_3SC_6H_4NH_2$	$HO_3SC_6H_4NH_2$	173.20
亚硝酸钠	$NaNO_2$	$NaNO_2$	69.00

(1) B 的质量分数

B 的质量分数（mass fraction of B），符号为 w_B，定义为：B 的质量与混合物的质量之比，即

$$w_B = \frac{m_B}{\sum_A m_A} \tag{1-1}$$

式中 m_B——B 的质量；

$\sum_A m_A$——混合物的质量。

由于质量分数是相同物理量之比，为无量纲，单位为 1，在量值表达上以纯小数表示，例如，市售的浓盐酸的浓度可表示为 $w(HCl)=0.38$ 或 $w(HCl)=38\%$。

在微量分析和痕量分析中，过去常用 ppm 和 ppb 表示含量，其含义为 10^{-6}

和 10^{-9}，现在这种表示方法已废止，改用法定计量单位表示。例如某化工产品中含铁 5ppm，现应表示为 $w(\mathrm{Fe})=5\times10^{-6}$。

（2）B 的体积分数

B 的体积分数（volume fraction of B），符号为 φ_B，定义为：B 的体积与相同温度 T 和压力 p 时混合物的体积之比，即

$$\varphi_B=\frac{x_B V_{m,B}^*}{\sum_A x_A V_{m,A}^*} \tag{1-2}$$

式中 x_A、x_B——分别代表 A 和 B 的摩尔分数；

$V_{m,A}^*$、$V_{m,B}^*$——分别代表与混合物相同温度 T 和压力 p 时纯 A 和纯 B 的摩尔体积；

$\sum_A x_A V_{m,A}^*$——所有物质的体积之和。

由于体积分数是相同物理量之比，为无量纲，单位为 1，在量值表达上以纯小数表示。将液体试剂稀释时，多采用这种浓度表示方法，如 $\varphi(C_2H_5OH)=0.70$，也可以写成 $\varphi(C_2H_5OH)=70\%$，若用无水乙醇来配制这种浓度的溶液，可量取无水乙醇 70mL，加水稀释至 100mL。

体积分数也常用于气体分析中表示某一组分的含量。如空气中含氧 $\varphi(O_2)=0.21$，表示氧的体积占空气体积的 21%。

（3）B 的摩尔分数

B 的摩尔分数（mole fraction of B），也称为“B 的物质的量分数”，用符号 x_B 或 y_B，定义为：B 的物质的量 n_B 与混合物的物质的量 $\sum_A n_A$ 之比，即

$$x_B=\frac{n_B}{\sum_A n_A} \tag{1-3}$$

由于摩尔分数是相同物理量之比，为无量纲，单位为 1，在量值表达上以纯小数表示。

（4）B 的质量浓度

B 的质量浓度（mass concentration of B），符号为 ρ_B，单位是 kg/m^3，常用单位为 g/L，定义为：B 的质量 m_B 除以混合物的体积 V，即

$$\rho_B=\frac{m_B}{V} \tag{1-4}$$

例如 $\rho(NH_4Cl)=10g/L$，表示的是 1L 氯化铵溶液中含有 10g 氯化铵。当溶液的浓度很稀时，也可用 mg/L、μg/L 来表示。

在一些较早的检验方法标准中，习惯使用质量体积百分浓度来表示溶液的质

量浓度，如0.5%的淀粉溶液，现质量体积百分浓度已不再使用，0.5%的淀粉溶液的质量浓度应表示为5g/L。

（5）体积比

体积比（volume ratio），符号为ψ，定义为：溶质B的体积V_B与溶剂A的体积V_A之比，即

$$\psi=\frac{V_B}{V_A} \tag{1-5}$$

由于体积比是相同物理量之比，为无量纲，单位为1。体积比的用法举例如下。

① 稀硫酸溶液：$\psi(H_2SO_4)=1:4$（约定俗成地，比式中的“4”是指水）。

② 王水的组成：$\psi(HNO_3:HCl)=1:3$。

③ 薄层展开剂：ψ(苯：丙酮：乙醇：二乙醇胺)＝50：40：10：0.06。

M1-1　75%消毒酒精的配制及其杀菌原理

（6）质量比

质量比（mass ratio），符号为ξ，定义为：溶质B的质量m_B与溶剂A的质量m_A之比。

由于质量比是相同物理量之比，因此其量纲为1。

质量比的表达式、用法与体积比相似。用熔融法分解难溶样品时，常用混合熔剂，其组成标度就是用质量比表示。例如$\xi(KNO_3)=m(KNO_3)/m(Na_2CO_3)=0.25$或25%。

实际应用中将质量比、体积比写成$KNO_3:Na_2CO_3=1:4$、苯：丙酮：乙醇＝5：4：1是不妥当的。当然，如果写成以下形式：

$$m(KNO_3):m(Na_2CO_3)=1:4$$

$$V(\text{苯}):V(\text{丙酮}):V(\text{乙醇})=5:4:1$$

其含义是正确的，但不如用量符号的写法简洁。

（7）B的物质的量浓度

B的物质的量浓度（molality of B），常简称为B的浓度（concentration of B），符号为c_B，单位为mol/m^3，实际中常用mol/L，定义为：B的物质的量除以混合物的体积，即

$$c_B=\frac{n_B}{V} \tag{1-6}$$

式中　c_B——物质B的物质的量浓度；

n_B——物质B的物质的量；

V——混合物（溶液）的体积。

1.1.4 溶液的制备

溶液的制备包括标准溶液的制备和一般溶液的制备。

标准溶液是已确定其主体物质浓度或其他特性量值的溶液。化妆品检验常用的标准溶液有如下4种。

① 滴定分析用标准溶液，也称为标准滴定溶液，主要用于测定试样的主体成分或常量成分。其浓度要求准确到4位有效数字，常用的浓度表示方法是物质的量浓度和滴定度。

② 杂质测定用标准溶液，包括元素标准溶液和标准比对溶液（如标准比色溶液、标准比浊溶液等），主要用于对样品中微量成分（元素、分子、离子等）进行定量、半定量或限量分析。其浓度通常以质量浓度来表示，常用的单位是mg/L、μg/L等。

③ pH测量用标准缓冲溶液，由pH基准试剂配制的具有准确pH值的溶液，主要用于对pH计的校准（定位）。

④ 一般溶液，是指在化妆品检验中常作为溶解样品、调节pH值、分离或掩饰离子、显色等使用的非标准溶液。配制一般溶液时精度要求不高，只需保持1～2位有效数字，试剂的质量由架盘天平或电子秤称量，体积用量筒量取即可。

1.1.4.1 滴定分析用标准溶液的制备

（1）一般规定

标准溶液的浓度准确程度直接影响分析结果的准确度。因此，制备标准溶液在方法、使用仪器、量具和试剂等方面都有严格的要求。国家标准GB 601—2016《化学试剂　标准滴定溶液的制备》中对上述各个方面的要求作了一般规定，即在制备滴定分析（容量分析）用标准溶液时，应达到下列要求。

① 配制标准溶液用水，至少应符合GB/T 6682—2008中三级水的规格。

② 所用试剂纯度应在分析纯以上。标定所用的基准试剂应为容量分析工作中使用的基准试剂。

③ 所用分析天平及砝码应定期检定。

④ 所用滴定管、容量瓶及移液管均需定期校正。

⑤ 制备标准溶液的浓度系指20℃时的浓度，在标定和使用时，如温度有差异，应按标准进行补正。

⑥ 标定标准溶液时，平行试验不得少于8次，两人各作4次平行测定，检测结果在按规定的方法进行数据的取舍后取平均值，浓度值取4位有效数字。

⑦ 凡规定用“标定”和“比较”两种方法测定浓度时，不得略去其中任何

一种。浓度值以标定结果为准。

⑧ 配制浓度≤0.02mol/L 的标准溶液时，应于临用前将浓度高的标准溶液，用煮沸并冷却的纯水稀释，必要时重新标定。

⑨ 滴定分析标准溶液在常温下（15～25℃），保存时间一般不得超过 60 天。

（2）制备和标定方法

标准溶液的制备有直接配制法和标定法两种。

① 直接配制法。在分析天平上准确称取一定量的已干燥的基准物（基准试剂），溶于纯水后，转入已校正的容量瓶中，用纯水稀释至刻度，摇匀即可。

② 标定法。很多试剂并不符合基准物的条件，例如市售的浓盐酸中 HCl 易挥发，固体氢氧化钠易吸收空气中的水分和 CO_2，高锰酸钾不易提纯而易分解等。因此它们都不能直接配制标准溶液。一般是先将这些物质配成近似所需浓度的溶液，再用基准物测定其准确浓度。这一操作称为标定。标准溶液有三种标定方法。

A. 直接标定法。准确称取一定量的基准物，溶于纯水后用待标定溶液滴定，至反应完全，根据所消耗待标定溶液的体积和基准物的质量，计算出待标定溶液的基准浓度。如用基准物无水碳酸钠标定盐酸或硫酸溶液，就属于这种标定方法。

【例 1-1】 用直接标定法标定氢氧化钾-乙醇溶液。

配制　称取 30g 氢氧化钾，溶于 30mL 三级以上水中，用无醛乙醇稀释至 1000mL。放置 5h 以上，取上层清液使用。

标定　称取 3g（精确至 0.0001g）于 105～110℃烘至恒量的基准邻苯二甲酸氢钾，溶于 80mL 无二氧化碳的水中，加入 2 滴酚酞指示剂（$\rho=10g/L$），用配制好的氢氧化钾-乙醇溶液滴定至溶液呈粉红色，同时做空白试验。

计算　氢氧化钾准确浓度由式(1-7) 计算：

$$c(\mathrm{KOH})=\frac{m}{(V_1-V_2)\times M(\mathrm{C_6H_4CO_2HCO_2K})} \tag{1-7}$$

式中　$c(\mathrm{KOH})$——标准溶液物质的量浓度；

m——邻苯二甲酸氢钾的质量；

V_1——标定试验消耗标准溶液的体积；

V_2——空白试验消耗标准溶液的体积；

$M(\mathrm{C_6H_4CO_2HCO_2K})$——邻苯二甲酸氢钾的摩尔质量。

B. 间接标定法。有一部分标准溶液没有合适的用以标定的基准试剂，只能用另一已知浓度的标准溶液来标定。当然，间接标定的系统误差比直接标定的要大些。如用氢氧化钠标准溶液标定乙酸溶液，用已知浓度的高锰酸钾标准溶液标定草酸溶液等都属于这种标定方法。

C. 比较法。用基准物直接标定标准溶液后，为了保证其浓度更准确，采用比较法验证。例如，盐酸标准溶液用基准物无水碳酸钠标定后，再用已知浓度的氢氧化钠标准溶液进行比较，既可以检验盐酸标准溶液浓度是否准确，也可考查氢氧化钠标准溶液的浓度是否可靠。

1.1.4.2 杂质测定用标准溶液的制备

为了确保杂质测定用标准溶液的准确度，国家标准对其制备和使用有严格要求，详见 GB/T 602—2002《化学试剂　杂质测定用标准溶液的制备》。

① 制备杂质测定用标准溶液所用的水，至少应符合 GB/T 6682—2008 中三级水（详见表 1-1）的规格。

② 所用试剂纯度应在分析纯以上。

③ 使用杂质测定用标准溶液应用移液管量取，每次量取体积 V 应符合：$0.05\text{mL} \leqslant V \leqslant 2.00\text{mL}$。

一般浓度低于 0.1g/L 的标准溶液，应在临用前用较浓的标准溶液（标准贮备液）于容量瓶中稀释而成。

④ 杂质测定用标准溶液在常温（15～25℃）下保存期一般为 60 天。当出现混浊、沉淀或颜色有变化等现象时，应重新制备。

1.1.4.3 配制溶液注意事项

① 分析实验所用的溶液应用纯水配制，容器应用纯水洗 3 次以上。特殊要求的溶液应事先做纯水的空白值检验。

② 溶液要用带塞的试剂瓶盛装。见光易分解的溶液要装于棕色瓶中。挥发性试剂、见空气易变质及放出腐蚀性气体的溶液，瓶塞要严密。浓碱液应用塑料瓶装，如装在玻璃瓶中，要用橡皮塞塞紧，不能用玻璃磨口塞。

③ 每瓶试剂溶液必须有标明名称、浓度和配制日期的标签，标准溶液的标签还应标明标定日期、标定者。

④ 配制硫酸、磷酸、硝酸、盐酸等溶液时，应把酸倒入水中。对于溶解时放热较多的试剂，不可在试剂瓶中配制，以免炸裂。

⑤ 用有机溶剂配制溶液时（如配制指示剂溶液），有时有机物溶解较慢，应不时搅拌，可以在热水浴中温热溶液，不可直接加热。易燃溶剂要远离明火使用，有毒有机溶剂应在通风柜内操作，配制溶液的烧杯应加盖，以防有机溶剂挥发。

⑥ 不能用手接触腐蚀性及有剧毒的溶液。剧毒溶液应作解毒处理，不可直接倒入下水道。

总之，溶液的配制是进行化妆品检验的一项基础工作，是保证检验结果准确可靠的前提。在我国颁布的有关化工产品检验方法标准中，一般都规定了配制溶液所用试剂的等级和分析用水的规格，同时规定了相应的配制方法。一般定量分析所用试剂为分析纯，所用分析用水为三级水。为了不在教材中重复，本教材中“溶液的配制”未加说明时，所用试剂均为分析纯，所用实验室用水均为三级水。

1.1.5　溶液标签书写格式

1.1.5.1　标准溶液标签书写格式

标准溶液的配制、标定、检验及稀释等都应有详细记录，其重要性和要求不亚于测定的原始记录。标准溶液的盛装容器应粘贴书写内容齐全、字迹清晰、符号准确的标签。

标准溶液标签书写内容包括：溶液名称、浓度类型、浓度值、介质、配制日期、配制温度、瓶号、校核周期和配制人，以下列举两种书写格式供参考。

2　重铬酸钾标准滴定液

$c(1/6K_2Cr_2O_7)=0.06021mol/L$

×××

18℃

校核周期:半年

2019.8.21

标签中：2为瓶号；18℃为配制时室温；×××为配制者姓名；2019.8.21为配制时间。

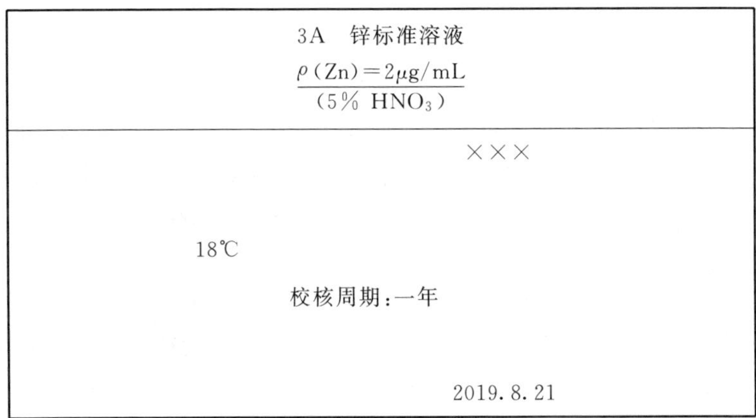

3A　锌标准溶液

$\rho(Zn)=2\mu g/mL$

$(5\%\ HNO_3)$

×××

18℃

校核周期:一年

2019.8.21

标签中：3为容器编号；A为相同浓度溶液的顺序号；5% HNO_3为介质。

1.1.5.2 一般溶液标签书写格式

一般溶液标签的书写内容包括：名称、浓度、介质、配制日期和配制人。例如：

HAc-NaAc 缓冲溶液 pH=6 ××× 2019.3.2	$\frac{\omega(SnCl_2)=20\%}{(20\%\ HCl)}$ ××× 2019.3.10

数据处理

1.2.1 有效数字与修约规则

（1）有效数字

所谓有效数字就是实际上能测得的数字，一般由可靠数字和可疑数字两部分组成。在反复测量一个量时，其结果总是有几位数字固定不变，为可靠数字。可靠数字后面出现的数字，在各次单一测定中常常是不同的、可变的。这些数字欠准确，往往是通过操作人员估计得到的，因此为可疑数字。

有效数字位数的确定方法为：从可疑数字算起，到该数的左起第一个非零数字的数字个数称为有效数字的位数。

例如，用分析天平称取试样 0.6410g，这是一个四位有效数字，其中前面三位为可靠数字，最末一位数字是可疑数字，且最末一位数字有±0.0001 的误差，即该样品的质量在（0.6410±0.0001）g 之间。

（2）有效数字的修约规则

在数据记录和处理过程中，往往遇到一些精密度不同或位数较多的数据。由于测量中的误差会传递到结果中，为使计算简化，可按修约规则对数据进行保留和修约。按照 GB 8170—2008《数值修约规则与极限数值的表示和判定》，简而言之，就是 4 舍 6 入 5 成双，详见表 1-5。

表 1-5　数值修约规则

修约规则		修约实例		说明
		修约前	修约后	
6 要入		5.7261	5.73	包括 6 及 6 以上
4 要舍		5.7241	5.72	包括 4 及 4 以下
5 后有数就进一		5.7251	5.73	
5 后无数看左方	左为奇数需进一	5.735	5.74	或进或舍，以结果为偶数为准。0 为偶数
	左为偶数全舍光	5.725	5.72	
不论修约多少位，都要一次修停当		5.73467	5.73	不要依次修约：5.73467→5.735→5.74

有效数字表达问题

【问题】 某同学在使用滴定管进行测定时，读取了两次测定的滴定管读数分别为：15.32mL、15.4mL。

【讨论】 作为专业检验人员，你认为他这两个读数存在什么问题？

1.2.2 可疑数据的取舍

由于偶然误差的存在，实际测定的数据总是有一定的离散性。其中偏离较大的数据可能是由未发现的原因误差所引起的。若保留，势必影响所得平均值的可靠性，并会产生较大偏差；若随意舍去，则与人为挑选满意的数据无异，与实事求是的科学态度相违背。因此对于数据的取舍应有一个衡量的尺度，即对偏离较大的可疑数据应进行检查，然后决定取舍。

常用的检验方法有 $4\overline{d}$ 检验法、Q 检验法、狄克松检验法和格鲁布斯检验法等。下面介绍前两种方法。

（1）$4\overline{d}$ 检验法

$4\overline{d}$ 检验法是较早采用的一种检验可疑数据的方法，可用于实验过程中对测定数据可疑值的估测。检验步骤如下：

① 一组测定数据求可疑数据以外的其余数据的平均值（$\overline{x}$）和平均偏差（$\overline{d}$）。

② 计算可疑数据（x_i）与平均值（$\overline{x}$）之差的绝对值。

③ 判断：若 $|x_i-\overline{x}|>4\overline{d}$，则 x_i 应舍弃，否则保留。

使用 $4\overline{d}$ 检验法检验可疑数据简单、易行，但该法不够严格，存在较大的误差，只能用于处理一些要求不高的实验数据。

(2) Q 检验法

Q 检验法检验步骤如下：

① 将测定值由小到大顺序排列：x_1，x_2，x_3，…，x_n，其中 x_1 或 x_n 为可疑值。

② 计算可疑值与相邻值的差值，再除以极差，得统计值 Q，即

检验 x_1 时，$Q=\dfrac{x_2-x_1}{x_n-x_1}$　　　　检验 x_n 时，$Q=\dfrac{x_n-x_{n-1}}{x_n-x_1}$

③ 判断：根据测定次数 n 和要求的置信度（如 90%、95%等）查 Q 值表（表 1-6）。如 $Q \geqslant Q_{表}$ 时，则舍弃可疑值，否则保留。

表 1-6　Q 值表

n	3	4	5	6	7	8	9	10
$Q_{0.90}$	0.94	0.76	0.64	0.56	0.51	0.47	0.44	0.41
$Q_{0.95}$	1.53	1.05	0.86	0.76	0.69	0.64	0.60	0.58

Q 检验法符合数理统计原理，Q 值越大，说明 x_1 或 x_n 离群越远，至一定界限时即应舍弃。Q 检验法具有直观和计算方法简便的优点。

【例 1-2】 40.02，40.12，40.16，40.18，40.18，40.20 为一组测定数据，其中一个数据可疑，试判断是否舍弃。

解： $Q=\dfrac{40.12-40.02}{40.20-40.02}=0.56$

以置信度 90%测定次数为 6，查 Q 表值，得 $Q_{0.90}=0.56$

因 $Q=Q_{0.90}$，40.02 应舍弃。

1.2.3 测定结果的数值表达方式

检测结果的数值表达方式一般有以下几种。

(1) 算术平均值 ($\overline{x}$)

在克服系统误差之后，当测定次数足够多 ($n \rightarrow \infty$) 时，其总体均值与真实值很接近。通常测定中，测定次数总是有限的，有限测定值的平均值只能近似真实值，算术平均值表达形式是算术平均值和标准偏差 ($\overline{x} \pm s$) 或算术平均值和最大相对偏差或相对标准偏差。例如，化妆品中含砷量 8 次测定结果平均值为 16mg/kg，最大相对偏差 4.2%，相对标准偏差 5.1%。

(2) 几何平均值 ($\overline{x}_G$)

若一组数据呈正态分布，此时可用几何平均值来表示该组数据，即

$$\overline{x}_G=\sqrt[n]{x_1x_2x_3\cdots x_n}=(x_1x_2x_3\cdots x_n)^{\frac{1}{n}} \tag{1-8}$$

(3) 中位值

测定数据按大小顺序排列的中间值，即中位值。若数据次数为偶次，中位值是中间两个数据的平均值。

中位值最大的优点是简便、直观，但只有在两端数据分布均匀时，中位值才能代表最佳值。当测定次数较少时，平均值与中位值不完全符合。

1.3 采样与预处理

1.3.1 采样的目的及基本原则

在分析工作中，需要检验的物料常常是大量的，其组成却不一定都是均匀的。检验分析时所称取的试样一般只有几克或更少，而分析结果又必须能代表全部物料的平均组成。因此，采取具有充分代表性的“平均样品”，就具有极重要的意义。

正确地采样（抽样）是化妆品检验员必须掌握的基本技能之一。如果采样方法不正确，即使分析工作做得非常仔细和正确，也是毫无意义的。更有害的是，因提供的无代表性的分析数据，可能把不合格品判定为合格品或者把合格品判定为不合格品，这将直接给生产企业和消费者带来难以估计的损失。因此，在采样中应遵循的基本原则，就是使采得的样品有充分的代表性。

1.3.2 采样的一般要求

国家标准 GB/T 6678—2003《化工产品采样总则》对化工产品采样的有关事宜做了原则上的规定。根据这些规定，进行化工产品采样的一般要求如下所述。

1.3.2.1 制定采样方案

在进行化工产品采样前，必须制定采样方案。该方案至少包括的内容如下：

① 确定总体物料的范围，即批量大小；

② 确定采样单元和二次采样单元；

③ 确定样品数、样品量和采样部位；

④ 规定采样操作方法和采样工具；

⑤ 规定样品的加工方法；

⑥ 规定采样安全措施。

1.3.2.2 确定样品数和量的原则

在满足需要的前提下，能给出所需信息的最少样品数和最少样品量为最佳样品数和最佳样品量。

（1）样品数的确定

一般化工产品，都可用多单元物料来处理。总体物料的单元数小于500的，采样单元的选取数，推荐按表1-7规定确定。总体物料的单元数大于500的，采样单元数的确定，推荐按总体单元数立方根的三倍数，即 $3\times\sqrt[3]{N}$（N 为总体的单元数），如遇有小数时，则进为整数。如单元数为538，则 $3\times\sqrt[3]{538}\approx24.4$，将24.4进为25，即选用25个单元。

表1-7 选取采样单元数的规定

N	n	N	n
1～10	全部单元	182～216	18
11～49	11	217～254	19
50～64	12	255～296	20
65～81	13	297～343	21
82～101	14	344～394	22
102～125	15	395～450	23
126～151	16	451～512	24
152～181	17		

注：N——总体物料的单元数；n——采样选取的最少单元数。

（2）样品量的确定

在满足需要的前提下，样品量至少应满足以下要求：

① 至少满足3次重复检测的需求；

② 当需要留存备考样品时，应满足备考样品的需要；

③ 对采得的样品物料如需做制样处理时，应满足加工处理的需要。

1.3.2.3 对样品容器和样品保存要求

（1）对盛样容器的要求

盛样容器具有符合要求的盖、塞或阀门，在使用前必须洗净、干燥。材质必须不与样品物质起化学反应，不能有渗透性。对光敏性物料，盛样容器应是不透光的，或在容器外罩避光塑料袋。

（2）对样品标签的要求

样品盛入容器后，随即在容器壁上贴上标签。标签内容包括：样品名称及样品编号、总体物料批号及数量、生产单位、采样部位、样品量、采样日期、采样者等。

（3）对样品保存的要求

产品采样标准或采样操作规程中，都应规定样品的保存量（作为备考样）、保存环境、保存时间等。对剧毒和危险样品的保存撤销，除遵守一般规定外，还必须遵守毒物和危险物的有关规定。

1.3.2.4　对采样记录的要求

采样时，应记录被采物料的状况和采样操作，如物料的名称、来源、编号、数量、包装情况、保存环境、采样部位、所采的样品数和样品量、采样日期、采样人姓名等。采样记录最好设计成适当的表格，以便记录规整。

1.3.2.5　采样应注意的事项

① 化工产品种类繁多，采样条件千变万化。采样时应根据采样的基本原则和一般规定，按照实际情况选择最佳采样方案和采样技术。

② 采样是一项和检验准确度有关的、技术性很强的工作。采样工作应由受过专门训练的人承担。

③ 采样前应对选用的采样方法和装置进行可行性实验，掌握采样操作技术。

④ 采样过程中应防止被采物料受到环境污染和变质。

⑤ 采样人员必须熟悉被采产品的特性和安全操作的有关知识和处理方法。

⑥ 采样时必须采取措施，严防爆炸、中毒、燃烧、腐蚀等事故的发生。

1.3.3　采样方法简介

采样前，应规定将试样总量均匀地分散到各个采样部位，然后进行采样。从一个采样部位按规定采取的一份样，称为子样。合并所有的子样，则为总样。

精细化工产品按物理形态主要分为固体和液体两种形态，其采样方法各有不同。另外，产品在包装前后，采样的方法也有所不同。

1.3.3.1　固体产品的采样

① 粉末、小颗粒、小晶体和块状样品，可用采样勺或采样探子从物料的一定部位和一定方向，取部位样品或定向样品。每个采样单元中，所采的定向样品的部位、方向和数量依容器中物料的均匀程度确定。采得样品装入盛样容器中，盖严，做好标志。

② 在常温下为固体，当受热时易变成流动液体（但不改变其化学性质）的样品，可将盛样容器预先放置熔器室中，使样品全部熔化成液体状态后，按液体产品采样之规定采得液体样品装入盛样容器内，盖严，做好标志。

1.3.3.2　液体产品的采样

按随机采样方法，对同一生产批号、相同包装的产品进行采样。基于目前各厂生产工艺和产品质量稳定性的差异，可根据产品质量自行决定采样数目，在产品质量正常情况下，采样数目推荐采用表 1-7 的数字。

(1) 瓶装液体产品

被采样物料在搅拌均匀后，用适当的采样管采得均匀样品，装入盛样容器中，盖严，做好标志。

(2) 桶装液体产品

被采样物料在滚动或搅匀后，用适当的采样管采得混合样品，或从桶内不同部位取相同量的样品，装入盛样容器内，混合均匀后，盖严，做好标志。

注：如需知表面或底部情况时，可分别采容器上部（距液面 1/10 处）或容器底部（距液面 9/10 处）的样品。

(3) 贮罐装液体产品

当贮罐安有上、中、下采样口，在贮罐满时，从各采样口分别取相同数量的样品，混合均匀成为平均样品。当罐内液面高度达不到上部或中部采样口时，按下列方法采得样品：

① 当上部采样口比中部采样口更接近液面时，从中部采样口采 2/3 样品，从下部采样口采 1/3 样品，混合均匀。

② 当中部采样口比上部采样口更接近液面时，从中部采样口采 1/2 样品，从下部采样口采 1/2 样品，混合均匀。

③ 当液面低于中部采样口时，则从下部采样口采全部样品，混合均匀。

取得样品，装入盛样容器内，盖严，做好标志。

当贮罐只有顶部采样口时，可用适宜采样管或采样瓶从容器上部（距液面 1/10 处）、中部（距液面 3/10 处）、下部（距液面 9/10 处）3 个不同水平部位，取相同数量的样品，混合均匀，装入盛样容器内，盖严，做好标志。

1.3.3.3 固体样品的制备

从较大数量的原始样品制成试验样品（试样）的过程，叫作样品的制备。试样应符合检验要求，并在数量上满足检验和备查的需要。样品制备过程中，不得改变样品的组成，不得污染、损失样品。

对于组成较均匀的样品，只要对样品稍加混合后取其一部分，即为试样。

对于组成不均匀的样品，样品制备一般应包括粉碎、混合、缩分 3 个步骤。应根据具体情况，一次或多次重复操作，直至得到符合要求的试样。

① 粉碎。用研钵、锤子或适当的装置及研磨机械来粉碎样品。

② 混合。根据样品量的大小，用手铲或合适的机械混合装置来混合样品。

③ 缩分。根据物料状态，采取四等分法或交替铲法用分样器、分格缩分铲或其他适当的机械分样器来缩分样品。

1.3.3.4 最终样品的贮存与使用

根据 1.3.2 规定，所选取的采样单元数中，应留取适量样品，作为最终样品贮存。存放最终样品的瓶口应选择对产品成惰性的包装性质，盖严密封。贮存时间由生产单位自行决定。

1.3.4　样品的预处理

由于化妆品形态多样，包括固体、液体、乳状、胶状和膏状等，各类样品基体不同，成分复杂，基质干扰物多，难以对样品中的目标物直接进行分析检测，因此需要根据检测目标，选择合适的样品前处理技术，排除基体干扰，分离富集样品中的目标物，已达到准确检测的目的。

1.3.4.1　测定无机成分的样品预处理

检测化妆品中的无机成分，主要是检测铅、汞和砷等重金属元素。一般来说，这类元素在样品中的含量都很低，而样品的基体成分和样品中含有的大量水分会给测定带来干扰和困难，因此需要对试样进行消解以除去其中的有机成分或从试样中浸提出待测定的成分。

应用于化妆品中无机成分测定预处理的消解法主要有干灰化法、湿消解法、浸提法和微波消解法等。

(1) 干灰化法

原理　在供给能量的前提下直接利用氧以氧化分解样品中有机物。根据能量的提供方式，可分为高温炉干灰化法、等离子体氧低温灰化法、氧弹法及氧瓶法等。其中，高温炉干灰化法是利用高温下空气中的氧将有机物碳化和氧化，挥发掉挥发性组分，同时，试样中不挥发性组分也多转变为单体、氧化物或耐高温盐类。高温炉干灰化法是最古老也是最简单的方法，一般操作步骤分为干燥、碳化、灰化和溶解灰分残渣四个过程。

操作（高温炉干灰化法）　称取一定量混匀的试样置于坩埚中，在水浴或电炉上蒸干水分后微火碳化至不冒烟，移入箱式电阻炉，在550℃下灰化4～6h。为加速有机物质的灰化并防止待测元素的挥发，可预先加入一定量的灰化助剂如氧化镁、硝酸镁等。向灰分中加少许水使润湿，然后用盐酸分几次溶解灰分，加水定容后备用。

(2) 湿消解法（湿灰化法）

原理　用具有强氧化性的氧化性酸（硫酸、硝酸、高氯酸）或氧化剂（过氧化氢）对有机物进行氧化水解以分解有机物。

操作　称取一定量试样于圆底烧瓶中，加入一定量消解试剂，加热回流消解至消解液呈无色、微黄色或黄色液体。如有必要，可过滤，除去固体物质。用蒸馏水洗滤纸数次，合并洗涤液于滤液中。再向滤液中加入盐酸羟胺溶液，加水定容后待后续检测用。若样品中含有乙醇等挥发性有机溶剂，应在消解前先在水浴或电热板上低温加热将有机溶剂挥发。对含油脂蜡质较多的试样，消解后过滤时，可预先将消解液冷冻使油脂蜡质凝固。

（3）微波消解法

原理　将已添加消解试剂的样品置于微波消解仪中，在微波电场的作用下，样品中的分子高速碰撞，微波能转变为热能，从而对样品加热。在加热条件下，氧化剂的氧化及活性增加，使样品能够在较短时间内被消解，无机物以离子形态存在于试样中。

操作　称取一定量试样于清洗干净的聚四氟乙烯溶样杯中（若试样中含有乙醇等挥发性有机溶剂，称量前先于水浴或电热板上低温加热使其挥发；若待处理试样为油脂类和膏粉类等干性物质，如唇膏、睫毛膏、胭脂、眉笔、唇线笔、粉饼、眼影、痱子粉、爽身粉等，取样后加少量水润湿摇匀，再加入适量消解试剂，使样品充分浸没，混匀后于100℃下恒温加热20min后冷却待用），按照微波溶样系统操作手册进行操作，把装有样品的溶样杯放进预先准备好的高压密闭溶样罐中，拧上罐盖（不要过紧）5～20min（根据样品的消解难易程度选择合适的时间）内消解完毕，取出冷却。将溶样杯放入沸水浴中加热，驱除样品中多余的氮氧化物，以免干扰测定。将样品转移至具塞比色管中，用水洗涤溶样杯数次，合并洗涤液加水定容后备用。

（4）浸提法

原理　利用对待测元素或含待测元素的组分有良好溶解力的浸提液解离某些与待测元素结合的键，从而将含有待测元素的部分从试样中浸提出来。

操作　称取一定量混匀的试样于具塞比色管中（若含有乙醇等挥发性有机溶剂，称量前先在水浴或电热板上低温加热使其挥发），加入消解试剂，混匀。若样品产生大量泡沫可滴加数滴辛醇。在沸水浴中加热2h，取出，加入盐酸羟胺溶液，加水定容后备用。

浸提法是一种比较简单、安全，并且在某种情况下具有特殊意义的样品预处理方法。但会因元素种类、样品基体种类、样品颗粒大小、浸提液种类和浓度、浸提时间及浸提温度等参数的变化影响浸提的元素形态和浸出率。因此，使用浸提法要结合样品测试目的并进行预试验。

1.3.4.2　测定有机成分的样品预处理

测定化妆品中有机成分的样品预处理主要包括两个步骤：一是浸提，即将待测成分与试样的大量基体进行粗分离；二是纯化或分离，即将待测成分与其他干扰测定的成分做进一步地分离。

（1）浸提

浸提法是根据化妆品样品中各组分理化性质的不同，选用适当溶剂将待测成分溶解，从而与基体组分分离。用于浸提的溶剂需具备两个条件：一是待测成分在该溶剂中的溶解度远大于非待测成分及基体成分的溶解度；二是沸点较低，易于挥发除去。一般通过查阅相关手册获得待测物在各种溶剂中溶解性能的信息，也可根据待测物的分子结构及“相似相溶”经验规律来选择适宜的溶剂。待测组分为极性或可极化的化合物，浸提溶剂常选用甲醇、乙醇和丙酮等；待测组分为非极性有机化合物，则选择乙醚、氯仿等非极性溶剂为浸提溶剂。为了加速待测组分的溶解，在选用适宜的溶剂后，可以适当提高温度或借助于微波、超声等场辅助技术来增加浸提的效率。

当待测物为相对分子质量较小且有不止一个官能团的化合物，可以采用水蒸气蒸馏的方法使之与基体分离，并且可通过控制样品的酸碱性使具有不同官能团的化合物分开。例如，将化妆品样品加入足量的水和适量的盐酸，使溶液呈酸性，进行蒸馏。此时化妆品中的苯甲酸、水杨酸、对羟基苯甲酸、山梨酸、脱氢乙酸、丙酸等含羧基或含酚羟基的化合物均可蒸出。蒸馏残渣用氢氧化钠等碱溶液调 pH 值至碱性，再进行第二次蒸馏，就可将样品中含氨基、亚氨基等碱性基团的低沸点的有机碱性化合物蒸馏出来。水蒸气蒸馏操作简单方便，但其应用受待测组分沸点及热稳定性的限制。

(2) 纯化和分离

经前期浸提获得的样品溶液可否直接用于定量分析，决定于选用定量方法的特异性、抗干扰性和化妆品组成的复杂性。如果粗分离后的样品溶液不能满足后续定性、定量分析方法，就需要做进一步的纯化或分离。常用的纯化或分离方法有溶剂萃取法、柱色谱法、固相萃取法和固相微萃取法等。

① 溶剂萃取法　利用化合物在两种互不相溶（或微溶）的溶剂中溶解度或分配系数的不同，使化合物从一种溶剂内转移到另一种溶剂中。化妆品禁用物质、限用物质中，大量物质具有弱酸或弱碱性，根据不同待测成分的分子结构，选择适宜的萃取溶剂并配合适宜的 pH 值，可以进一步纯化上述浸提得到的组分，以满足后续定量分析的需要。溶剂萃取法操作简便，使用的仪器设备简单，是实验室最常用的萃取方法之一。但萃取时间长，且往往需要多次萃取，使用大量有机溶剂，污染环境。

② 柱色谱法　基于试样中各组分在柱色谱的固定相和流动相两相中的作用力不同，从而使具有微小性质差异的各组分产生分离，达到共存组分分离与分析的目的。以有吸附能力的固体为固定相，液体为流动相的柱色谱，称为液固色谱法，又称吸附柱色谱法；以能吸留固定相液体的惰性物质作为支持载体，与不互溶溶剂组成固定相，以液体为流动相的柱色谱，称为液液色谱法，又称分配柱色谱法。分配柱色谱法因固定相和流动相的不同分为正相色谱法和反相色谱法。正相色谱法是以极性溶剂为固定相，非极性溶剂为流动相，适用于分离极性较弱的有机化合物，如着色剂、类固醇、芳胺、酚类、芳香剂、生物碱

等。反相色谱法是以非极性溶剂为固定相，极性溶剂为流动相，适用于分离极性较强的有机化合物，如醇类、酮类、芳烃等。经过柱色谱法分离出来的样品常常采用蒸馏除去溶剂，加入提取液后用超声提取法提取，微孔滤膜法过滤后，处理成分析液。方法较为简单、快速、实用，适用于大多数化妆品的测定。但是，对于含蜡质量大的样品或膏霜类样品，用此法往往提取不完全，回收率较低。

③ 固相萃取法　固相萃取法是近年来发展较为成熟的样品前处理技术，克服了传统的液液萃取中有机溶剂消耗大、操作复杂的缺点，且无相分离操作过程，大大减少了对环境的污染，具有操作简便、选择性好等优点，是化妆品前处理领域应用较为广泛的一种前处理技术。其原理是基于固相萃取剂和样品母液对待测物和其他干扰成分或基质的吸附力不同而将它们分离。例如，在固相对待测物的吸附力大于样品母液的情况下，当样品通过固相萃取柱时，分析物被吸附在固相吸附剂表面，其他组分则随样品母液通过柱子，最后用适当的溶剂将分析物洗脱下来。反之，若选择对待测物吸附很弱或不吸附，而对干扰化合物有较强吸附的固相吸附剂时，可让待测物先淋洗下来加以收集，而使干扰化合物保留（吸附）在吸附剂上，两者得到分离。在多数情况下使待测物保留在吸附剂上最后用强溶剂洗脱，这样更有利于样品的净化。用于化妆品样品前处理的固相萃取材料除了传统的市售固相萃取柱和离子交换柱，近年来还发展了一些新型材料，如分子印迹聚合物、功能化纳米复合材料、碳纳米管和金属有机骨架等。这些新型固相萃取剂的应用，解决了传统固相萃取柱选择性差的问题，提高了对目标分析物的选择性。

④ 固相微萃取法　固相微萃取是在固相萃取基础上发展起来的一种新的萃取分离技术。该技术最初应用于环境化学分析（水、土壤、大气等），几乎可以用于气体、液体、生物、固体等样品中各类挥发性或半挥发性物质的分析。随着研究的深入和方法本身的不断完善及装置的改进，固相微萃取法现在已逐步应用到食品、天然产物、医药卫生、临床化学、生物化学毒理和法医学等诸多领域。固相微萃取法以熔融石英光导纤维或其他材料作为基体支持物，利用“相似相溶”的特点，在其表面涂渍不同性质的高分子固定相薄层（吸附剂），通过直接或顶空方式，对待测物进行提取、富集、进样和解析。然后将富集了待测物的纤维直接转移到气相色谱（GC）或高效液相色谱（HPLC）仪器中，通过一定的方式解吸附，然后进行分离分析。选择石英纤维上的涂层时，要使目标化合物能吸附在涂层上，而干扰化合物和溶剂不吸附，一般情况下，非极性的目标化合物选择非极性涂层；极性的目标化合物选择极性涂层。采样时，先将固相微萃取针管（不锈钢套管）穿过样品瓶密封垫，插入样品瓶中，然后推出萃取头，将萃取头浸入样品（浸入方式）或置于样品上部空间（顶空方式），进行萃取，萃取时

间为 2～3min，以达到目标化合物吸附平衡为准，最后缩回萃取头，将针管拔出用于 GC 时，将固相微萃取针管插入 GC 进样口，推手柄杆，伸出纤维头，使用进样口的高温热解吸目标化合物，解吸后被载气带入色谱柱。用于 HPLC 时，则将针管插入固相微萃取 HPLC 接口解吸池，然后再利用 HPLC 的流动相通过解吸池洗脱目标化合物，并将目标化合物带入色谱柱。

1.3.5　样品的验收

① 化学试剂应由商业部门的质量监督部门按照产品的技术标准进行验收，生产单位应保证每批出厂产品均符合质量标准要求。

② 验收部门要按产品编号，分批取样检验，每批出厂的产品必须附有一定格式的质量证书。

③ 要认真详细抽查被采物的包装容器是否受损、腐蚀或渗漏，并核对外部标志。如验收中发现可疑或异常现象，应及时报告，在双方未达成协议前，不得进行采样。

④ 为了检查产品的质量是否符合该产品质量证书的要求，验收部门对交货的产品，必须按有关规定进行采样。

⑤ 验收部门有权对成批产品进行采样检验，若有一项不合格时，双方应按照包装后成品采样方法，从同一批产品中加倍进行采样，重复检验全部项目，如有一个样品一项不合格时，则成批产品以不合格论。

⑥ 验收部门对交货的产品，在供需双方协商的规定日期前内，应尽快进行采样验收，超过规定日期不采样，产品变质应由收货方负责。

练习题

1. 化学试剂有哪些类别？应如何选用？
2. 溶液浓度的表示法有哪些？这些表示法都能简称为“浓度”吗？
3. 溶液的标签书写格式有哪些？请写出 0. 1mmol/L NaOH 标准溶液的格式。
4. 有效数字的修约规则有哪些？
5. 可疑数据的取舍方法有哪些？
6. 如何确定采样的数量？

实训1 氢氧化钠标准溶液的配制与标定

一、实训目的

① 掌握 NaOH 标准溶液的配制、保存方法。

② 练习滴定操作，初步掌握移液管、滴定管的使用方法。

③ 学习用酚酞指示剂确定终点的方法。

二、实训原理

1. NaOH 标准溶液的配制

由于 NaOH 固体易吸收空气中的 CO_2 和水分，必须选用标定法（间接法）来配制，即先配成近似浓度的溶液，再用基准物质或已知准确浓度的标准溶液标定其准确浓度。其浓度一般在 0.01～1mol/L 之间，通常配制 0.1mol/L 的溶液。

NaOH 溶液的配制：

① 用小烧杯于分析天平上称取较理论计算量稍多的 NaOH，用不含 CO_2 的蒸馏水迅速冲洗两次，溶解并定容。

② 制备饱和 NaOH（50%，Na_2CO_3 基本不溶）待 Na_2CO_3 下沉后，取上层清液用不含 CO_2 的蒸馏水稀释。

③ 于 NaOH 溶液中，加少量 $Ba(OH)_2$ 或 $BaCl_2$，取上层清液用不含 CO_2 的蒸馏水稀释。

2. NaOH 溶液标定

常用标定 NaOH 溶液的基准物有：邻苯二甲酸氢钾（KHP）、草酸。本实验采用邻苯二甲酸氢钾作为基准物质标定 NaOH 溶液。其标定反应为：

$$KHP + NaOH \xlongequal{} KNaP + H_2O$$

反应产物 KNaP 为二元弱碱，在溶液中显弱碱性，可选用酚酞作指示剂，滴定终点颜色由无色变为微红色（半分钟不褪色）。

三、主要试剂和仪器

仪器：碱式滴定管、酸式滴定管、移液管（25mL）、锥形瓶、分析天平、烧杯、铁架台、500mL 试剂瓶等。

试剂：固体 NaOH、酚酞（0.2%乙醇溶液）、邻苯二甲酸氢钾（固体）。

四、实训步骤

1. 0.1mol/L NaOH 标准溶液的配制

用分析天平迅速称取 2.5～3g NaOH 于 100mL 小烧杯中，用煮沸并冷却后的蒸馏水迅速冲洗 2～3 次，每次蒸馏水用 10～20mL，以除去 NaOH 固体表面少量的 Na_2CO_3。加蒸馏水 50mL 使之完全溶解。转入 500mL 试剂瓶中，加水稀释至 500mL，摇匀后，用橡皮塞塞紧。贴好标签，备用。

2. NaOH 标准溶液的标定

准确称取邻苯二甲酸氢钾 0.4～0.5g 两份，各置于 250mL 锥形瓶中，每份加 20～30mL 煮沸过的蒸馏水溶解，温热使之溶解，冷却后加 1～2 滴酚酞指示剂，用 NaOH 溶液滴定至溶液呈微红色半分钟不褪色，即为滴定终点。按下式计算 NaOH 溶液的浓度。

$$c(\mathrm{NaOH})=\frac{m}{V_{\mathrm{NaOH}}\times M_{\mathrm{KHP}}}$$

式中　m——邻苯二甲酸氢钾质量，g；

V_{NaOH}——滴定消耗 NaOH 溶液的体积，mL；

M_{KHP}——邻苯二甲酸氢钾的摩尔质量，204.2g/mol。

五、实训记录

项目	次数	
	Ⅰ	Ⅱ
m(KHP)/g		
NaOH 溶液最初读数/mL		
NaOH 溶液最后读数/mL		
消耗 NaOH 溶液体积/mL		
平均值		
相对偏差		

第2章

化妆品通常项目的检验

知识目标

- (1) 了解化妆品及原料常用项目的检验方法。
- (2) 熟悉各常用项目检验方法的原理。
- (3) 掌握各常用项目检验方法的步骤。

能力目标

- (1) 能进行检验样品的制备。
- (2) 能进行相关溶液的配制。
- (3) 能根据待检样品的类型和要求选用合适的方法。
- (4) 能按照标准方法对待检样品的常用项目进行检验。

案例导入

如果你是一名企业的检验人员，工作中要你测定硬脂酸的熔点，应如何进行测定?

课前思考题

(1) 物质中水分的存在形态有哪两种?

(2) 相对密度的单位为kg/m^3吗?

密度的测定

密度是物质的特性之一，在一定温度和压强下物质的密度是恒定的，因此可以利用密度来对化妆品原料进行定性鉴定或纯度鉴别，也可利用密度对半成品、合成品进行稳定性的考查。

2.1.1　密度测定的原理

在分析测试工作中，经常用来表述和需要测量的有关物质密度的物理量有如下三种。

（1）密度

密度（density），符号为ρ，定义为物质的质量除以体积，国际单位为 kg/m^3，分析中常用其分数单位 g/cm^3，对于液体物质更习惯于表达为 g/mL。其数学表达式为：

$$\rho=\frac{m}{V} \tag{2-1}$$

（2）相对密度

要直接准确测定物质的密度是比较困难的，因此，常采用测定相对密度的方式来测定密度。

相对密度（relative density），符号为 d，定义为物质的密度与参比物质的密度在对两种物质所规定的条件下的比，无量纲量。其数学表达式为：

$$d_T^T=\frac{\rho_i}{\rho_s} \tag{2-2}$$

式中　ρ——密度，下标 i 指待测物质，s 指参比物质；

d_T^T——待测物质 i 的密度与参比物质 s 的密度在规定温度 T 的比。

因为物质的密度通常是指 20℃的值，参比物质通常是纯水，测量时待测物质与参比物质的体积相等，故式(2-2) 可改写为：

$$d_{20}^{20}=\frac{\rho_{20,i}}{\rho_{20,H_2O}}=\frac{m_i}{m_{H_2O}} \tag{2-3}$$

故

$$\rho_{20,i}=d_{20}^{20}\rho_{20,H_2O}=\frac{m_i}{m_{H_2O}}\rho_{20,H_2O} \tag{2-4}$$

式中　m_i, m_{H_2O}——体积完全相等的待测物质 i 与参比物质纯水的质量；

ρ_{20,H_2O}——20℃时水的密度。

实际上，水的密度ρ_{H_2O}也是随温度不同而变化的（如表 2-1 所示）。所以，在实际应用中，为了便于比较，常规定以 4℃时纯水的密度为基准，即

$$d_{4,H_2O}^{T}=\frac{\rho_{T,H_2O}}{\rho_{4,H_2O}} \tag{2-5}$$

所以，待测物质的密度$\rho_{20,i}$也应是与 4℃时纯水的密度相比较而言的。如果不是在 20℃时而是在温度为 T 时测量的，或者要求温度为 T 时的密度值，则可写为：

$$d_{4,i}^{T}=\frac{m_i}{m_{H_2O}}d_{4,H_2O}^{T} \tag{2-6}$$

表 2-1　不同温度下水的密度与相对密度

温度 T/℃	密度 ρ_T/(g/cm³)	相对密度 d_{4,H_2O}^{T}	温度 T/℃	密度 ρ_T/(g/cm³)	相对密度 d_{4,H_2O}^{T}
0	0.9998396	0.999867	17	0.9987728	0.998801
4	0.9999720	1.000000	18	0.9985934	0.998621
5	0.9999637	0.999992	19	0.9984030	0.998431
6	0.9999399	0.999968	20	0.9982019	0.998230
7	0.9999011	0.999929	21	0.9979902	0.998018
8	0.9998477	0.999876	22	0.9977683	0.997796
9	0.9997801	0.999808	23	0.9975363	0.997564
10	0.9996987	0.999727	24	0.9972944	0.997322
11	0.9996039	0.999632	25	0.9970429	0.997071
12	0.9994961	0.999524	26	0.9967818	0.996810
13	0.9993756	0.999404	27	0.9965113	0.996539
14	0.9992427	0.999271	28	0.9962316	0.996259
15	0.9990977	0.999126	29	0.9959430	0.995971
16	0.9989410	0.998969	30	0.9956454	0.995673

（3）堆积密度

堆积密度是指待测物料的质量除以在规定时间内物料自由下落堆积而成的体积，其数学表达式与密度相同，常用单位为 g/mL。

堆积密度一般只用于对物料粒度有规定的化工类固体产品，如离子交换树脂、洗衣粉等。

2.1.2　密度的测定方法

液体、固体和气体物料有时都要测定密度，根据 GB/T 4472—2011，在此主要介绍液体密度的测定方法。

2.1.2.1　密度瓶法

（1）测定原理

在同一温度下，用蒸馏水标定密度瓶的体积，然后测定同体积待测样品的质量，计算其密度。密度瓶法是测定相对密度较精确的方法之一。

测定时的温度通常规定为 20℃，有时由于某种原因，也可能采用其他温度。若如此，则测定结果应标明所采用的温度。

（2）仪器

① 密度瓶：密度瓶因形状和容积不同而有各种规格。常用的规格分别是 50mL、25mL、10mL、5mL、1mL，形状一般为球形。比较标准的是附有特制温度计、带磨口帽的小支管密度瓶，见图 2-1。

② 烘箱式恒温箱。

③ 恒温水浴：温度控制在（20.0±0.1）℃。

④ 温度计：分度值 0.1℃。

⑤ 分析天平：分度值不低于 0.0001g。

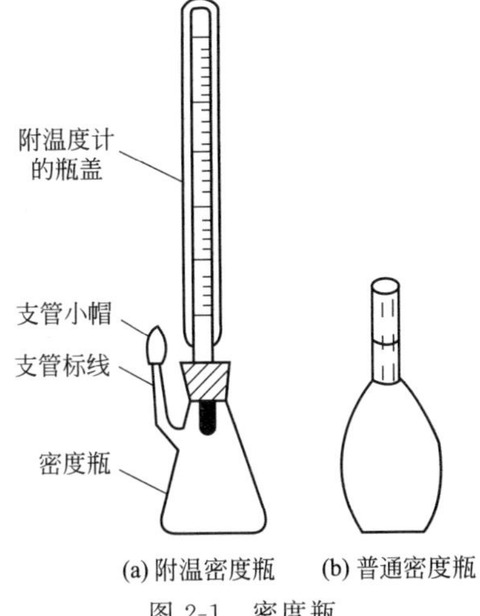

图 2-1　密度瓶

（3）测定步骤

依次用铬酸洗液、蒸馏水、乙醇、乙醚清洗密度瓶，干燥至恒重，称其质量 m_0，向密度瓶中装满新煮沸并冷却至 15℃左右的蒸馏水，插入温度计（瓶内应无气泡），浸于（20.0±0.1）℃恒温水浴中，保持 30min 后，取出，用滤纸擦干溢出支管外的水，盖上小帽，擦干密度瓶外的水，称其质量 m_1。倒出蒸馏水，用乙醇、乙醚洗涤密度瓶，干燥后，按上述方法装入样品，称其质量为 m_2。

（4）结果计算

样品的相对密度 d_{20}^{20} 和密度 ρ_{20} 按式(2-7)、式(2-8) 计算：

$$d_{20}^{20}=\frac{m_2-m_0}{m_1-m_0} \tag{2-7}$$

式中　m_0——密度瓶质量，g；

m_1——密度瓶及水质量，g；

m_2——密度瓶及样品质量，g。

$$\rho_{20}=d_{20}^{20}\rho_{20,H_2O} \tag{2-8}$$

通常，化学手册上记载的相对密度多为 d_4^{20}，为了便于比较物料的相对密度，必须将测得的 d_{20}^{20}，换算为以 1.0000 作标准，按式(2-9) 计算：

$$d_4^{20}=d_{20}^{20}\times 0.99823 \tag{2-9}$$

(5) 注意事项

① 水及样品必须装满密度瓶，瓶内不得有气泡。

② 装水与装试样前，空密度瓶的质量，一般应相等，如有差别，则应采用相应的 m_0 值。

③ 拿取已达恒温的密度瓶时，不得用手直接接触密度瓶球部，以免液体受热溢出。应戴隔热手套拿瓶颈或用工具夹取。

④ 水浴中的水必须清洁无油污，防止瓶外壁被污染。

2.1.2.2 密度计法

密度计法是测定液体相对密度最便捷、实用的方法，但准确度不如密度瓶法。密度计是以阿基米德原理为依据制作的。当密度计浸入液体中时，受到自下而上的浮力作用，浮力的大小等于密度计排开液体的质量。随着密度计浸入深度的增加，浮力逐渐增大，当浮力等于密度计重力时，密度计处于平衡状态。

密度计在平衡状态时浸没于液体的深度取决于液体的密度。液体密度越大，则密度计浸没的深度越小；反之，液体密度越小，则密度计浸没的深度越大。密度计就是依此来标度的。

密度计种类多，精度、用途和分类方法各不相同，常用的有标准密度计、实验室用密度计、实验室用酒精计、工作用酒精计、工作用海水密度计、工作用石油密度计和工作用糖度计等。

(1) 测定原理

密度计的测定原理是：由密度计在被测液体中达到平衡状态时所浸没的深度读出该液体的密度。

(2) 仪器

① 密度计：分度值为0.001g/mL（见图 2-2）。密度计是一支封口的玻璃管，中间部分较粗，内有空气，放在液体中，可以浮起。下部装有小铅粒形成重锤，使密度计竖立于液体中。上部较细，管内有刻度标尺，可以直接读出相对密度值。有的密度计的刻度标尺上同时有以波美度（°Bé）为计量单位的刻度，有的则以特殊要求的计量单位（例如糖度、酒度）为刻度。

② 恒温水浴：温度控制在（20.0±0.1)℃。

③ 温度计：分度值 0.1℃。

④ 玻璃量筒：250～500mL。

(3) 测定步骤

① 在恒温（20℃）下测定：将待测定密度的样品小心倾入清洁、干燥的玻璃量筒中（量筒应较密度计高大些），不得有气泡，将量筒置于 20℃的恒温水浴中。待温度恒定后，将密度计轻轻插入试样中，如图 2-3 所示。样品中不得有气泡，密度计不得接触量筒壁及量筒底，密度计的上端露在液面外的部分所沾液体

不得超过 2～3 分度。待密度计停止摆动，水平观察，读取待测液弯月面的读数，即为试样在 20℃时的密度。

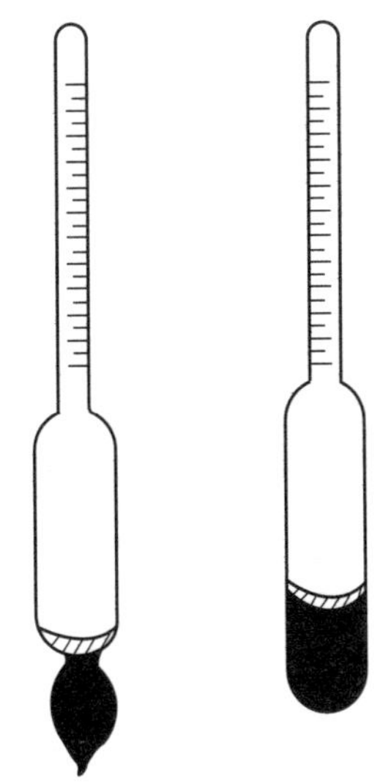

图 2-2　密度计

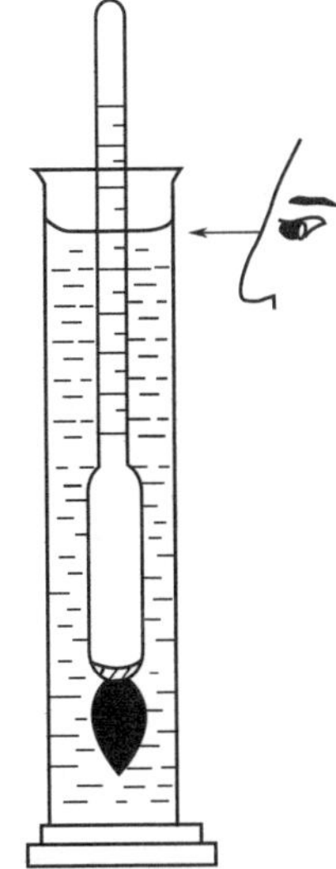

图 2-3　密度计使用方法

② 在常温（T）下测定：按上述操作，在常温下进行。

(4) 结果计算

常温 T 时试样的密度ρ_T 按式(2-10) 计算。

$$\rho_T=\rho'_T+\rho'_T\alpha(20-T) \tag{2-10}$$

式中　ρ_T——常温 T 时，试样的密度；

ρ'_T——温度为 T 时，密度计的读数值；

α——密度计的玻璃膨胀系数，一般为 0.000025/℃；

T——测定时的温度值。

如果将 T 时试样的密度ρ_T 换算为 20℃时的密度ρ_{20}，可按式(2-11) 计算。

$$\rho_{20}=\rho_T+k(T-20) \tag{2-11}$$

式中　k——试样密度的温度校正系数，可根据查表或由不同液态化工产品实测求得。

(5) 注意事项

① 向量筒中注入待测液体时应小心地沿筒壁缓慢注入，避免产生气泡。

② 如不知待测液体的密度范围，应先用精度较差的密度计试测。测得近似值后再选择相应量程范围的密度计。

③ 如密度计本身不带温度计，则恒温时需另用温度计测量液体的温度。

④ 放入密度计时应缓慢、轻放，不得使密度计碰及量筒底，也不要让密度

计因下沉过快，而将上部沾湿太多。

2.1.2.3 韦氏天平法

韦氏天平法的准确度较密度瓶法差，但测定简单快速，其读数精度能达到小数点后第四位。

(1) 测定原理

在水和被测样中，分别测量浮锤的浮力，由游码的读数计算出试样的相对密度。

(2) 仪器

① 韦氏天平：结构见图 2-4。其垂直支柱高度可调，不等臂横梁短臂的末端有一个尖端 S，当它与支架上固定的一尖端 S′恰好对准时，表明天平安装调整完毕。天平梁的长臂分成 10 等份，并用数字 1～10 依次表示。横梁上与这些分度对应处都做成细切口，用来放置小游码，一组游码共 4 个，分别为 1、0.1、0.01 和 0.001。第 10 个分度有一小钩。

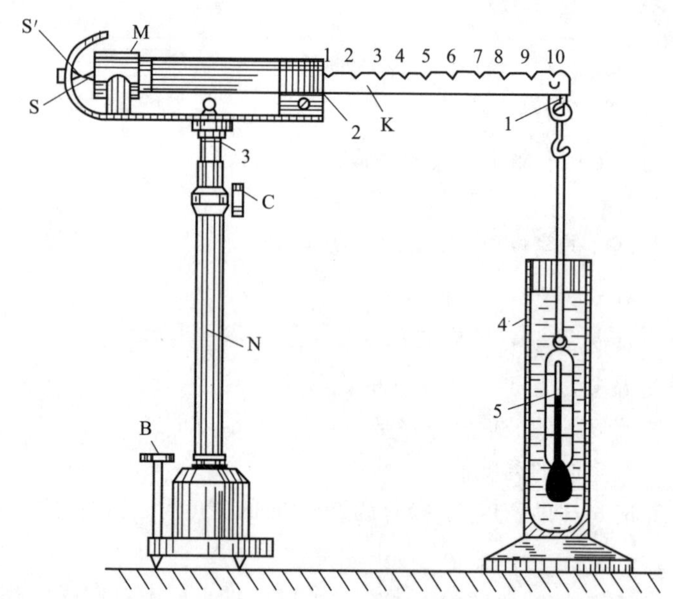

图 2-4 韦氏天平结构图

M—平衡锤；K—横梁；N—支柱；C—夹环；B—调节螺旋；S,S′—尖端；
1—挂钩；2—插头；3—轴杆；4—玻璃筒；5—带温度计的浮锤

② 恒温水浴：温度控制在 (20.0±0.1)℃。

③ 温度计：分度值 0.1℃。

(3) 操作步骤

① 将韦氏天平安装好，浮锤通过细铂丝挂在小钩上，旋转调整螺丝，使两

个指针对正为止。

② 向玻璃筒缓慢注入预先煮沸并冷却至 20℃的蒸馏水，将浮锤全部浸入水中，把玻璃筒置于（20.0±0.1)℃恒温水浴中恒温 20min 以上，待温度一致时，通过调节天平的游码，使天平梁平衡，记录游码总值。

③ 取出浮锤，干燥后在相同温度下，用待测试样同样操作。

（4）结果计算

试样的密度ρ_{20}按式(2-12）计算：

$$\rho_{20}=\frac{n_1}{n_2}\rho_{20,H_2O} \tag{2-12}$$

式中　n_1——在水中游码的读数（游码总值）；

n_2——在被测试样中游码的读数（游码总值）；

ρ_{20,H_2O}——20℃时水的密度，为 0.99220g/cm^3。

（5）注意事项

① 因韦氏天平所配置游码的质量是由浮锤体积决定的，所以每台天平都有与之相配套的浮锤和游码，切不可用其他的浮锤或游码代替。

② 向玻璃筒中注入待测液体时应小心地沿筒壁缓慢注入，避免产生气泡。

2.2 熔点和凝固点的测定

2.2.1　熔点的测定

2.2.1.1　熔点和熔点范围

熔点是物质固有的物理属性，不同物质的熔点一般不同，因此熔点可用作鉴定物质或判断物质纯度的依据。

物质的熔点（melting point）是指物质的固体态与其熔融态处于平衡状态时的温度，常记作 T_{mp}。纯净的物质都具有固定的熔点，在一定压强下，固、液两相间的变化非常敏锐，纯净的固体有机化合物自初熔至全熔的温度（即熔点范围，也叫熔程或熔距）不超过 0.5～1℃，如果混有杂质则熔点有显著变化，其熔点范围也会增大。

2.2.1.2　熔点的测定

测定熔点的方法有毛细管法和显微熔点法等。

（1）毛细管法

① 测定装置。毛细管法测定熔点时的浴热方式有多种，常用的有高型烧杯式、提勒管式和双浴式等，其装置见图 2-5。

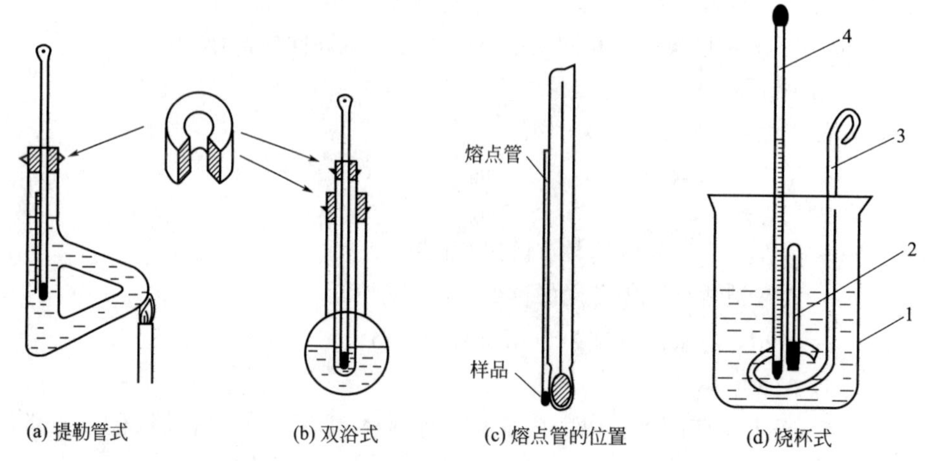

图 2-5　熔点测定装置

1—烧杯；2—毛细管；3—搅拌器；4—温度计

② 测定步骤。将样品研成细末，除另有规定外，应参照各样品项下干燥失重的温度干燥。熔点范围低限在 135℃以上，且受热不分解的样品，可采用 105℃干燥；熔点在 135℃以下或受热易分解的样品，可在五氧化二磷干燥器中干燥过夜，或用其他适宜的干燥方法干燥。

A. 一般样品的测定。将干燥的样品迅速研碎后放在干净的表面皿上聚成小堆，将一端封口的毛细管开口垂直插入此小堆内将样品挤入毛细管中。取一高约 800mm 的干燥玻璃管，直立于瓷板或玻璃板上，将装有样品的毛细管投落 5～6 次，直至毛细管内样品紧缩至 2～3mm 高。

将熔点测定装置安装好，装入适量的浴液后，小心加热，使温度缓缓上升到熔点前 10℃时，将装有样品的毛细管附着于测量温度计上，使样品层面与温度计的水银球的中部在同一高度（即毛细管的内容物部分应在温度计水银球中部），放入浴液中。继续加热，调节加热器使温度上升速率保持在 1.0℃/min。

当样品出现局部液化（出现明显液滴）时的温度即为初熔温度；样品完全熔化时的温度作为终熔温度。

B. 易分解或易脱水样品的测定。测定方法除每分钟升温 2.5～3℃及毛细管装入样品后另一端亦应熔封外，其余与一般样品的测定方法相同。

C. 不易粉碎的样品（如蜡状样品）的测定。熔化无水洁净的样品后，将毛细管一端插入，使样品上升至约 10mm，冷却凝固，封闭毛细管一端，将毛细管附着在温度计上，试样与温度计水银球平齐。按一般样品的测定方法，将附着毛细管的温度计放入浴液中，加热至温度上升到熔点前 5℃时，调节热源，使温度上升速率保持为 0.5℃/min，同时注意观察毛细管内的样品，当样品在毛细管内开始上升时，表示样品在熔化，此时温度计的读数即是样品的熔点。

（2）显微熔点测定法

用显微熔点测定仪测定熔点的方法称为显微熔点测定法。

显微熔点测定仪外形尽管有多种，但其核心组件包括放大 50～100 倍的显微镜和载物台（包含电加热设备和测温设备）两部分，如图 2-6 所示。

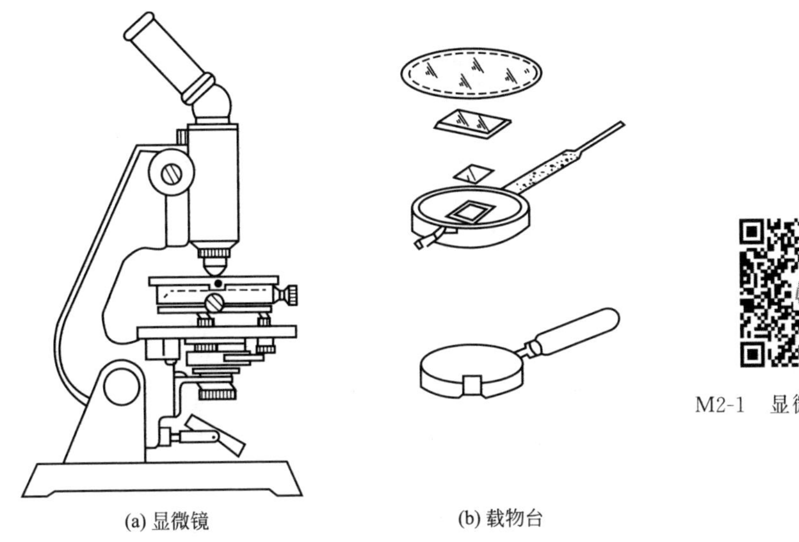

图 2-6　显微熔点测定仪

M2-1　显微熔点测定仪

关于仪器的调试、使用方法和注意事项见说明书。

（3）测定结果的表示

测定结果以熔点范围表示。

（4）注意事项

① 测定有机物的熔点，至少要有两次以上的重复数据。

② 测定未知物的熔点时，应先做一次预测，预测时升温可稍快些。

③ 温度上升过快，测得熔点一般偏高，熔点高于 100℃的样品应用甘油浴等代替水浴。

2.2.2　凝固点的测定

（1）测定原理

熔化的样品如油脂或脂肪酸，缓缓冷却逐渐凝固时，由于凝固放出的潜热而使温度略有回升，回升的最高温度，即是该物质的凝固点，所以熔化和凝固是可逆的平衡现象。纯物质的熔点和凝固点应相同，但通常熔点要比凝固点略低 1～5℃。每种纯物质都有其固定的凝固点。天然的油脂无明显的凝固点。

凝固点是油脂和脂肪酸的重要质量指标之一，在制皂工业中，对油脂的配方有重要指导作用。

(2) 测定装置

测定凝固点的装置见图 2-7。

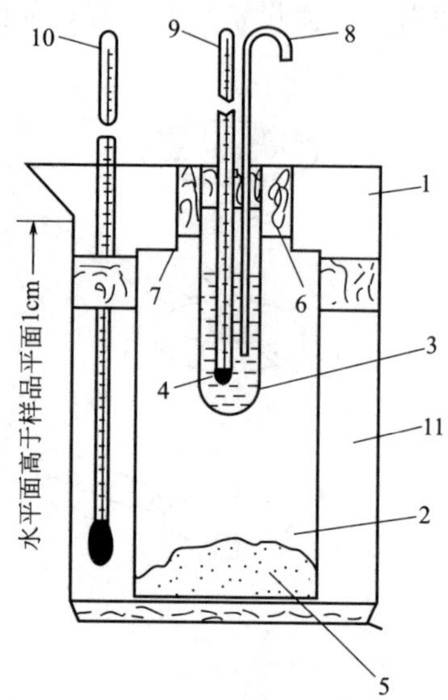

图 2-7 脂肪酸凝固点测定装置图

1—烧杯；2—广口瓶；3—试管；4—试样；5—重物；6,7—软木塞；8—搅拌器；9,10—温度计；11—水浴

(3) 测定步骤

将被测样品装入试管中并装至刻度，温度计的水银球插在样品的中部，其温度读数至少在该样品的凝固点之上 10℃。

置试管于有软木塞的广口瓶中。按下法调整水浴的温度（水平面高于样品平面 1cm)：若待测样品的凝固点不低于 35℃，水温应保持 20℃；凝固点在 35℃以下，水温应调到凝固点下 15～20℃。

用套在温度计上的玻璃搅拌棒作上下 40mm 等速搅拌，每分钟 80～100 次。每隔 15s 读一次数，当温度计的水银柱停留在某一点上约达 30s 时，立即停止搅拌。仔细观察温度计水银柱的骤然上升现象。上升的最高点，即为该样品的凝固点。平行测定允许误差为±0.3℃。

(4) 注意事项

温度计插入样品之前，用滤纸包着水银球，以手温热，避免玻璃表面温度较低而产生水汽，影响观察读数。

2.3 沸点和沸程的测定

2.3.1 沸点的测定

沸点（boiling point）是指在一定的压强下，液体的沸腾温度，常记作 T_{bp}。沸点是液体有机化合物的一个重要物理常数，纯物质在一定的压强下，具有恒定的沸点。因此，通过测定物质的沸点可以定性地鉴定液态有机化合物的纯度。

沸点测定的方法有常量法（蒸馏法）和微量法（毛细管法）。

2.3.1.1 蒸馏法

蒸馏法是 GB/T 616—2006《化学试剂　沸点测定通用方法》规定的液体有机试剂沸点测定的通用方法，适用于受热易分解、氧化的液体有机试剂。

（1）测定装置

测定装置如图 2-8 所示。

（2）测定步骤

按图 2-8 安装好测定装置。将长约 200mm 具侧管的试管用胶塞固定于 500mL 三口圆底烧瓶的中口，胶塞外侧应留有通气槽。测量温度计采用单球内标式，分度值为 0.1℃，其量程应适于所测样品的沸点温度。安装时其下端水银球泡应距管内样品液面 20mm。辅助温度计附着于其上，且使其水银球泡位于测量温度计露于胶塞上面水银柱的中部。烧瓶中加入约为烧瓶体积 1/2 的硅油。

向试管中加入适量样品，样品液面应略低于硅油的液面。加热，当温度上升到某一值且在相当长的时间保持不变时，测量温度计显示之值即为样品的观测沸点 T_{bp}。

记录观测沸点 T_{bp}、室温和大气压。

2.3.1.2 毛细管法

若样品不多时，宜用毛细管法测定。

（1）测定装置

毛细管法测沸点的装置如图 2-9 所示。

（2）测定步骤

取一支干净的直径为 4～5mm，长 70～80mm 的薄壁玻璃管，用乙醇喷灯封

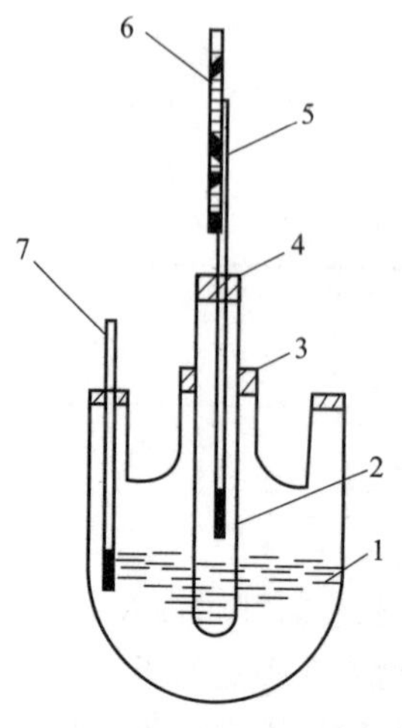

图 2-8 蒸馏法沸点测定装置

1—三口圆底烧瓶；2—试管；3,4—胶塞；
5—测量温度计；6—辅助温度计；7—温度计

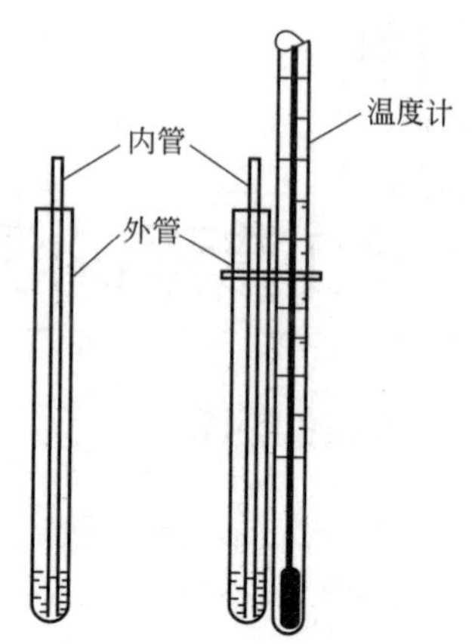

图 2-9 毛细管法测沸点的装置

闭其一端，作为沸点管的外管待用；取一支直径约为 1mm，长 50～60mm 的毛细管，用小火封闭一端，作为沸点管的内管待用。用胶头滴管在外管中滴入待测样品 5～6 滴，把内管靠口向下插入装有样品的外管底部，并用橡皮圈将外管固定在温度计上，使样品的高度恰与温度计的水银球高度重合，组装成如图 2-9 所示的微量沸点管。将微量沸点管插入如图 2-5 所示的提勒管的浴液中的适当位置，橡皮管应该在浴液的液面以上，装配成与毛细管测熔点类似的装置。

装置安装好后，开始加热，由于气体膨胀，毛细气泡管内便有断断续续的小气泡冒出。当接近沸点时气泡增多，这时应放慢加热速度。当温度达到样品的沸点时，便出现一连串的小气泡，立即移开酒精灯，停止加热，使温度自行下降，气泡放出的速度逐渐减慢。最后一个气泡出现而刚欲缩回毛细气泡管瞬间的温度，即为液体的蒸气压与大气压平衡时的温度，也就是该液体的观测沸点。毛细管法测定沸点的精确度为±1～3℃。

2.3.2 沸程的测定

对某些有机溶剂和石油产品，常规定沸程为其纯度的重要指标之一，故常需根据测得的沸程数据确定产品的质量。

液体的沸程（boiling range）定义为：挥发性有机液体样品，在相应产品标准规定的条件下，从第一滴馏出物由冷凝管末端滴下的瞬间温度（初馏点）至蒸馏瓶底最后一滴液体蒸发的瞬间温度（末馏温度）之差。纯净物的沸程范围很小(0.5～1℃)，但混合物的沸程较大，故沸程可以作为衡量物质纯度的标准，也可用于确定产品的质量。

通过测量沸程来判断化学试剂的质量时，往往不完全蒸干，而是规定一个从初馏点到终馏点的温度范围。在此范围内，馏出物的体积应不小于产品标准的规定值（例如98%）。

（1）测定装置

蒸馏用仪器装置见图2-10。图中，支管蒸馏烧瓶有效容积为100mL，外面加罩，外罩上留有气孔、观察窗。内有隔热板，可用煤气灯或电加热装置加热。冷凝管全长600mm，水冷夹套长450mm，接收器用100mL量筒（两端各10mL，部分分度值为0.5mL）。测量温度计分度值为0.1℃。

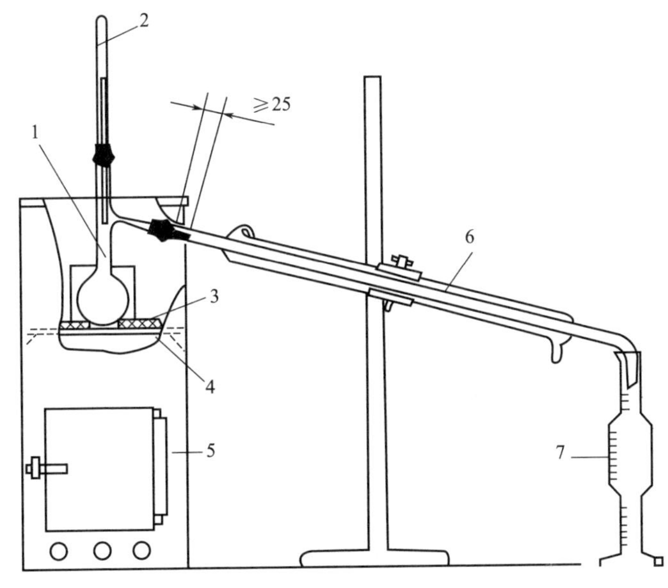

图2-10　蒸馏用仪器装置

1—支管蒸馏烧瓶；2—温度计；3—隔热板；4—隔热板架；5—蒸馏烧瓶外罩；6—冷凝管；7—接收器

（2）测定步骤

① 用清洁、干燥的100mL量筒量取100mL样品，小心注入蒸馏烧瓶中，并加入几粒沸石，装好温度计，温度计水银球泡的上缘与烧瓶支管的下缘在同一高度上。

② 记录室温时的大气压。

③ 开始加热，按下述规定调节升温速度。

加热开始到初馏点：沸点低于100℃的样品需时5～10min；沸点高于100℃的样品需时10～15min。

初馏点到馏出90%：控制馏出速度4～5mL/min。

至末馏点前：控制馏出速度 3～4mL/min。

④ 记录观测温度及沸程范围内馏出物的体积。记录初馏点的观测温度 T_1 后，以后可每馏出 10mL 馏出物记录一次温度。当馏出物总量达到 90mL 时，调节加热速度，使被蒸物在 3～5min 内达到终馏点，即温度读数上升至最高点又开始显出下降趋势时，立即停止加热。

⑤ 5min 后记下量筒内收集到的馏出物总体积，即回收量 $V_{回}$。

⑥ 停止加热后，先取下加热罩，使烧瓶冷却 5min，卸下烧瓶，将瓶内残留液倒入 10mL 量筒内，冷至室温后，记下残留液体积，即残留量 $V_{残}$。

(3) 测定结果的表示

① 各测量点温度按式(2-13) 计算。

$$T = T_0 - \Delta T_p - \Delta T_T \tag{2-13}$$

式中 T——沸程温度；

T_0——产品标准中规定的沸程温度；

ΔT_p——气压对测量温度的修正值；

ΔT_T——测量温度计读数修正值。

② 蒸馏损失量按式(2-14) 计算。

$$V_{损} = 100 - V_{回} - V_{残} \tag{2-14}$$

(4) 注意事项

① 安装仪器时，若样品的沸程温度范围上限高于 150℃，则应采用空气冷凝管。

② 量取样品和测量残留液体积时，若样品的沸程温度范围下限低于 80℃，则应在 5～10℃条件下进行（接收器部分浸入冷水浴中）。

③ 装样品时，切勿使样品流入烧瓶的支管内。

④ 蒸馏应在通风良好的通风橱中进行。

⑤ 平行测定中两次测定结果一般允许：初馏点温度相差不大于 4℃，中间及终馏点温度相差不大于 2℃，残留物体积相差不大于 0.2mL。

折射率的测定

折射率是有机化合物的重要物理常数之一，是定性、定量测量的依据，可用于未知化合物的鉴定、溶液浓度的测定以及液体稳定性的测定。

根据 GB/T 6488—2008，用阿贝折射仪测定液体有机物的折射率，可测定浅色、透明、折射率在 1.3000～1.7000 范围内的化合物。

2.4.1 方法原理

折射率（refractive index）是光在真空中传播的速度与光在介质中传播速度之比，符号为 n。

实际应用中，折射率是指钠光谱的 D 线（$\lambda=589.3\text{nm}$），在 20℃的条件下，空气中的光速与被测物质中的光速之比，或光自空气中通过被测物质时的入射角的正弦与折射角的正弦之比，记做 n_D^{20}，例如水的折射率 $n_D^{20}=1.3330$。

由于光在空气中的传播速度最快，因此，任何物质的折射率都大于 1。

（1）光折射定律

光线从一种介质进入另一种密度不同的介质时即发生折射现象。这种现象是由光线在各种不同的介质中传播速度不同造成的。在一定温度下，入射角 α 和折射角 β 与两种介质的折射率的关系如式(2-15) 所示。

$$\frac{\sin\alpha}{\sin\beta}=\frac{n_2}{n_1} \tag{2-15}$$

式中　n_1、n_2——光在介质 1、2 中的折射率；

α、β——光在介质 1、2 界面上的入射角和折射角。

当 $n_2>n_1$ 时，从式(2-15) 可知，入射角 α 必须大于折射角 β。这时光线由第一种介质进入第二种介质时，折向法线（如图 2-11）。在一定温度下对于给定的两种介质而言，n_2/n_1 为一常数，故当入射角增大时，折射角也必相应增大，当 α 达到极大值 90°时所得到的折射角 β_c 称为临界折射角。显然，从图中法线左边入射角的光线折射入第二种介质内时，折射线都应落在临界折射角 β_c 之内。这时若在 M 处放一目镜，则目镜上出现半明半暗的现象。从式(2-15) 不难看出，当固定一种介质时，临界折射角 β_c 的大小和折射率（表征第二种介质的性质）有简单的函数关系。折射仪正是根据这个原理而设计的。

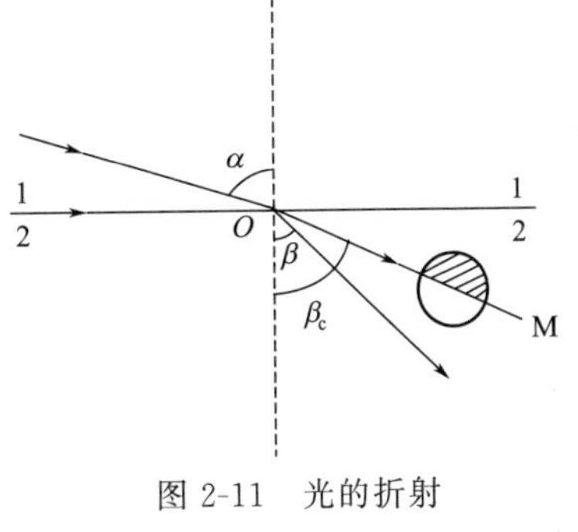

图 2-11　光的折射

折射仪是利用测定物质临界角以求得样品溶液的折射率的仪器，其中使用最普遍的是阿贝折射仪。

（2）阿贝折射仪的构造

阿贝折射仪的外形如图 2-12 所示。其光学系统由两部分组成，如图 2-13 所示，即望远镜系统和读数系统。

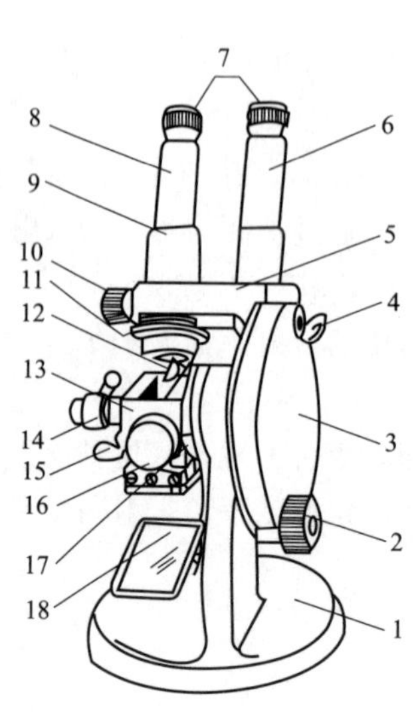

图 2-12　阿贝折射仪

1—底座；2—座镜转动手轮；3—圆盘组（内有刻度板）；4—小反光镜；5—支架；6—读数镜筒；7—目镜；8—观测镜筒；9—分界线调节旋钮；10—色散补偿器（阿米西棱镜旋钮）；11—色散刻度尺；12—棱镜锁紧扳手；13—棱镜组；14—温度计插座；15—恒温器接头；16—保护罩；17—主轴；18—反光镜

M2-2　阿贝折射仪

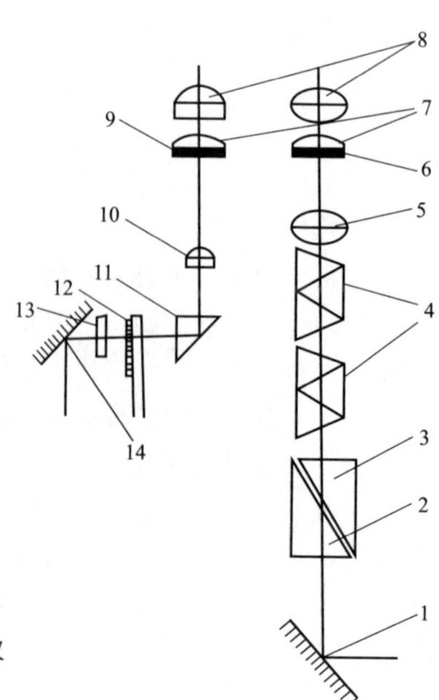

图 2-13　阿贝折射仪光学系统

1—反光镜；2—棱镜；3—折射棱镜；4—色散补偿器；5,10—物镜；6,9—分划板；7,8—目镜；11—转向棱镜；12—刻度盘；13—毛玻璃；14—小反光镜

望远镜系统：光线由反光镜 1 进入棱镜 2 及折射棱镜 3，被测样品溶液放在棱镜与折射棱镜之间，经色散补偿器（阿米西棱镜）抵消由于折射棱镜及被测物体所产生的色散。由物镜 5 将明暗分界线成像于分划板 6 上，经目镜 7、8 放大后成像于观察者眼中。

读数系统：光线由小反光镜 14 经过毛玻璃 13 射到刻度盘 12 上，经转向棱镜 11 及物镜将刻度成像于分划板 9 上，经目镜 7、8 放大后成像于观察者眼中。

（3）临界折射图

如图 2-14 中辅助棱镜 1 的斜面 EF 为毛玻璃面，进入的光线在斜面 EF 上漫射，并以不同的方向进入液膜，达到测量棱镜的斜面 MN，经折射进入棱镜 2。因为待测液的折射率 n_1 都小于棱镜（玻璃）的折射率 n_2（$n_2 \approx 1.75$），则折射角 β 都小于入射角 α，所以，各个方向的光均可在斜面 MN 上发生折射而进入棱镜，最大入射角（90°）所对应的折射角也最大，即为临界折射角 β_c。

因此，当光线以 0～90°方向入射时，只有临界折射角 β_c 以内才有折射光，形成亮区，临界折射角以外没有折射光，自然是暗区。

折射率计算式(2-15) 可改写为式(2-16)。

$$n_1 = n_2 \frac{\sin\beta_c}{\sin 90°} = n_2 \sin\beta_c \qquad (2\text{-}16)$$

式中 n_1——待测液体的折射率；

n_2——棱镜 2 的折射率，$n_2 \approx 1.75$。

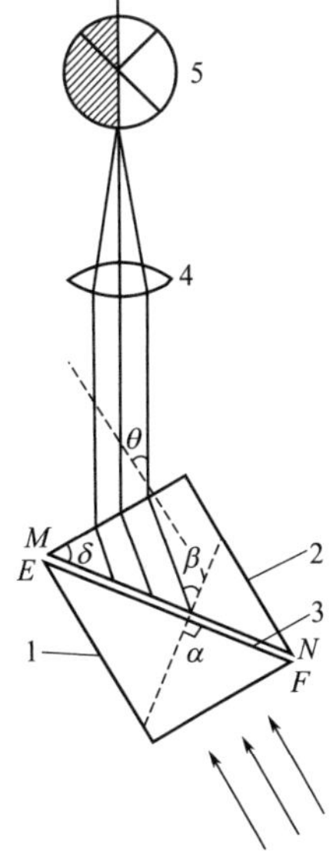

图 2-14 临界折射图

因此，只要测出棱镜 2 的临界折射角，就可以得到样品的折射率。不同物质的临界折射角 β_c 不同，所以，样品的折射率 n_1 是临界折射角 β_c 的函数。实际上，折射光从棱镜射出后进入空气时又再次发生折射，折射角为 θ。折射仪实际测量的是 θ 值。θ 与 n_1 间的关系见式(2-17)。

$$n_1 = \sin\delta\sqrt{n_2^2 - \sin^2\theta} - \cos\delta\sin\theta \qquad (2\text{-}17)$$

式中 δ——棱镜的角度。

因此，只要知道折射角 θ，就可求出待测液体的折射率 n_1。

2.4.2 测定步骤

（1）恒温

将恒温水浴与棱镜组相连，调节水浴温度，使棱镜温度保持在（20.0±0.1)℃。

（2）折射仪的校准

通常用测定蒸馏水（用 GB/T 6682—2008 中规定的二级水）折射率的方法来进行校正，即在 20℃时，纯水的折射率 $n_D^{20} = 1.3330$，折射仪的刻度数应相符合。若温度不在 20℃时，折射率亦有所不同。根据实验所得，温度在 10～30℃时，蒸馏水的折射率如表 2-2 所示。

校正折射率读数较高的折射仪，需要用特制的具有一定折光率的标准玻璃块。校正时，解开下面棱镜，把上方棱镜表面调整到水平位置，然后在标准玻璃块的抛光面上加上 1 滴折射率很高的液体（α-溴萘）湿润，贴在上方棱镜的抛光面上，然后进行校正。无论用蒸馏水或标准玻璃块来校正折射仪，如遇读数不正确时，可借助仪器上特有的校正螺旋，将其调整到正确读数。

（3）样品的测定

表 2-2　蒸馏水在 10～30℃ 时的折射率

温度/℃	蒸馏水折射率	温度/℃	蒸馏水折射率
10	1.33371	21	1.33290
11	1.33363	22	1.33281
12	1.33359	23	1.33272
13	1.33353	24	1.33263
14	1.33346	25	1.33253
15	1.33339	26	1.33242
16	1.33332	27	1.33231
17	1.33324	28	1.33220
18	1.33316	29	1.33208
19	1.33307	30	1.33196
20	1.33299		

① 测定液体时，滴 1 滴待测试液于下面棱镜上，将上、下棱镜合上，调整反光镜，使光线射入棱镜中。

② 由目镜观察，转动棱镜旋钮，使视野分为明暗两部分。

③ 旋动补偿旋钮，使视野中除黑白两色外，无其他颜色。

④ 转动棱镜旋钮，使明暗分界线在十字交叉点。

⑤ 通过放大镜在刻度尺上进行读数。三次读数间的极差不得大于 0.0002。三次读数的平均值即为测定结果。

⑥ 测定完毕，必须拭净镜身各机件、棱镜表面并使之光洁，在测定水溶性样品后，用脱脂棉吸水洗净。若为油类样品，须用乙醇或乙醚、苯等拭净。

2.4.3　注意事项

① 折射率通常规定在 20℃，如果测定温度不是 20℃，而是在室温下进行，应进行温度校正。

② 折射仪不宜暴露在强烈阳光下，不用时应放回原配木箱内，置阴凉处。

③ 使用时一定要注意保护棱镜组，绝对禁止与玻璃管尖端等硬物相碰，擦拭时必须用镜头纸轻轻擦拭。

④ 勿测定有腐蚀性的液体样品。

2.5 旋光本领的测定

当有机化合物分子中含有不对称碳原子时，就表现出旋光性，例如蔗糖、葡萄糖等，这类具有光学活性的物质，称为旋光性物质。

旋光性物质的旋光性可通过测定其旋光本领（optical rotatory power）而得知。旋光本领是旋光性物质的一个特性常数，通过旋光本领的测定，可检查光学活性物质的纯度，也可定量测定旋光性化合物溶液的浓度。

2.5.1　方法原理

当平面偏振光通过旋光性物质时，偏振光的振动方向就会偏转，偏转角度的大小反映了该介质的旋光本领。

（1）自然光与偏振光

光波是横波，即自然光是在垂直于光线行进方向的平面内沿各个方向振动的。当自然光射入由各向异性晶体制成的棱镜或人造偏振片（聚乙烯醇薄膜）时，透出的光就只有一个振动方向了。这种只有一个振动方向的光称为偏振光。

起偏镜的作用是将自然光变成偏振光。例如，常用的尼科耳棱镜就是将方解石晶体沿一定的对角面剖开，制成两块直角棱镜，再用树胶黏合而成，见图2-15。

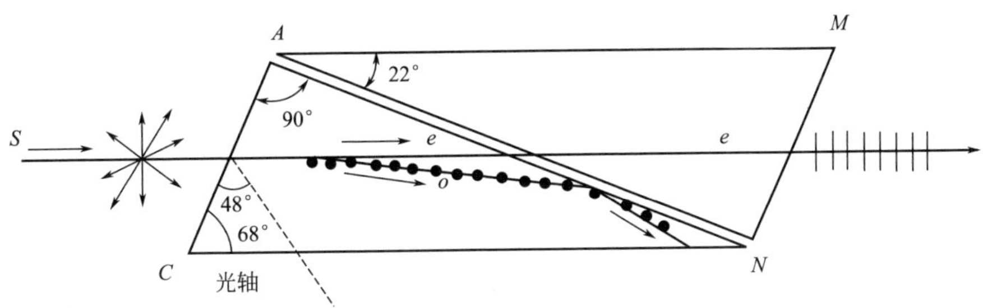

图 2-15　尼科耳棱镜

当自然光以一定入射角投射到棱镜上时，就变成两条相互垂直的平面偏振光。称为寻常光线 o 的偏振光在第一块棱镜与树胶相交的交界面上全反射；而称为非常光线 e 的偏振光，能透过树胶层及第二块棱镜，成为只在一个平面上振动的平面偏振光。

包含晶体光轴和光线的平面称为晶体的主截面，图中的 $AMNC$ 就是主截面。寻常光线 o 振动面垂直于主截面，非常光线 e 的振动面与主截面平行。

（2）旋光仪工作原理

根据尼科耳棱镜的作用原理可知，棱镜既可产生偏振光，同样也可以用于检测偏振光（非常光线 e）。因此，若将两块尼科耳棱镜前后连用，则前者产生偏振光，称为起偏镜；后者检测偏振光，称为检偏镜。其作用原理如图 2-16 所示。

由起偏镜 N 透出的偏振光，经检偏镜 N'后，在 E 幕上一般形成一个亮点。如两镜的主截面平行，即它们的夹角 $\alpha=0°$，这时亮点的亮度最大［图 2-16

(a)]；以偏振光传播方向为轴，旋转镜 N'，使两镜主截面之间的夹角 $\alpha \neq 0°$ [图 2-16(b)]，则幕上光点亮度随 α 增大而逐渐减弱；当 $\alpha = 90°$时 [图 2-16(c)]，两个棱镜的主截面正交，幕上亮点完全消失。只有偏振光通过尼科耳棱镜时才有上述性质。这就是尼科耳棱镜的检偏作用。

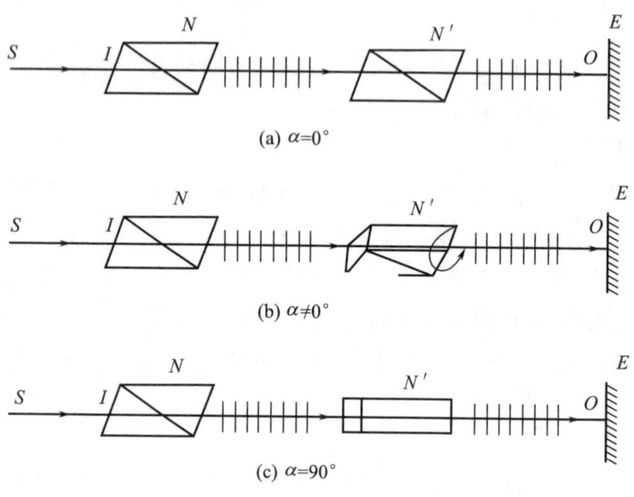

图 2-16　透过检偏镜的光强变化

旋光仪即是以两块尼科耳棱镜为主要部件，中间放置待测样品，以钠光灯为光源设计的。其光学系统如图 2-17 所示。

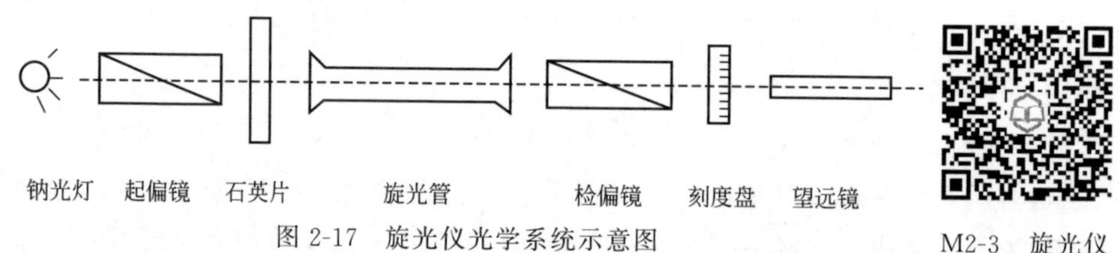

图 2-17　旋光仪光学系统示意图

M2-3　旋光仪

在两个主截面互相垂直的起偏镜和检偏镜之间放置一个盛装待测液体的旋光管。当旋光管内装有无旋光性介质时，则望远镜筒内的视场是黑暗的；当管内装有旋光性物质（溶液或液体）时，因介质使光的振动平面旋转了某一角度，则视野稍见明亮，再旋转检偏镜使视场变得黑暗如初，则检偏镜转动的角度就是旋光物质使偏振光偏转的角度，这个角度的大小可在与检偏镜同轴的刻度盘上读出。

为了精确地比对望远镜筒内视场的明暗，在起偏镜与旋光管之间加装一块狭长石英片。石英的旋光性使通过它的平面偏振光又转了一定角度。在镜筒中看到的视场就有三种情况，如图 2-18 所示。

① 检偏镜与起偏镜的主截面相互平行时，视场中间亮两边暗，见图 2-18(a)。

② 检偏镜与起偏镜的主截面相互垂直时，视场中间暗两边亮，见图 2-18(b)。

③ 检偏镜的主截面处于 1/2 石英片所转角度时，视场中明暗相同，见图 2-18(c)。

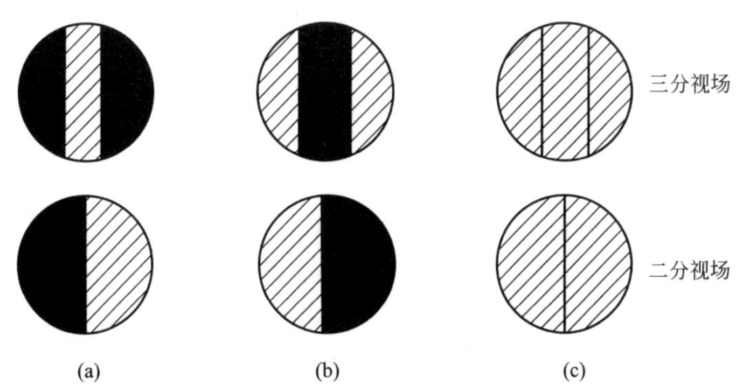

图 2-18　旋光仪视场

当光路中的石英片宽度约为视场直径的 1/3 时，形成三分视场；若为 1/2，则形成二分视场。

选择第三种情况，即视场中明暗相同的位置，作为测量零点。当将被测旋光性物质置于光路中后，视场又明暗不等，只要转动与检偏镜同轴的刻度盘，使视场中明暗再度相同，则刻度盘上的读数就是被测物质的实测旋光角。不同物质的旋光角不仅大小不同，有时方向也会不同。检偏镜顺时针转动后视场中明暗相同时，称为右旋；反之，称为左旋。

2.5.2　测定步骤

(1) 配制样品溶液

按产品标准的规定取样并配制样品溶液。溶液必须澄清、透明，否则应过滤。液体样品可直接进行测定。

(2) 装填旋光管

将干燥清洁的旋光管，一端用光学玻璃片盖好，用螺旋帽旋紧。将管子直立，用被检液体充满至液面凸出管口，用另一光学玻璃片紧贴管口，平行推进，削平液面，盖严管口，用螺旋帽旋紧。

(3) 校准仪器

按仪器说明书的规定调整旋光仪，待仪器稳定后，将装满蒸馏水或纯溶剂的旋光管置于旋光仪中，若目镜视场中如图 2-18(a)、(b) 所示，表明检偏镜未达到或超过了零点位置。转动检偏镜，直至出现如图 2-18(c) 所示的明暗全等的情况。检查标尺盘与游标尺上的零点是否重合。如重合，表明零点准确；如不重合，则记下读数值，以便修正测定结果。

（4）测定

按步骤（3）操作，将装满样品的旋光管置于旋光仪中，转动检偏镜，直至出现如图 2-18(c) 所示的明暗全等的情况，读取偏转角度值。经校正后，即为实测的旋光角。

2.5.3 测定结果的表达

光学活性物质的旋光性能，在 GB/T 613—2007《化学试剂 比旋光本领（比旋光度）测定通用方法》中称为比旋光度，符号为 $[\alpha]_D^T$，单位为（°），而把旋光仪直接测得的值称为旋光度，符号为 α，单位也是（°）。但 GB 3102.8—1993 这一强制性国家标准中，废除了比旋光度和旋光度这两个量的名称，分别改用旋光角（angle of optical rotation）和旋光本领。根据 GB 3102.8—1993《物理化学和分子物理学的量和单位》的规定，物质的旋光性能，用下述三个物理量来描述。

（1）旋光角 α

旋光角定义为：平面偏振光通过旋光介质，面向光源观察时向右偏转的角。符号为 α，单位为弧度（rad）。实际中也用角度的单位（°）表示。1°＝π/180rad。

（2）摩尔旋光本领 α_n

摩尔旋光本领定义为：

$$\alpha_n=\frac{\alpha A}{n} \tag{2-18}$$

式中，n 为旋光性组元在横截面积 A 的线性偏振光束途径中之物质的量。

摩尔旋光本领的量符号为 α_n，单位为 rad · m^2/mol，实际中常用（°）· cm^2/mol。

（3）质量旋光本领 α_m

质量旋光本领也称为比旋光本领，其定义为：

$$\alpha_m=\frac{\alpha A}{m} \tag{2-19}$$

式中，m 为旋光性组元在横截面积 A 的线性偏振光束途径中之质量。

摩尔旋光本领的量符号为 α_m，单位为 rad · m^2/kg，实际中常用（°）· cm^2/g。

比较 GB 3102.8—1993 所规定的量，可知质量旋光本领就相当于 GB/T 613—2007 中所述的比旋光度，所以比旋光本领的测定结果可按照 GB/T 613—2007 所给出的类似公式计算。

（1）对液体的比旋光本领

$$\alpha_m(T,\mathrm{D})=\frac{\alpha}{\rho l} \tag{2-20}$$

（2）对溶液的比旋光本领

$$\alpha_m(T,\mathrm{D})=\frac{\alpha}{\rho_{\mathrm{B}}l} \tag{2-21}$$

式中　α_m（T，D）——20℃时，以钠光谱D线波长为光源，物质的比旋光本领；

α——旋光仪测得的旋光角；

ρ——液体样品的密度；

ρ_{B}——溶液样品的质量浓度；

l——旋光管的长度。

2.5.4　注意事项

测定旋光性物质的旋光本领时要注意以下几点。

① 物质的旋光本领与入射光波长和温度有关。通常用钠光谱D线（λ=589.3nm、黄色）为光源。以 T=20℃或25℃时的值表示。

② 将样品液体或校正用液体装入旋光管时要仔细小心，勿产生气泡。

③ 校正仪器或测定样品时，调整检偏镜-检查亮度-记取读数的操作步骤，一般都需要重复多次，取平均值，经校正后作为结果。

④ 光学活性物质的旋光本领不仅大小不同，旋转方向有时也不同。所以，记录测得的旋光角 α 时要标明旋光方向，顺时针转动检偏镜时，称为右旋，记作“+”或“R”；反之，称为左旋，记作“−”或“L”。

⑤ 由于目前很多文献中仍以度为单位的旋光角作为物性参数，因此，在查阅和引用有关旋光性的数据资料时，一定要分辨清楚它是以什么为单位表示的。根据GB 3102.8—1993《物理化学和分子物理学的量和单位》和GB/T 613—2007《化学试剂　比旋光本领（比旋光度）测定通用方法》的计算公式，比旋光本领和旋光角在数值上相差10倍，即

$$\alpha_{m(^\circ)\cdot \mathrm{cm}^2/g}=\frac{1}{10}\alpha_{(^\circ)} \tag{2-22}$$

⑥ 配制样品常用的溶剂是水、甲醇、乙醇或氯仿，必须强调的是，采用不同的溶剂，测出的比旋光本领数值甚至旋光方向有可能不同。

2.6 水分的测定

水分是化工产品分析的重要项目之一。根据水分与产品的结合方式，可将产品中的水分分为吸附水和化合水两种。

吸附水包括吸附于产品的表面由分子间力形成的吸附水及充满在巨大毛细孔隙中的毛细管水。附着在物质表面的水，较易蒸发，一般在常温下，通风干燥一定时间，当物质中的水分和大气的湿度达到平衡，即可以除去，这部分水分又称为外在水分。吸附在物质内部毛细孔中的水则较难蒸发，必须在比水的沸点较高的温度（如102～105℃）下，干燥一定时间，才能除去。这部分水称为内在水分。吸附水与物质的性质，样品的细度及大气的湿度有关。

化合水包括结晶水和结构水。结晶水以 H_2O 分子状态结合于物质的晶格中，但是稳定性较差，当加热至300℃，即可以分解逸出。结构水则以化合状态的氢或氢氧基存在于物质的晶格中，并结合得十分牢固，必须在300～1000℃的高温下，才能分解逸出。

化工产品中水分的测定，通常有干燥减重法、卡尔·费休法和蒸馏法等。

2.6.1 干燥减重法

干燥减重法是通过加热使固体产品中包括水分在内的挥发性物质挥发尽从而使固体物质的质量减少的方法，是测定固体化工产品中水分测定的通用方法，适用于加热稳定的无机化工产品、化学试剂、化肥等产品中水分含量的测定，采用干燥减重法测定产品中真实的水分时，应满足如下三个条件：

① 挥发的只是水分；

② 不发生化学变化，或虽然发生了化学变化，但不伴随有质量变化；

③ 水分可以完全除去。

实际上，完全满足上述三个条件在多数情况下是很困难的，所以干燥减重法测定水分时，同时也将水分以外的挥发性物质或在加热过程的化学变化中产生的挥发性物质视为了水分。

1. 测定原理

在一定的温度下，将试样烘干至恒重，然后测定试样减少的质量。恒重是指进行重复干燥后，直到两次称量值的质量差小于0.0003g时，视为恒重。

2. 仪器

① 带盖的称量瓶。

② 烘箱：灵敏度能控制在±2℃，装有温度计，温度计插入烘箱的深度应使水银球与待测定试样在同一水平面上。

③ 干燥器：内装适当的干燥剂（如硅胶、五氧化二磷等）。

④ 天平：光电分析天平或电子天平，分度值为0.1mg。

3. 测定步骤

（1）试样称取

称取充分混匀、具有代表性的试样，操作中应避免试样中水分的损失或从空气中吸收水分。根据被测试样中水分的含量来确定试样的质量（g），参见表 2-3。称取一定的试样（称准至 0.0001g），置于预先在 105～110℃下干燥至恒重的称量瓶中。

表 2-3 被测试样用量

水分含量/%	试样质量/g	水分含量/%	试样质量/g
0.01～0.1	≥10	1.0～10	5～1
0.1～1.0	10～5	>10	1

（2）测定

将盛有试样的称量瓶的盖子稍微打开，置于 105～110℃的烘箱中，干燥 2h 之后，将瓶盖盖严，转移至干燥器内，冷却至室温（不少于 30min），称量。再烘干 1h，按上述操作，取出称量瓶，冷却相同时间，称量，直至恒重。取最后一次测量值作为测定结果。

4. 测定结果的表达

用质量分数 w_{H_2O}表示的水分含量，按式(2-23）计算。

$$w_{H_2O}=\frac{m_1-m_2}{m} \tag{2-23}$$

式中 m——试样的质量；

m_1——称量瓶及试样在干燥前的质量；

m_2——称量瓶及试样在干燥后的质量。

2.6.2 卡尔·费休法

卡尔·费休法（GB/T 6283—2008）是一种非水溶液氧化-还原滴定测定水分的化学分析法，是一种迅速而又准确的水分测定法，被广泛应用于多种化工产品的水分测定。

1. 测定原理

样品中的游离水或结晶水与已知滴定度的卡尔·费休试剂（碘、二氧化硫、吡啶和甲醇组成的溶液）进行定量反应，反应式为：

$$H_2O+I_2+SO_2+3C_5H_5N = 2C_5H_5N\cdot HI+C_5H_5N\cdot SO_3$$

$$C_5H_5N\cdot SO_3+CH_3OH = C_5H_5NH\cdot OSO_2OCH_3$$

以合适的溶剂溶解样品（或萃取出样品的水），用卡尔·费休试剂滴定，即可测出样品中水的含量。

滴定终点用永停法或目测法确定。

2. 试剂

① 甲醇：分析纯，含水量 w_{H_2O}≤0.05%，当试剂含水量超过 0.05%时，

于500mL甲醇中加入5A分子筛约50g，塞上瓶塞，放置过夜，吸取上层清液使用。

② 乙二醇甲醚：分析纯，含水量 $w_{H_2O} \leqslant 0.05\%$，当试剂含水量超过0.05%时，按上述甲醇脱水法脱水。

③ 吡啶：分析纯，含水量 $w_{H_2O} \leqslant 0.05\%$，当试剂含水量超过0.05%时，按上述甲醇脱水法脱水。

④ 碘：分析纯。

⑤ 二氧化硫：钢瓶装二氧化硫或用浓硫酸分解饱和亚硫酸钠溶液制得的二氧化硫，均需经脱水干燥处理。

⑥ 5A分子筛：直径3～5mm，在500℃焙烧2h，于干燥器（不得放干燥剂）中冷却至室温。

⑦ 卡尔·费休试剂：量取670mL甲醇或乙二醇甲醚于干燥的1L磨口棕色瓶中，加入85g碘，盖紧瓶塞，振摇至碘全部溶解，加入270mL吡啶，摇匀，于冰水浴中冷却，缓缓通入二氧化硫，使增重达65g左右，盖紧瓶盖，摇匀，于暗处放置2h以上。

用乙二醇甲醚代替甲醇配制的卡尔·费休试剂，稳定性较好，可用于含活泼羰基的化合物中水分的测定，试剂的稳定性也可得到改善。

⑧ 水标准溶液：$\rho_{H_2O}=20g/L$。准确称取2.0g水，置于100mL容量瓶中，用甲醇稀释到刻度，混匀。

⑨ 水标准溶液：$\rho_{H_2O}=2g/L$。准确称取1.0g水，置于500mL容量瓶中，用甲醇稀释到刻度，混匀。以上两种水标准溶液用于滴定卡尔·费休试剂。

⑩ 硅酮润滑脂（润滑磨砂玻璃接头用）。

3. 仪器

所有使用的玻璃仪器均需在130℃烘箱中预先干燥30min，置于装有干燥剂的干燥器中冷却和储存。

滴定装置如图2-19所示，由以下各部分组成：

① 自动滴定管：25mL，分度值为0.05mL。

② 反应瓶。

③ 铂电极。

④ 电磁搅拌器。

⑤ 电流表。

⑥ 磨口棕色玻璃贮瓶。

⑦ 终点电量测定装置：目测法时可省略。

4. 测定步骤

（1）终点的确定

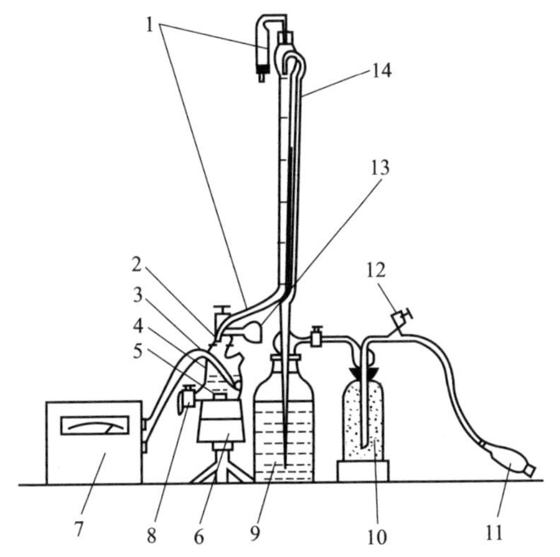

M2-4　卡尔费休水分测定仪

图 2-19　直接滴定法仪器装置

1—填充干燥剂的保护管；2—球磨玻璃接头；3—铂电极；4—滴定容器；5—外套玻璃或聚四氟乙烯的软钢棒；6—电磁搅拌器；7—终点电量测定装置；8—排泄嘴；9—装卡尔·费休试剂的试剂瓶；10—填充干燥剂的干燥瓶；11—双连橡皮球；12—螺旋夹；13—进样口（带橡皮塞）；14—25mL 自动滴定管（分度值 0.05mL）

用永停法确定终点，其原理为：在浸入溶液中的两铂电极间加一电压，若溶液中有水存在，则阴极极化，两电极之间无电流通过。滴定至终点时，溶液中同时有碘及碘化物存在，阴极去极化，溶液导电，电流突然增加至一最大值并稳定 1min 以上，此时即为终点。

无色的样品也可用目测法确定终点。滴定至终点时，因有过量碘存在，溶液由黄色变为棕黄色。

(2) 卡尔·费休试剂的标定

在反应瓶中加入一定体积（浸没铂电极）的甲醇，在搅拌下用卡尔·费休试剂滴定至终点。加 5mL 甲醇，滴定至终点并记录卡尔·费休试剂滴定的用量（V_1），此为水标准溶液的溶剂空白。加 5mL 水标准溶液，滴定至终点并记录卡尔·费休试剂的用量（V_2）。卡尔·费休试剂的滴定度按式(2-24) 计算。

$$T=\frac{m}{V_1-V_2} \tag{2-24}$$

式中　T——卡尔·费休试剂的滴定度；

m——加入水标准溶液中水的质量；

V_1——滴定水标准溶液的溶剂空白时消耗卡尔·费休试剂的体积；

V_2——滴定水标准溶液时消耗卡尔·费休试剂的体积。

(3) 样品中水分的测定

在反应瓶中加一定体积（浸没铂电极）的甲醇或产品标准中所规定的样品溶剂，在搅拌下用卡尔·费休试剂滴定至终点。迅速加入产品标准中规定数量的样品，滴定至终点并记录卡尔·费休试剂滴定的用量（V_3）。样品中水的质量分数w_{H_2O}按式(2-25）或式(2-26）计算。

$$w_{H_2O}=\frac{V_3\times T}{m} \tag{2-25}$$

$$w_{H_2O}=\frac{V_3\times T}{V_4\times\rho} \tag{2-26}$$

式中 V_3——滴定样品时消耗卡尔·费休试剂的体积，mL；

T——卡尔·费休试剂的滴定度，g/mL；

m——加入样品的质量，g；

V_4——加入液体样品的体积，mL；

ρ——液体样品的密度，g/mL。

2.6.3 蒸馏法

蒸馏法采用了一种有效热交换方式，水分可被迅速移去，测定速度较快，设备简单经济，管理方便，准确度能满足常规分析的要求。蒸馏法有多种型式，应用最广的蒸馏法是共沸蒸馏法。

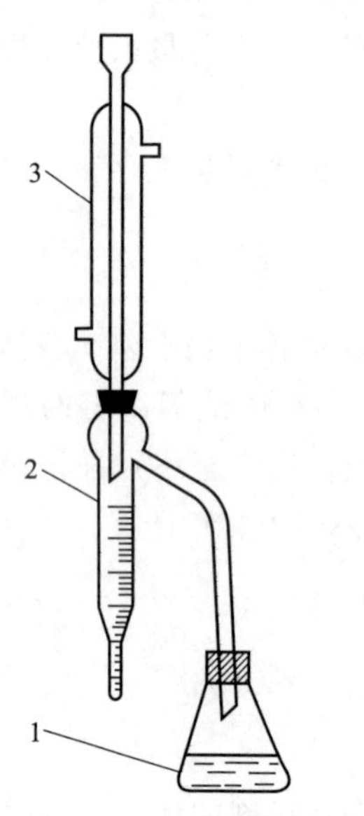

图 2-20 水分蒸馏测定器

1—250mL 锥形瓶；2—水分接收管，有刻度；3—冷凝管

（1）测定原理

化工产品中的水分与甲苯或二甲苯共同蒸出，收集馏出液于接收管内，读取水分的体积，即可计算产品中的水分。

（2）试剂

甲苯或二甲苯：取甲苯或二甲苯，先以水饱和后，分去水层，进行蒸馏，收集馏出液备用。

（3）仪器

水分蒸馏测定器：如图 2-20 所示。

（4）操作步骤

称取适量样品（估计含水 2～5mL），放入250mL 锥形瓶中，加入新蒸馏的甲苯（或二甲苯）75mL，连接冷凝管与水分接收管，从冷凝管顶端注入甲苯，装满水分接收管。

加热慢慢蒸馏，控制馏出液流速为 2 滴/s，待大部分水分蒸出后，加速蒸馏使流速约 4 滴/s，当水分全部蒸出，接收管内的水分体积不再增加时，从冷凝管顶端加入甲苯冲洗。如冷凝管壁附有水滴，可用附有小橡胶头的铜丝擦下，再蒸馏片刻至接收管上部分及冷凝管壁无水滴附着为止，读取接收管水层的体积。

（5）结果计算

样品中的水分含量 w_{H_2O} 按式(2-27) 计算。

$$w_{H_2O}=\frac{V}{m}\times\rho \tag{2-27}$$

式中　V——接收管内水的体积，mL；

ρ——水的密度，g/mL；

m——样品的质量，g。

（6）注意事项

① 选用的溶剂必须与水不互溶，20℃时相对密度小于1，不与样品发生化学反应。水和溶剂混合的共沸点要分别低于水和溶剂的沸点，如苯的沸点为80.4℃，纯水沸点为100℃，而苯与水混合溶液共沸点为69.13℃。

② 仪器必须清洁干燥，安装要求不漏气。

③ 用标样做对照实验。

2.7 色度的测定

产品的色度是指产品颜色的深浅。产品的颜色是产品重要的外观标志，也是鉴别产品的重要性质之一。产品的颜色与产品的类别和纯度有关。例如纯净的水在水层浅时为无色，深时为浅蓝绿色，水中如含有杂质，则出现一些淡黄色甚至棕黄色。无论是白色固体或无色液体的化工产品，它们的颜色总有不同程度的差别，因此，检验产品的颜色可以鉴定产品的质量并指导和控制产品的生产。色度的测定方法很多，主要有铂-钴色度标准法、加德纳色度标准法和罗维朋比色计法等。

2.7.1 铂-钴色度标准法

液体化工产品色度的检测按国家标准规定采用铂-钴色度标准法。

色度的单位为黑曾（Hazen），1黑曾单位是指每升溶液中含有1mg以氯铂酸（H_2PtCl_6）形式存在的铂和2mg六水合氯化钴（$CoCl_2\cdot6H_2O$）的铂-钴溶液的色度。

这种方法适用于测定透明或稍接近于参比的铂-钴色号的液体化工产品的颜色，这种颜色特征通常为“棕黄色”。这种方法不适用于易炭化物质的测定。

（1）测定原理

按一定的比例，将氯铂酸钾、六水合氯化钴配成盐酸性水溶液，并制成标准色列，将样品的颜色与标准铂-钴比色液的颜色目测比较，即可得到样品的色度，以黑曾（铂-钴）颜色单位表示结果。

由于 pH 值对色度有较大影响，所以在测定色度的同时，应测量溶液的 pH 值。

（2）仪器

① 分光光度计。

② 比色管：容积 50mL 或 100mL，在底部以上 100mm 处有刻度标记。一套比色管的玻璃颜色和刻度线高应相同。

（3）试剂

① 六水合氯化钴（$CoCl_2 \cdot 6H_2O$）；

② 氯铂酸钾（K_2PtCl_6）；

③ 盐酸。

（4）测定步骤

① 标准比色母液的制备（500Hazen）。准确称取 1.000g 六水合氯化钴和 1.245g 氯铂酸钾于烧杯中，用水溶解后，移入 1000mL 容量瓶中，加入 100mL 盐酸，用水稀释到刻度，摇匀，即得标准比色母液。标准比色母液可以用分光光度计以 1cm 的比色皿按表 2-4 所列波长进行检查，其吸光度应在表 2-4 中所列范围之内。

表 2-4　500 黑曾单位铂-钴标准液吸光度允许范围

波长/nm	430	455	480	510
吸光度	0.110～0.120	0.130～0.145	0.105～0.120	0.055～0.065

② 标准铂-钴对比溶液的配制。在 10 个 500mL 及 14 个 250mL 的两组容量瓶中，分别加入表 2-5 所示数量的标准比色母液，用水稀释到刻度。标准比色母液和稀释溶液放入带塞棕色玻璃瓶中，置于暗处密封保存。标准比色母液可以保存 6 个月，稀释溶液可以保存 1 个月。

③ 测定样品的色度。向一支 50mL 或 100mL 比色管中注入一定量的样品，注满到刻线处；向另一支比色管中注入具有类似样品颜色的标准铂-钴对比溶液，使注满到刻线处。比较样品与铂-钴对比溶液的颜色。比色时在日光或日光灯照射下正对白色背景，从上往下观察，避免侧面观察，确定接近的颜色。

（5）测定结果的表达

样品的颜色以最接近于样品的标准铂-钴对比溶液的黑曾（铂-钴）颜色单位表示。如果样品的颜色与任何标准铂-钴对比溶液不相符合，则根据可能估计一个接近的铂-钴色号，并描述观察到的颜色。

表 2-5　标准铂-钴对比溶液的配制

500mL 容量瓶		250mL 容量瓶	
标准比色母液的体积/mL	相应颜色/黑曾(铂-钴)	标准比色母液的体积/mL	相应颜色/黑曾(铂-钴)
5	5	30	60
10	10	35	70
15	15	40	80
20	20	45	90
25	25	50	100
30	30	62.5	125
35	35	75	150
40	40	87.5	175
45	45	100	200
50	50	125	250
		150	300
		175	350
		200	400
		225	450

2.7.2　加德纳色度标准法

加德纳色度标准法广泛应用于干性油、清漆、脂肪酸、聚合脂肪酸、树脂、卵磷脂、松香、凡士林等液体，在一般化工产品中有时也用此法，但用得不多。

加德纳色度标准按色泽的深浅分为 18 色号，色度标准又分固体色度标准和液体色度标准。测定时，试样与色度标准对照，从而确定其为某号色度的色泽。

1. 加德纳固体色度标准法

（1）原理

加德纳固体色度标准分为 18 个色号，各个色号应符合规定的彩度坐标和高度透光率。

M2-5　铁钴比色计

（2）仪器

加德纳比色仪：包括 18 个色号的色度标准玻璃片、玻璃管（内径 10.65mm，外高 114mm）、规定光源等。

（3）测定步骤

将试样倾入试样玻璃管中，放入比色仪中与色度标准玻璃片对比，确定与试样最接近的色度标准号，并报告结果。不考虑色相的差异。

（4）测定结果的表达

如需精确测定，可报告为与某号色度标准相符，或报告为浅于或深于某号色度标准。如试样的色泽在两个色号之间，如在 5 和 6 色号之间，可报告为 5，5^{+}，6^{-}或 6 号色，需视实际情况和要求而定。

2. 加德纳液体色度标准法

（1）原理

加德纳液体色度标准也分 18 个色号，系由氯铂酸钾的盐酸溶液和氯化钴-氯化铁的盐酸溶液（铁-钴色度标准）作为标准，也有用重铬酸钾的硫酸溶液作为标准的。

（2）试剂

① 氯铂酸钾溶液：根据需要准确称取一定量的分析纯氯铂酸钾（K_2PtCl_6），加入 $c(HCl)=0.1mol/L$ 的盐酸溶液（见表 2-6）。

表 2-6 加德纳色度标准溶液的配制

加德纳色度标准号	色度坐标号		每 1000mL 盐酸(0.1mol/L)中氯铂酸钾的质量/g	铁-钴色度标准溶液			每 100mL 浓硫酸中重铬酸钾的质量/g
	X	*Y*		氯化铁溶液的体积/mL	氯化钴溶液的体积/mL	$\varphi=1:17$ 的盐酸的体积/mL	
1	0.3190	0	0.550				0.0039
2	0.3241	0.3344	0.865				0.0048
3	0.3315	0.3456	1.330				0.0071
4	0.3433	0.3632	2.080				0.0112
5	0.3578	0.3820	3.035				0.0205
6	0.3750	0.4047	4.225				0.0322
7	0.4022	0.4360	6.400				0.0384
8	0.4179	0.4535	7.900				0.0515
9	0.4338	0.4648		3.8	3.0	93.2	0.0780
10	0.4490	0.4775		5.1	3.7	91.2	0.164
11	0.4836	0.4805		7.5	5.3	87.2	0.250
12	0.5082	0.4639		10.8	7.6	81.6	0.380
13	0.5395	0.4451		16.6	10.0	73.4	0.572
14	0.5654	0.4295		22.2	13.3	64.5	0.763
15	0.5870	0.4112		29.4	17.6	53.0	1.041
16	0.6060	0.3933		37.8	22.8	39.4	1.280
17	0.6275	0.3725		51.3	25.6	23.1	2.220
18	0.6475	0.3525		100.0	0.0	0.0	3.00

② 氯化钴溶液：取 1 份纯六水合氯化钴（$CoCl_2 \cdot 6H_2O$）与 3 份 $\varphi(HCl)=1:17$ 的盐酸溶液混匀。

③ 氯化铁溶液：取约 5 份氯化铁（$FeCl_3 \cdot 6H_2O$）与 1.2 份 $\varphi(HCl)=1:17$ 的盐酸溶液混匀。调整至准确色度，使其相当于新鲜制备的每 100mL 浓硫酸中含有 3.00g 重铬酸钾（$K_2Cr_2O_7$）的溶液的色度。

④ 铁-钴色度标准溶液：按表 2-6 取试剂②和③加 $\varphi(HCl)=1:1$ 的盐酸溶液配制。

（3）测定步骤

在比色管内（内径 10.65mm，外高 114mm）中，各注入试液和色度标准溶液，在（25±5)℃下并在相同背景白光下，进行对比。

（4）测定结果的表达

试样的色泽以最接近的一个加德纳色度标准的色号报告结果。例如，结果报告为 4 号，即表示试样与加德纳色度标准 4 号最接近。

2.7.3 罗维朋比色计法

罗维朋比色计法常用于油脂等化工产品的测定。

（1）测定原理

罗维朋比色计法是利用光线通过标准颜色的玻璃片及油槽，以肉眼比出与油脂色泽相近或相同的玻璃片色号，测定结果按玻璃片上标明的总数表示。

（2）仪器

罗维朋比色计：其结构示意图见图 2-21，由深浅不同的红、黄、蓝三种标准颜色玻璃片，两片接近标准白色的碳酸镁反光片，两只具有蓝玻璃滤光片的 60W 奥司莱（Osrain）灯泡和观察管等组成。玻璃片放在可开动的暗箱中供观察用。在检验油脂的色泽时，蓝玻璃片很少使用，主要使用红色和黄色两种。此两种玻璃片一般标有如下不同深浅颜色的号码，号码愈大，颜色愈深。

黄色：1.0，2.0，3.0，5.0，10.0，15.0，20.0，35.0，50.0，70.0。

红色：0.1，0.2，0.3，0.4，0.5，0.6，0.7，0.8，0.9，1.0，2.0，2.5，3.0，4.0，5.0，6.0，7.0，8.0，9.0，10.0，11.0，12.0，16.0，20.0。

所有玻璃片，每 9 片分装在一个标尺上，全部标尺同装于一个暗盒中，可以任意拉动标尺调整色泽。碳酸镁反光片将灯光反射入玻璃片和试样上，此片用久后要变色，可取下用小刀刮去一薄层后继续使用。

油槽用无色玻璃制成，有不同长度的数种规格，其长度必须非常准确，常用的是 133.35mm 和 25.4mm 两种，有时也用到 50.8mm 或其他长度的，视试样色泽的深浅而定。在用 133.35mm 的油槽观察时，若红色标准超过 40.0 时，改用 25.4mm 油槽。在报告测定结果时，应注明所用槽长度尺寸。所有油槽厚度一致，形状见图 2-22。

（3）测定步骤

将澄清透明或经过滤的油脂样品注入适当长度的洁净油槽中，小心放入比色计内，切勿使手指印等污物黏附在油槽上。关闭活动盖，仅露出玻璃片的标尺及观察管。样品若是固态或在室温下呈不透明状态的液体，应在不超过熔点 10℃的水浴上加热，使之熔化后再进行比色。

比色时，先将黄色玻璃片固定后再打开灯，然后依次配入不同号码的红色玻璃片进行比色，直至玻璃片的颜色和样品的颜色完全相同或相近为止。黄色玻璃片可参考使用红色玻璃片的深浅来决定。

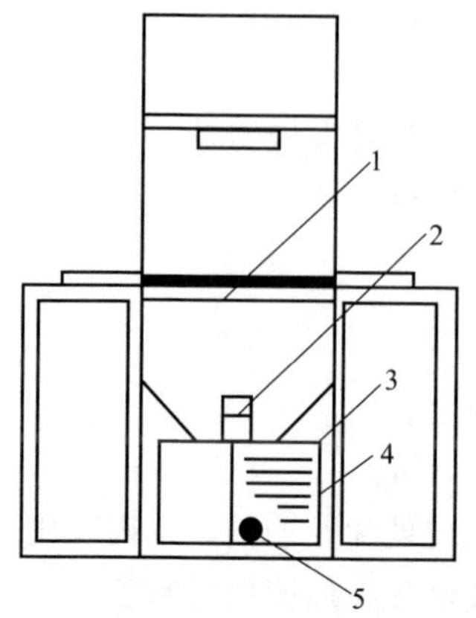

图 2-21　罗维朋比色计结构示意图

1—反光片；2—玻璃油槽；3—内装奥司莱灯泡；
4—标准颜色玻璃片；5—观察管

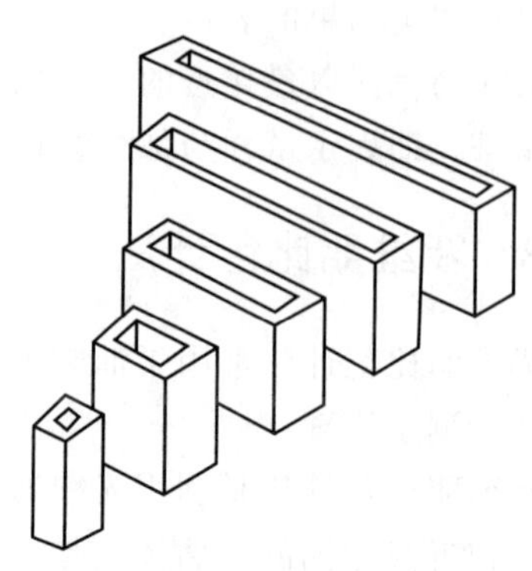

图 2-22　油槽形状

例如，棉子油、花生油：红色在1.0～3.5，黄色可用 10.0；红色在 3.5 以上，黄色可用 70.0。牛油及脂肪酸：红色在 1.0～3.5，黄色可用 10.0；红色在 3.5～5.0，黄色可用 35.0；红色高于 5.0，黄色可用 70.0。大豆油：红色在 1.0～3.5，黄色可用 10.0；红色高于 3.5，黄色可用 70.0。椰子油及棕榈油：红色在 1.0～3.9，黄色可用 6.0；红色高于 3.9，黄色可用 10.0。

如果油脂带有绿色，用红、黄两种玻璃片不能将样品的颜色调配到一致时，可用蓝色玻璃片调整。

(4) 测定结果的表达

测定结果以红色、黄色和蓝色玻璃片的总数表示，注明使用的油槽长度。

(5) 注意事项

① 配色时若色泽与样品不一致，可取最接近的稍深的色值。

② 配色时，使用的玻璃片数应尽可能少。如黄色 35.0，不能以黄 15.0 和黄 20.0 的玻璃片配用。

2.8 pH值的测定

溶液 pH 值（pH value）的测定，在分析测试工作中占有很重要的地位，因为溶液的酸碱性是很多化学反应顺利进行的重要条件之一，很多测试工作要在严格控制 pH 值条件下才能成功完成。

pH 值是溶液中氢离子浓度的负对数值，公式表示如下：

$$pH=-\lg[H^{+}] \tag{2-28}$$

测定 pH 值的方法有比色法、酸度计法、pH 基准试剂法和电位滴定法，其中比色法是用 pH 试纸进行比色对照，该法简便易行，但准确度不高，不适用于测定浑浊、有色的样品。

在通常的测定中，用酸度计测定溶液的 pH 值，是最简便、实用而又准确的方法。在此主要介绍酸度计法。

2.8.1　测定 pH 的原理

用酸度计测定溶液的 pH 值，其理论依据是能斯特（Nernst）方程。

将用一支指示电极和一支参比电极共同浸入待测溶液中组成一个原电池，电池的组成为：

$$\underbrace{Ag,AgCl(\text{固态})\mid 0.1mol/L\ \ HCl\text{溶液}\mid \text{玻璃膜}}_{\text{指示电极}}\parallel \underbrace{\text{待测溶液}\mid \text{饱和}\ KCl\text{溶液},Hg_2Cl_2,Hg}_{\text{参比电极}}$$

通过原电池将溶液 pH 值转化为电位。25℃时，每相差一个 pH 值单位，产生 59.1mV 的电位差，如式(2-29)所示。

$$E=K-0.591pH \tag{2-29}$$

式中的 K 是一个不确定的常数，包含了指示电极、参比电极的电位和膜与待测溶液的接界电位对电动势的总贡献，在同样操作条件下，K 值保持不变。

测量时，为了利用上述关系中的 K 值，可先用已知 pH 值的标准缓冲溶液，测定电池的电动势 E，依式(2-29) 求出 K。然后在相同条件下（即 K 值保持不变），测量由待测溶液构成的电池电动势，就可算出待测溶液的 pH 值。

利用酸度计测定溶液 pH 值时，先将电极插入标准缓冲溶液，旋动仪器上定位旋钮，使读数与标准缓冲溶液的 pH 值相等。由此可见，测定操作中的定位，即是确定 K 值（不需要具体求出 K 的数值），并在测定待测溶液时保持 K 值不变。

待测溶液的 pH 值是以标准溶液的 pH 值为基准的，因此，标准缓冲溶液的 pH 值准确与否，直接影响着测定结果的准确性。

pH 值可直接从仪表的刻度上读数。温度差异引起的变化可通过仪器上的温度补偿装置加以校正。

2.8.2　测定仪器

(1) 酸度计

酸度计也称为 pH 计，型号很多，但测定原理相同，基本配置相似，仅测量精度、显示方式和外形结构有所差异。

（2）电极

酸度计的主要组成部件是参比电极和指示电极，通常以饱和甘汞电极为参比电极，玻璃电极为指示电极。而近年来的酸度计则多将二者合一，制成复合电极，使用更为方便。

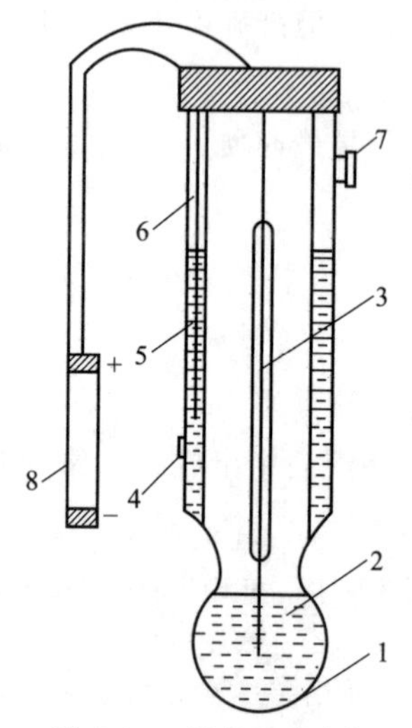

图 2-23 复合玻璃电极

1—玻璃膜；2—0.1mol/L 的 HCl 溶液；3,6—Ag、AgCl 电极；4—多孔陶芯；5—盐桥溶液；7—注液小口；8—电极插头

复合玻璃电极是由玻璃电极和甘汞电极组合而成的，两个电极安装在两个同心的玻璃管中，从外表上看好像是一个电极，见图 2-23。

图中多孔陶芯是复合玻璃电极的主要部件之一，直径为 2mm。当将复合玻璃电极浸入溶液中时，多孔陶芯就把溶液和参比电极接通，与饱和 KCl 溶液一起，共同起到盐桥的作用。玻璃电极和参比电极用导线与电极插头接通。玻璃电极与插头下端相接，是负极；参比电极与插头上端相接，是正极。两极间的电动势由于玻璃膜的作用，随溶液的 pH 值的变化而变化。复合玻璃电极上的注液小口，用于补充盐桥溶液。

2.8.3 试剂

校正用标准缓冲溶液：标准缓冲溶液可按表 2-7 要求配制，称取规定量的试剂溶于 25℃水中，转移到 1L 容量瓶中，加水至刻度线。所用水应为二次蒸馏水，用前应煮沸数分钟，赶走二氧化碳，冷却后使用。配好的溶液储于聚乙烯瓶或硬质玻璃瓶中，有效期 30d。不同温度下标准缓冲溶液的 pH 值见表 2-8。

表 2-7 标准缓冲溶液的配制

标准缓冲溶液	pH 值（25℃）	1L 溶液所含试剂规定量	试剂的热处理要求
草酸盐溶液	1.68	12.71g 四草酸钾	
酒石酸盐溶液	3.56	用外消旋酒石酸氢钾在 25℃时，剧烈振荡至饱和	
邻苯二甲酸盐溶液	4.01	10.21g 邻苯二甲酸氢钾	105℃干燥至质量恒定
磷酸盐溶液	6.86	3.39g 磷酸二氢钾＋3.53g 磷酸氢二钠	（110～130）℃烘干 2h
硼酸盐溶液	9.18	3.80g 硼砂	
氢氧化钙溶液	12.45	在 25℃时，氢氧化钙的饱和溶液	

表 2-8 不同温度下标准缓冲溶液的 pH 值

温度/℃	标准缓冲溶液的 pH 值					
	草酸盐溶液	酒石酸盐溶液	邻苯二甲酸盐溶液	磷酸盐溶液	硼砂溶液	氢氧化钙溶液
0	1.67		4.00	6.98	9.46	13.42
5	1.67		4.00	6.95	9.40	13.21
10	1.67		4.00	6.92	9.33	13.00
15	1.67		4.00	6.90	9.28	12.81
20	1.68		4.00	6.88	9.23	12.63
25	1.68	3.56	4.01	6.87	9.18	12.45
30	1.69	3.55	4.01	6.85	9.14	12.29
35	1.69	3.55	4.02	6.84	9.10	12.13
40	1.69	3.55	4.04	6.84	9.07	11.98

2.8.4 测定步骤

① 按照 pH 计说明书的要求进行操作，启动仪器，预热 10min。

② 制备两种 pH 标准缓冲溶液，其中一种的 pH 值大于并接近待测溶液的 pH 值，另一种小于并接近待测溶液的 pH 值。

③ pH 计校正。将温度补偿旋钮调至标准缓冲溶液的温度处，依次用上述两种标准缓冲溶液作两点定位。将电极和塑料杯用水冲洗干净后，再用标准缓冲溶液冲洗 2～3 次，用滤纸吸干。注入 70mL 标准缓冲溶液于塑料杯中，插入电极，校正仪器刻度。

④ 样品的测定。小心移开校正液，先用水冲洗电极，再用试液洗涤电极。调节试液的温度至（25±1)℃。将酸度计的温度补偿旋钮调至 25℃，测定试液的 pH 值。

为了测得准确的结果，可将试液分成几份，重复操作，直到 pH 值读数至少稳定 1min 为止。

2.8.5 注意事项

① 测定前，按各品种项下的规定，选择两种 pH 值约相差 3 个 pH 单位的标准缓冲液，并使供试液的 pH 值处于二者之间。

② 取与供试液 pH 值较接近的第一种标准缓冲液对仪器进行校正（定位），使仪器数值与标准缓冲液的数值一致。

③ 仪器定位后，再用第二种标准缓冲液核对仪器示值，误差应不大于 ±0.02pH单位。若大于此偏差，则应小心调节斜率，使示值与第二标准缓冲液

的数值相符。重复上述定位与斜率调节至符合要求。否则，需检查仪器或更换电极后，再行校正至符合要求。

④ 每次更换标准缓冲液或供试液前，应用水充分洗涤电极，然后将水吸尽，也可用所换的标准缓冲液或供试液洗涤。

⑤ 在测定高 pH 值的供试液时，应注意碱误差的影响。碱误差是由于普通玻璃电极对 Na^+ 也有响应，使测得的 H^+ 活度高于真实值，即 pH 读数低于真实值，产生负误差。若使用锂玻璃电极，可克服碱误差的影响。

⑥ 对弱缓冲液（如水）的 pH 值测定，先用邻苯二甲酸氢钾标准缓冲液校正仪器后测定供试液，并重取供试液再测，直至 pH 值的读数在 1min 内改变不超过±0.05 单位为止；然后再用硼酸盐标准缓冲液校正仪器，再如上法测定；两次 pH 值的读数相差不应超过 0.1 单位，取两次读数的平均值为其 pH 值。

⑦ 配制标准缓冲液与溶解供试品的水，应是新沸过的冷水，其 pH 值应为 5.5～7.0。

⑧ 标准缓冲液一般可保存 2～3 个月，若发现有浑浊、发霉或沉淀等现象时，则不能继续使用。

⑨ 电极头易碎，勿碰击硬物。

2.9 电导率的测定

水的电导率（conductivity）可反映水中电解质杂质的总含量。GB/T 6682—2008 规定了水的电导率测定的方法。

2.9.1 测定原理

电解质溶液也能像金属一样具有导电能力，只不过金属的导电能力一般用电阻（R）表示，而电解质溶液的导电能力通常用电导（G）来表示。电导是电阻的倒数，即 $G=1/R$。

根据欧姆定律，导体的电阻 R 与其长度 l 成正比，而与其截面积 A 成反比，即

$$R=\rho \frac{l}{A} \tag{2-30}$$

式中，ρ 称为电阻率。

式(2-30) 如用电导表示，可写为：

$$G=\frac{1}{R}=\frac{1}{\rho}\times\frac{A}{l}=\kappa\frac{A}{l} \tag{2-31}$$

$$\kappa=\frac{1}{\rho}=G\frac{l}{A}=\frac{1}{R}\times\frac{l}{A} \tag{2-32}$$

式中，κ 为电导率。电导率的量符号为 r 或 σ，但特别注明，在电化学中可用符号 κ。其单位为 S/m，实际中常用 mS/cm 或 μS/cm。

对于某一给定的电极而言，l/A 是一定值，称为电极常数，也叫电导池常数。因此，可用电导率的数值表示溶液导电能力的大小。

对于电解质溶液，电导率指相距 1cm 的两平行电极间充以 1mL 溶液所具有的电导。电导率与溶液中的离子含量大致成比例地变化，因此通过测定电导率，可间接地推测出解离物质的总浓度。

2.9.2 仪器装置

M2-6 电导率仪

电导仪也叫电导率仪，主要由电极和电计部分组成。电导率仪中所用的电极称为电导电极。实验室中常用的电导率仪见表 2-9。

表 2-9 实验室中常用电导率仪

仪器型号	测量范围/(μS/cm)	电极常数/cm^{-1}	温度补偿范围/℃	备注
DDS-11C	$0\sim10^5$		15～35	指针读数，手动补偿
DDS-11D	$0\sim10^5$	0.01，0.1，1，10	15～35	指针读数
DDS-304	$0\sim10^5$	0.01，0.1，1，10	10～40	指针读数，线性化交直流两用
DDS-307	$0\sim2\times10^4$		15～35	数字显示，手动补偿
DDSJ-308A	$0\sim2\times10^5$		0～50	数字显示，手动补偿，结果可保存、删除、打印，断电保护
DDB-303A	$0\sim2\times10^4$	0.01，1，10	0～35	数字显示，便携式四档测量范围
MC 126	$0\sim2\times10^5$		0～40	便携式，防水，防尘
MP 522	$0\sim2\times10^6$	0.1，0.5，1，5，10，50，100	0～50	数字显示，自动校准，自动补偿

电导电极的选择，则应依据待测溶液的电导率范围和测量量程而定，见表 2-10。

表 2-10 不同量程溶液选用电极一览表

序号	电导率量程/(μS/cm)	电极常数/cm^{-1}	配用电极
1	0～0.1	0.01	双圆筒钛合金电极
2	0～0.3	0.01	
3	0～1	0.01	
4	0～3	0.01	
5	0～10	0.01	
6	0～30	0.01	
7	0～100	0.01	

续表

序号	电导率量程/(μS/cm)	电极常数/cm^{-1}	配用电极
8	0～10	1	DJS-1C 型光亮电极
9	0～30	1	
10	0～100	1	
11	0～300	1	
12	0～1000	1	
13	0～3000	1	
14	0～10000	1	
15	0～100	10	DJS-10C 型铂黑电极
16	0～300	10	
17	0～1000	10	
18	0～3000	10	
19	0～10000	10	
20	0～30000	10	
21	0～100000	10	

2.9.3 测定步骤

① 电极需按照说明书的规定程序进行调试和校正后用于测定。

② 若测定一级、二级水的电导率，选用电极常数为 0.01～0.1cm^{-1}的电极，调节温度补偿至 25℃，使测量时水温控制在（25±1)℃，进行在线测定，即将电极装在水处理装置流动出水口处，调节出水流速，赶净管道内及电极内的气泡后直接测定。

③ 若进行三级水的测定，则可取 400mL 水样于锥形瓶中，插入电极进行测定。

④ 若测定一般天然水、水溶液的电导率，则应先选择较大的量程档，然后逐档降低，测得近似电导率范围后，再选配相应的电极，进行精确测定。

⑤ 测量完毕，取出电极，用蒸馏水洗干净后放回电极盒内，切断电源，擦干净仪器，放回仪器箱中。

黏度的测定

液体受外力作用而流动时，由于液体分子间作用力的影响，液体内部任何相邻两层的接触面上产生与流动方向平行、作用力相反方向的阻力，致使液体内部各层的流动速度不相同。这种液体内部一层液体对于另一层液体运动的阻力，称为内摩擦力或黏滞力。液体的黏度，就是液体流动时内摩擦力大小的程度，是流体的一个重要的物理性能，对产品的性能有较大的影响，是许多化妆品必须测定的项目。

化妆品的水剂和乳液都属于流体，黏度是其重要的物理性质和技术指标，适宜的黏度是确保化妆品体系稳定性的重要因素，同时黏度对产品的使用和外观也有一定影响，因此黏度是确定化妆品配方及工艺稳定性的重要依据。

液体的黏度分为绝对黏度和运动黏度。绝对黏度，又称为动力黏度。使相距1cm的两层液体以1cm/s的速度作相对运动时，如果作用于$1cm^2$面积上的阻力为10^{-5}N，则该液体的绝对黏度为1。绝对黏度用η表示，SI单位为Pa·s，实际应用中多用mPa·s。运动黏度是指液体的绝对黏度与其相同温度下的密度之比值。运动黏度以υ表示，SI单位为m^2·s。

液体的黏度与物质分子的大小有关系，分子较大时黏度较大，分子较小时黏度较小。同一液体物质的黏度与温度有关，温度增高时黏度减少，温度降低时黏度增大。因此，测得的液体黏度应注明温度条件。

2.10.1　测定原理

化妆品流体黏度测定的方法是旋转黏度计法。旋转黏度计测量的黏度是运动黏度，工作原理是基于一定转速转动的转筒（或转子）在液体中克服液体的黏滞阻力所需的转矩与液体的黏度成正比关系。旋转黏度计法适用于牛顿流体或近似牛顿流体特性的产品黏度测定，非常适于黏度范围为5～10^6mPa·s的产品。

NDJ-1型旋转黏度计的构造见图2-24。当同步电机以稳定的速度旋转，连接刻度圆盘，再通过游丝和转轴带动转子旋转。如果转子未受到液体的阻力，则游丝、指针与刻度圆盘同速旋转，指针在刻度盘上指出的读数为“0”。反之，如果转子受到液体的黏滞阻力，则游丝产生扭矩，与黏滞阻力抗衡，最后达到平衡，这时与游丝连接的指针在刻度圆盘上指示一定的读数（即游丝的扭转角）。

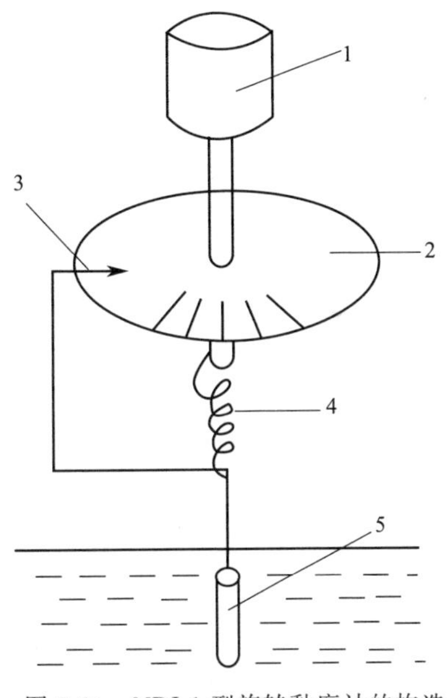

图2-24　NDJ-1型旋转黏度计的构造
1—同步电机；2—刻度圆盘；
3—指针；4—游丝；5—转子

NDJ-1型旋转黏度计转子转速量程表及系数表分别见表2-11及表2-12。

表 2-11　NDJ-1 型旋转黏度计转子转速量程表

量程/mPa·s 转速/(r/min) 转子	60	30	12	6
0	10	20	50	100
1	100	200	500	1000
2	500	1000	2500	5000
3	2000	4000	10000	20000
4	10000	20000	50000	100000

表 2-12　NDJ-1 型旋转黏度计转子转速系数表

转速/(r/min) 转子	60	30	12	6
0	0.1	0.2	0.5	1
1	1	2	5	10
2	5	10	25	50
3	20	40	100	200
4	100	200	500	1000

2.10.2　试剂与仪器

M2-7　黏度计

（1）试剂和材料

① 纯化水。

② 乳液化妆品。

（2）仪器

① NDJ-1 型旋转黏度计。

② 超级恒温水浴：能保持（25±0.1)℃。

③ 温度计：分度为 0.1℃。

④ 容器：直径不小于 6cm，高度不低于 11cm 的容器或旋转黏度计上附带的容器。

2.10.3　测定步骤

（1）仪器安装

① 将保护架装在仪器上（向右旋入装上，向左旋出卸下）。

② 通过粗略估算被测液体的黏度范围选择适用的转子，将选配好的转子旋入连接螺杆。

（2）样品测定

① 将被测样品置于容器中，再将容器放入恒温水浴中，保持 20min，使试

样温度与测试温度平衡，并保持试样温度均匀。

② 旋转升降钮（可借用升降台）使转子浸入被测液体中，直至转子液面标志（转子杆上的凹槽或刻度）和被测物液面相平。

③ 调整位于支架前端的两水平调正螺钉以调整仪器水平。

④ 打开电源开关，按转子选择键，选择相应的转子类型，设定转速和温度，开动电机开关，使转子在液体中旋转，待读数稳定后按停止键读取数值 α。每个样品平行测定三次，取平均值用于计算。

⑤ 测定完毕，关掉电源，清洗转子并放回原处。

2.10.4　结果计算

样品的黏度 η 按式(2-33）计算。

$$\eta=K\alpha \tag{2-33}$$

式中　K——系数，根据所选的转子和转速由仪器给定；

α——读数值。

2.10.5　注意事项

① 将转子以足够长的时间浸入被测液体，同时进行恒温保护，使其能和被测液体温度充分接触，确保液体的均匀性。

② 测定时尽可能将转子置于容器中心。

③ 指针所指的数值应在刻度盘 20%～80%范围内，过高或过低时，可变换转子和转速。

④ 若无法估算被测液体的大致黏度时，应假定为较高的黏度，试用由小到大的转子和由慢到快的速度。

⑤ 保持连接螺杆和转子连接端面及螺纹处清洁，否则将影响转子的正常连接及转动时的稳定性。

⑥ 每次使用完毕后应卸下转子并及时清洗，妥善安放于转子架中。

浊度的测定

浊度是透明液体的浑浊程度，由含有的微量不溶性悬浮物或颗粒所致。浊度单位为 NTU 或 FTU，1NTU 相当于 1L 的水中含有 1mg 的 SiO_2 时，所产生的混浊程度。1FTU 相当于 1L 的水中 125mg 硫酸肼和 125mg 六亚甲基四胺生成的紧合物所产生的混浊程度，1NTU=1FTU。

2.11.1 测定原理

浊度计根据光的透射、散射原理测定液体的浊度。一束 890nm 的平行红外光束在透明液体中传播，如果液体中无悬浮颗粒存在，那么光束在直线传播时不会改变方向；若有悬浮颗粒，光束在遇到颗粒时就会改变传播方向发生光反射，并产生散射光，颗粒越多（浊度越高）光的散射就越严重。即散射光强、入射光强相互之间比值和液体浊度之间存在一定的相关性，通过测定二者比值来测定液体的浊度，与入射光成 90°方向的散射光强度符合雷莱公式

$$I_s=KNV^2I_O\lambda^{-4}$$

式中，I_O 为入射光强度；I_s 为散射光强度；N 为单位溶液微粒数；V 为微粒体积；λ 为入射光波长；K 为被测液体常数，与液体属性有关。在入射光保持恒定的条件下，在一定浊度范围内，散射光强、入射光强的比值与溶液的浊度成正比，上式可表示为 $I_s/I_O=K'N$（K'为常数），根据公式，可以通过测量液体中微粒的散射光强度来测量液体的浊度。

2.11.2 材料与仪器

（1）试剂和材料

① 0 浊度超纯水：0.22μm 滤膜过滤。

② 硫酸肼：分析纯。

③ 六亚甲基四胺：分析纯。

（2）仪器和设备

① 浊度计。

② 分析天平（感量：0.0001g）。

③ 恒温水浴槽（精度±1℃）。

④ 容量瓶（100mL，1000mL）。

⑤ 移液管（5mL，10mL）。

⑥ 水浴锅。

2.11.3 分析步骤

（1）配制标准溶液

① 0.01g/mL 硫酸肼溶液：准确称取 10.0000g 硫酸肼，溶于 200mL 0 浊度水中，溶液转入 1000mL 容量瓶中，定容至刻度，摇匀后用 0.22μm 孔径的微孔

滤膜过滤。

② 0.1g/mL 六亚甲基四胺溶液：准确称取 100.0000g 六亚甲基四胺，溶于 400mL 0 浊度水中，溶液转入 1000mL 容量瓶中，定容至刻度，摇匀后用 0.22μm 孔径的微孔滤膜过滤。

③ 4000 NTU 福尔马肼（Formazine）标准溶液：准确移取 0.01g/mL 硫酸肼溶液和 0.1g/mL 六亚甲基四胺溶液各 100mL，混匀，密封后放置在 25℃的恒温箱或恒温水浴中避光静置 24h。

④ 400 NTU Formazine 标准溶液：准确移取 10mL 4000 NTU Formazine 标准溶液于 100mL 容量瓶中，用 0 浊度水稀释定容至刻度。

⑤ 10 NTU Formazine 标准溶液：准确移取 2.5mL 400 NTU Formazine 标准溶液于 100mL 容量瓶中，用 0 浊度水稀释定容至刻度。

（2）样品测定

① 接通电源，打开仪器，预热 20min。

② 将 0 浊度水倒入干净的试样瓶中，盖好保护盖，用无绒布擦拭干净水印和指印，放入试样座内，使试样瓶上的“十”字刻度的竖线对准试样座上的白色定位线，盖上遮光盖。

③ 待读数稳定后调节“调零”旋钮使仪器读数为 0。

④ 将 10NTU 浊度标准溶液倒入干净的试样瓶中，盖好保护盖，擦拭干净后放入试样座内，调节“校正”旋钮使仪器读数为 10NTU。

⑤ 用蒸馏水将试样瓶清洗干净，并用被测样品润洗两次，然后将样品缓慢倒入试样瓶，避免产生气泡，按上述要求放置好试样瓶，按“测量”键，待读数稳定后读取结果。

⑥ 若数值超出了仪器的量程，需进行稀释，使测得结果在仪器量程范围内。

2.11.4　结果计算

以三次测量的平均值为最终测定结果，浊度按下式计算。

$$浊度=K\times T$$

式中，K 为稀释倍数；T 为稀释后浊度值。

2.11.5　注意事项

① 为了将试样瓶带来的误差降到最低，在校准和测量过程中使用同一试样瓶。

② 避免用手接触试样瓶的透光面。

③ 浊度小于 200NTU 的浊度标准溶液不能长期保存，应现配现用。

④ 酸性样品最好存放在塑料瓶内。

2.12 稳定性的测定

化妆品的稳定性包括生产过程的稳定性、运输储存中的稳定性、使用过程的稳定性等几个方面，要求产品在较长的时间内（通常是三年左右）性质稳定，不发生分层、絮凝、变色、变质等现象。化妆品的稳定性可以在配方设计过程中运用相关的理化实验来检验确认。

2.12.1 耐热测试

耐热试验是膏霜和乳液类化妆品重要的稳定性试验项目，如发乳、唇膏、润肤乳液、护发素、染发乳液、发用摩丝、洗面奶、雪花膏、洗发水等产品均需进行耐热试验。耐热测试的基本方法是先将电热恒温培养箱调节到40℃左右，然后取两份样品，将其中一份置于电热恒温培养箱内保持24h后，取出，恢复室温后与另一份样品进行比较，观察其是否有变稀、变色、分层及硬度变化等现象，以判断产品的耐热性能。因各类化妆品的外观形态各不相同，耐热要求和试验操作也各有不同。

1. 润肤膏霜

(1) 耐热指标

(40±1)℃保持24h，恢复室温后应无油水分离现象，渗油率不应大于3%。

(2) 仪器

恒温培养箱：温控精度±1℃。

培养皿：外径90mm。

电子天平：感量0.001g。

角架：15°。

干燥器。

(3) 耐热试验

预先将恒温培养箱调节至40℃，在已称量的培养皿中称取试样约10g（约占培养皿面积的1/4），刮平，采用电子天平精密称量后，斜放在恒温培养箱内的15°角架上。经24h后取出，放入干燥器冷却后再称重。如有油渗出，则将渗出的油分揩去，留下膏体部分，然后将培养皿连同剩余的膏体部分称量。试样的渗油率，数值以百分数表示，按式(2-34) 计算。

$$渗油率=\frac{m_2-m_1}{m}\times 100\% \quad (2\text{-}34)$$

式中　m——称取样品的质量，g；

m_1——24h后试样质量加培养皿质量，g；

m_2——渗油部分揩去后，试样质量加培养皿质量，g。

2. 护肤乳液

（1）耐热指标

(40±1)℃保持24h，恢复室温后应无分层现象。

（2）仪器

温度计：分度值0.5℃。

电热恒温培养箱：温控精度±1℃。

（3）耐热试验

将试样分别倒入2支ϕ20mm×120mm的试管内，使液面高度约80mm，塞上干净的塞子。把一支待验的试管置于预先调节至40℃的恒温培养箱内，经24h后取出，恢复至室温后与另一支试管的试样进行目测比较。

3. 润肤油

（1）耐热指标

(40±1)℃保持24h，恢复室温后其外观与试验前无明显差异。

（2）仪器

电热恒温培养箱：温控精度±1℃。

（3）耐热试验

将试样置于预先调节至40℃的恒温培养箱内，经24h后取出，恢复至室温后观察。

4. 发乳

（1）耐热指标

(40±1)℃保持24h，膏体无油水分离现象。

（2）仪器

电热恒温培养箱：温控精度±1℃。

高型称量瓶：30mL。

（3）耐热试验

预先将电热恒温培养箱调节至（40±1)℃，把试样置于干净的30mL高型称量瓶中，使膏体装实无气泡，再置于恒温培养箱里，保持24h后取出，立即观察膏体。

5. 唇膏

（1）耐热指标

要求45℃保持24h，恢复室温后外观无明显变化，能正常使用。

（2）设备

电热恒温培养箱：温控精度±1℃。

（3）耐热试验

预先将电热恒温培养箱调节至（45±1)℃，将待测样品脱去盖套并全部旋出，垂直置于恒温培养箱内，24h后取出。恢复至室温后目测观察，并将少许试样涂擦于手背上，观察其使用性能。

6. 洗面奶

（1）耐热指标

要求40℃保持24h，恢复室温后无油水分离现象。

（2）设备

电热恒温培养箱：温控精度±1℃。

（3）耐热试验

预先将恒温培养箱调节至（40±1)℃，将一瓶包装完整的试样置于恒温培养箱内。24h后取出试样，恢复室温后目测观察。

7. 洗发膏、洗发液

（1）耐热指标

洗发膏：(40±1)℃保持24h，恢复室温后，无分离析水现象。

洗发液：(40±1)℃保持24h，恢复室温后，无分层现象。

（2）设备

电热恒温培养箱：温控精度±1℃。

（3）耐热试验

洗发膏：预先将恒温培养箱调节至40℃，把一瓶包装完整的试样置于恒温培养箱内。24h后取出，恢复至室温后目测观察。

洗发液：将试样分别倒入2支ϕ20mm×120mm的试管内，使液面高度约80mm，塞上干净的塞子，把一支待验的试管置于预先调节至40℃的恒温培养箱内，经24h后取出，恢复至室温后与另一支试管的试样进行目测比较。

2.12.2 耐寒测试

同耐热试验一样，耐寒试验也是膏霜、乳液和液状等类产品的重要的稳定性验项目。同样，因为各类化妆品的外观形态各不相同，所以各类产品的耐寒要求和试验操作方法略有不同。但试验的基本原理相近，即：先将冰箱调节到（－15～－5℃)±1℃，然后取两份样品，将其中一份置于冰箱内保持24h后，取出，恢复室温后与另一份样品进行比较，观察其是否有变稀、变色、分层及硬度变化等现象，以判断产品的耐寒性能。

（1）仪器

冰箱：温控精度±2℃。

试管：ϕ20mm×120mm。

高型称量瓶：30mL。

（2）耐寒试验及指标

润肤膏霜：预先将冰箱调节至－8℃，将一件包装完整的试样置于冰箱内。24h后取出，恢复至室温后目测观察，应与试验前无明显性状差异。

护肤乳液：将试样分别倒入2支ϕ20mm×120mm的试管内，使液面高度约80mm，塞上干净的塞子。把一支待验的试管置于预先调节至－8℃的冰箱内，经24h后取出，恢复至室温后与另一支试管的试样进行目测比较，应无分层现象。

润肤油：将试样置于预先调节至－8℃的冰箱内，经24h后取出，待恢复室温后观察，其外观与试验前应无明显差异。

发乳：预先将冰箱调节至－15～－5℃，把试样置于干净的30mL高型称量瓶中，使膏体装实无气泡，再置于冰箱里，保持24h后取出，立即观察膏体，应无分层现象。

唇膏：预先将冰箱调节至－10～－5℃，将试样置于冰箱内，24h后取出，恢复室温后，将样品少许涂擦于手上，观察其使用性能，应能正常使用。

洗面奶：预先将冰箱调节至－8℃，将包装完整的试样置于冰箱内，24h后取测观察，应无分层、泛粗、变色现象。

洗发膏：预先将冰箱调节至－8℃，将包装完整的试样置于冰箱内，24h后取测观察，应无分层现象。

洗发液：将试样分别倒入2支ϕ20mm×120mm的试管内，使液面高度约80mm，塞上干净的塞子，把一支待验的试管置于预先调节至－10～－5℃的冰箱内，经24h后取出，恢复至室温后与另一支试管的试样进行目测比较，应无分离析水现象。

2.12.3　离心试验

离心试验是检验乳液类化妆品货架寿命的试验，是加速分离试验的必要检验法，如洗面奶、润肤乳液、染发乳液等均需做离心试验。其方法是：将样品置于离心机中，以2000～4000r/min的转速试验30min后，观察产品的分离、分层状况。

M2-8　离心机

（1）仪器

角式低速台式离心机，最大相对离心力19.6～30.7N。

离心管：刻度10mL。

电热恒温培养箱：温控精度±1℃。

温度计：分度值0.5℃。

（2）试验方法

于离心管中注入试样约2/3高度并装实，用塞子塞好，然后放入预先调节到38℃的电热恒温培养箱内，保持1h后，立即移入离心机中，并将离心机调整到2000r/min的离心速度，旋转30min取出观察。

（3）离心试验指标

护肤乳液：在2000r/min的转速下旋转30min不分层（含粉质颗粒沉淀物除外）。

洗面奶：在2000r/min的转速下旋转30min，无油水分离现象（颗粒沉淀除外）。

2.12.4 色泽稳定性试验

色泽稳定性试验是检查有颜色化妆品色泽是否稳定的试验方法，常采用直接观察法检测。发乳的色泽稳定性测试参照QB/T 2284—2011进行：取样在室温和非阳光直射下观察，应满足行业的色泽规定。香水、花露水的色泽稳定性参照QB/T 1858—2004和QB/T 1858—2006进行：取样置于25mL的比色管内在室温和非阳光直射下观察，应满足色泽规定。

2.12.5 容器的稳定性试验

化妆品容器是在化妆品存放期间与其直接接触的容器，制作材料的性能应与内容物有很强的适应性，以保证容器和内容物性能的稳定，不出现腐蚀、变臭、变色、脆化、溶出和裂缝等，保证容器开闭的容易程度，组装部件的强度，表面装饰的剥落、划伤，气密性等。

检测容器稳定性的代表性试验有：温湿度的耐受试验，水、醇、内容物、洗涤液、人工汗液的耐受试验，冲击、压力、摩擦的耐受试验。

气溶胶类化妆品相关的容器稳定性试验参照GB/T 14449—2017《气雾剂产品测试方法》进行，主要有泄漏试验和内压力试验。

（1）泄漏试验

泄漏试验是检验气压式化妆品是否存在喷射剂外泄的问题。本试验适用于发用摩丝和定型发胶的泄漏试验。

泄漏试验：预先将恒温水浴箱调节至50℃，然后放入三瓶试样摇匀，将脱去塑盖的试样直立放入水浴中，5min内以每罐冒出气泡不超过五个为合格。

（2）内压力试验

内压力试验是检验气压式化妆品的瓶内压力是否超过规定压力。

内压力试验：取三罐试样，按试样标示的喷射方法，排除充装操作中滞留在阀门和/或吸管中的推进剂或空气；将试样拔出阀门促动器，置于所要求温度的恒温水浴中，使水浸没罐身，恒温时间不少于30min；戴厚皮手套，摇动试样六次（除试样注明不允许摇动罐体者外），将压力表进口对准阀杆，产品正立放置，用力压紧，待压力表指针稳定后，记下压力读数，每罐重复测试三次，取平均值；依此方法测试另两罐试样。三次测试结果平均值即为该产品的内压。

2.12.6　一般保存试验与强化保存试验

在生产、销售、消费者使用等环节，化妆品可能发生变色、褪色、变臭、污染、结晶析出等化学变化，也可能发生分层、沉淀、凝聚、发汗、凝胶化、条纹不均、挥发、固化、软化、龟裂等物理变化。这些物理或化学变化直接影响到化妆品的质量。生产商、销售商或消费者都需要了解化妆品的储存期或寿命，所以有必要对化妆品进行保存试验，以确定化妆品的使用有效期限。

（1）一般保存试验

一般保存试验即在设定的温湿度、光照条件下，将化妆品静置一定时间，观察测定样品状态的变化。设定温度在－10℃、－5℃、0℃、25℃、37℃、45℃、50℃、60℃等，根据试验样品的性状来选择适当的温度和光照条件，可以是室外自然光，也可以采用人工光源，后者在较长时间内可控制光照强度。

保存时间在1天至1个月、2个月、6个月、1～3年等，根据试验样品的观察目的来选择适当的时间。

观察项目包括外观变化和气味变化。外观变化主要是色调变化、褪色、条纹颜色不均、混入异物、分离、沉淀、发汗、疏松、龟裂、胶化、混浊、结块、光泽消失、塌陷、出现真菌菌丝等。

测定项目包括样品在不同时间点的pH值、硬度、黏度、浊度、粒径、软化点、水分等。试验样品可以采取长期存放的办法，但即使这样，也由于储存的地区不同而产生不同的结果。长期存放对测定工作效率，无疑也是不适合的，因此通常在实验室中使用强化自然条件的方法来测定化妆品的稳定性。

（2）强化保存试验

强化保存试验，又称为加速老化试验，即极短时间内改变化妆品样品存放的环境条件（如温湿度、光照强度），或给予样品以一定物理量负荷，观察测定样品状态的变化。样品在强化保存试验期间的观察测定项目与一般保存试验相同，环境条件改变可采用循环试验，即将高温/低温、光照/闭光在短时间内数次循环改变，以模拟气候与昼夜的变化。应力试验即给予样品一定的应力负荷观察样品的物性变化。其中，离心分离法可用于观察乳化液制品油水分离的情况，落下法可判断粉状固体化妆品的耐冲击能力，荷重法适用于测定口红等条状化妆品抗折断强度。

练习题

1. 密度的测定方法有哪几种?
2. 如果待测样品的熔点为 120℃，采用毛细管法测定该样品的熔点，可采用什么做介质? 能用水吗?
3. 沸点的测定方法有哪些? 原理是什么?
4. 阿贝折射仪的测定原理是什么?
5. 如何使用旋光仪测定味精的旋光本领?
6. 水分测定的方法有哪些? 适用范围如何?
7. 色度测定的方法有哪些? 分别适用于哪些产品的测定?
8. 测定 pH 值时常用的三种缓冲溶液是什么? 如果待测样品的 pH 值为 6.3，应用哪两种缓冲溶液定位?
9. 水的电导率越大，说明水的电解质含量越高吗?
10. 黏度的测定方法有哪些? 分别适用于哪些产品的测定?
11. 浊度计能否测定有颜色的液体?为什么?
12. 被测样品的浓度过高对测定结果有什么影响?
13. 根据雷莱公式，光的散射与哪些因素有关?

第3章 化妆品用油脂的检验

知识目标

- (1) 熟悉油脂理化检验项目。
- (2) 掌握油脂理化检验项目的常规检验方法。

能力目标

- (1) 能进行油脂检验样品的制备。
- (2) 能进行相关溶液的配制。
- (3) 能根据油脂的种类和检验项目选择合适的检验方法。
- (4) 能对油脂相关项目进行检验，给出正确结果。

案例导入

如果你是一名企业的检验人员，工作中需要测定硬脂酸的酸值，应如何测定？

?

课前思考题

(1) 油脂的碘值高意味着油脂容易氧化吗？

(2) 化妆品中常用的油脂和蜡有哪些？

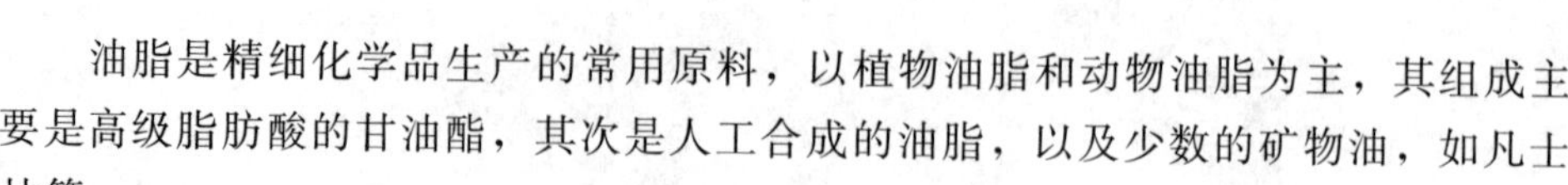

油脂是精细化学品生产的常用原料，以植物油脂和动物油脂为主，其组成主要是高级脂肪酸的甘油酯，其次是人工合成的油脂，以及少数的矿物油，如凡士林等。

油脂由于来源、品种、加工条件、贮存等情况不同，其质量优劣的差异较大。油脂检验项目甚多，通常是根据其用途来选择检验项目。例如应用于化妆品的油脂和蜡，熔点、色泽、气味等是必测项目。

3.1 油脂物理性能的测定

3.1.1 熔点的测定

纯净的油脂和脂肪酸有其固定的熔点，但天然油脂的纯度不高，熔点不够明显。油脂的熔点与其组成和组分的分子结构密切相关。一般组成脂肪酸的碳链越长，熔点越高；不饱和程度越大，熔点越低。双键位置不同，熔点也有差异。

油脂的熔点与化妆品配方、工艺和质量控制相关，并影响产品的季节性变化。熔点的高低会影响化妆品的黏稠度、耐热耐寒性、铺展性和肤感等。

测定油脂熔点常用毛细管法，具体测定方法见第 2 章 2.2 节。

3.1.2 凝固点的测定

凝固点是油脂和脂肪酸的重要质量指标之一，在制皂工业中，对油脂的配方有重要指导作用。其对化妆品的影响与熔点类似。

测定凝固点的方法见本书第 2 章 2.2 节。

【问题】 蓖麻油的熔点为 -10℃，氢化蓖麻油的熔点为 85～88℃，为什么相差这么大?

【回答】 请扫描二维码查看答案。

M3-1 氢化蓖麻油熔点高的原因

3.1.3 相对密度的测定

油脂的相对密度与其脂肪酸的组成和结构有关，如油脂分子内氧的质量分数越大，其相对密度越大。因此，随着油脂分子中低分子脂肪酸、不饱和脂肪酸和羟基酸含量的增加，其相对密度增大。油脂的相对密度范围一般在 0.87～0.97

之间。

相对密度的测定方法有密度瓶法和密度计法等，具体的测定步骤见第 2 章 2.1 节。

3.1.4　色泽的测定

油脂越纯其颜色和气味越淡，纯净的油脂应是无色无味无臭的。通常，油脂受提炼、贮存的条件和方法等因素的影响，具有不同程度的色泽。

M3-2　罗维朋比色计原理

油脂的色泽直接影响其产品的色泽。例如，用色泽较深的油脂生产的肥皂，其色泽也较深，这样的产品不受消费者欢迎，所以色泽是油脂质量指标必不可少的检验项目。

测定色泽的方法有：铂-钴分光光度法、罗维朋比色计法等，具体的测定方法见第 2 章 2.7 节。

M3-3　植物油脂变色原因

【问题】 植物油脂在经过油脂精炼后，最终产品色泽呈淡黄色，但是在贮存、运输和货架存放过程中食用油色泽会发生一些变化即返色，原因是什么?

【回答】 请扫描二维码查看答案。

3.2 水分和挥发物的测定

通常，纯度较高或精炼过的油脂含水量极少，但在精炼过程中水分不可能完全除去。因为油脂中常含磷脂、蛋白质以及其他能与水结合成胶体的物质，使水不易下沉而混杂在油脂中。此外，固状、半固状油脂在凝固时往往夹带较多的水分。例如，常见的骨油、牛油和羊油含水量有时高达 20%左右。

水分的存在是油脂酸败变质的基础，因此加工油脂或使用油脂作原料时都需要进行水分的测定。参照《动植物油脂　水分及挥发物的测定》(GB 5009.236—2016)，测定动植物油脂水分和挥发物总量的方法有两种：方法 A 采用沙浴或电热板，方法 B 采用电热干燥箱。其中方法 A 适用于所有的动植物油脂；方法 B 仅适用于酸值低于 4mg/g 的非干性油脂，不适用于月桂酸型的油（棕榈仁油和椰子油）。测定动植物油脂水分含量可以采用卡尔费休法，参照《动植物油脂　水分含量测定　卡尔费休法（无吡啶）》(GB/T 26626—2011)。

3.2.1 方法A沙浴（电热板）法

（1）测定原理

本方法是在（103±2）℃的条件下，对测试样品进行加热至水分和挥发物完全散尽，测定样品损失的质量。

（2）仪器

① 蒸发皿：直径8～9cm，深度3cm；

② 温度计：刻度范围至少为80～110℃，长约100mm水银球加固，上端具有膨胀室；

③ 沙浴或电热板（室温～150℃）；

④ 干燥器：内含有效的干燥剂。

（3）测定步骤

① 预先称量干燥洁净的蒸发皿和温度计的总质量，再加入 m（10.00～20.00g）的油脂样品，将装有测试样品的蒸发皿在沙浴或电热板上加热至90℃，升温速率控制在10℃/min左右，边加热边用温度计搅拌。降低加热速率观察蒸发皿底部气泡的上升，控制温度上升至（103±2）℃，确保不超过105℃。继续搅拌至蒸发皿底部无气泡放出。

② 为确保水分完全散尽，重复数次加热至（103±2）℃冷却至90℃的步骤，将蒸发皿和温度计置于干燥器中，冷却至室温，称量，精确至0.001g。重复上述操作，直至连续两次结果不超过2mg。

③ 相同条件下，同一测试样品进行两次测定。

（4）结果计算

样品中水分（含挥发物）的质量分数 w_{H_2O} 按式(3-1)计算。

$$w_{H_2O}=\frac{m_1-m_2}{m}\times 100\% \tag{3-1}$$

式中 m_1——样品、蒸发皿及温度计加热前的总质量，g；

m_2——样品、蒸发皿及温度计加热后的总质量，g；

m——样品质量，g。

3.2.2 方法B 电热干燥箱法

电热干燥箱法与干燥减重法类似，在预先干燥并称量的玻璃容器中加入5g或10g试样，再将其置于（103±2）℃的电热干燥箱中加热干燥1h，移入干燥器中，冷却至室温后称量。重复加热、冷却及称量的步骤，每次复烘时间为30min，直到连续两次称量的差值不超过2mg（5g样品时）或4mg（10g样品时)。计算原理见式(3-1)。

案例讨论　水分测定的问题

【问题】 某一同学在测定洗衣粉的水分含量时，用称量瓶称量完毕后，为了能识别自己的样品，在称量瓶上贴了一张标签，然后放到烘箱中测定。另一位同学在做同一个实验时，放在烘箱中的称量瓶的盖子始终是盖着的。

【讨论】 1. 作为专业检验人员，你认为他们的操作分别存在什么问题？

2. 请分析一下，这两位同学的测定值与真实值之间存在什么误差？是正还是负？

3.3 酸值的测定

酸值是指中和1g样品所需氢氧化钾的质量，单位为mg/g，表示油脂中游离脂肪酸的含量，是油脂品质的重要指标之一。

油脂中一般都含有游离脂肪酸，其含量多少和油源的品质、提炼方法、水分及杂质含量、贮存的条件和时间等因素有关。水分和杂质含量高，贮存时间长和提炼温度高，都会导致游离脂肪酸含量增高，进一步促进油脂的水解和氧化等化学反应。因此，酸值可以表示油脂的新鲜程度，酸败的油脂酸值较高，品质差，一般新鲜油脂的酸值小于1mg/g。

参考《食品安全国家标准　食品中酸价的测定》(GB 5009.229—2016)和《动植物油脂　酸值和酸度测定　自动滴定分析仪法》(LS/T 6107—2012)，油脂酸值可以采用指示剂法和电位计法测定。

3.3.1 冷溶剂指示剂法

冷溶剂指示剂法适用于常温下能够被冷溶剂完全溶解成澄清溶液的油脂样品。

(1) 测定原理

用有机溶剂将油脂试样溶解成样品溶液，再用氢氧化钾或氢氧化钠标准滴定溶液中和滴定样品溶液中的游离脂肪酸，通过消耗的标准溶液体积计算油脂试样的酸值。反应原理如下：

$$RCOOH + KOH \longrightarrow RCOOK + H_2O$$

（2）试剂和仪器

① 氢氧化钠或氢氧化钾标准滴定水溶液，浓度 c 为 0.1mol/L 或 0.5mol/L；

② 乙醚-异丙醇混合液：500mL 的乙醚与 500mL 的异丙醇充分互溶混合，用时现配；

③ 酚酞指示剂：称取 1g 酚酞，加入 100mL 95%乙醇并搅拌至完全溶解；

④ 百里香酚酞指示剂：称取 2g 百里香酚酞，加入 100mL 95%乙醇并搅拌至完全溶解；

⑤ 碱性蓝 6B 指示剂：称取 2g 碱性蓝 6B，加入 100mL 95%乙醇并搅拌至完全溶解；

⑥ 10mL 微量滴定管：最小刻度为 0.05mL；

⑦ 天平：感量 0.001g。

（3）测定步骤

① 根据试样的颜色和估计的酸值，按照表 3-1 规定称量试样质量 m，控制滴定液用量（扣除空白后）在 0.2～10mL 之间。

② 取干净的 250mL 的锥形瓶，加入油脂试样、乙醚-异丙醇混合液 50～100mL 和 3～4 滴的酚酞指示剂，充分振摇溶解试样。

③ 用标准滴定溶液滴定试样溶液，当试样溶液初现微红色，且 15s 内无明显褪色时，停止滴定，记录下此滴定所消耗的标准滴定溶液的体积 V_1。对于色泽较深的油脂，可用百里香酚酞指示剂或碱性蓝 6B 指示剂取代酚酞指示剂，滴定时，当颜色变为蓝色时为百里香酚酞的滴定终点，碱性蓝 6B 指示剂的滴定终点为由蓝色变红色。

表 3-1 试样称样表

估计的酸值/(mg/g)	试样的最小称样量/g	使用滴定液的浓度/(mol/L)	试样称重的精确度/g
0～1	20	0.1	0.05
1～4	10	0.1	0.02
4～15	2.5	0.1	0.01
15～75	0.5～3.0	0.1 或 0.5	0.001
>75	0.2～1.0	0.5	0.001

④ 在不加试样的情况下，按相同的方法进行空白试验，消耗的标准溶液记为 V_0。

（4）结果计算

酸值测定结果按式(3-2) 计算。

$$AV=\frac{c\times V\times M_{KOH}}{m} \quad (3\text{-}2)$$

式中　AV——酸值，mg/g；

c——标准溶液的实际浓度，mol/L；

V——试样滴定与空白试验消耗的标准溶液体积之差，即 V_1-V_0，mL；

m——样品的质量，g；

M_{KOH}——氢氧化钾的摩尔质量，56.11g/mol。

当酸值<1mg/g 时，重复测定结果的绝对差值不得超过算术平均值 15%；当酸值≥1mg/g 时，则不超过算术平均值 12%。

酸值滴定的问题

【问题】 某同学在测定硬脂酸的酸值时，为了溶解三角瓶中的硬脂酸，使用了一根玻璃棒搅拌，等溶解完后将玻璃棒从三角瓶中取出，再使用氢氧化钾标准溶液滴定。

【讨论】

1. 你认为在溶解硬脂酸时，有必要需要使用玻璃棒搅拌吗？

2. 请分析一下，这位同学的测定值与真实值之间存在什么误差？请分析原因。

3.3.2　热乙醇指示剂法

热乙醇指示剂法适用于常温下不能被冷溶剂完全溶解成澄清溶液的油脂样品。

（1）测定原理

将固体油脂试样同乙醇一起加热至 70℃以上（但不超过乙醇的沸点），使固体油脂试样熔化为液态，同时通过振摇形成油脂试样的热乙醇悬浊液，使油脂试样中的游离脂肪酸溶解于热乙醇，再趁热用标准滴定溶液中和滴定。

（2）试剂和仪器

同 3.3.1。

（3）测定步骤

① 称量试样。称样量 m 见表 3-1，将试样加入干净的 250mL 锥形瓶 A 中。

② 中和乙醇。另取一干净的 250mL 的锥形烧瓶 B，加入 50～100mL 的 95%乙醇和 0.5～1mL 的酚酞指示剂。将锥形瓶放入 90～100℃的水浴中加热到乙醇微沸。取出后趁热用标准滴定溶液滴定。当乙醇初现微红色，且 15s 内无明

显褪色时停止滴定。

③ 试样滴定。将锥形瓶B中乙醇趁热立即倒入锥形瓶A中，再放入90～100℃的水浴中加热到乙醇微沸，其间剧烈振摇锥形瓶形成悬浊液。取出锥形瓶A，趁热用标准滴定溶液滴定悬浊液，当溶液初现微红色，且15s内无明显褪色时为滴定终点，记录下此滴定所消耗的标准溶液的体积V。

（4）结果计算

同3.3.1式(3-2)，此时$V_0=0$。

【问题】 从测定过程的安全性和结果可靠性上对比冷热指示剂滴定法?

【回答】 请扫描二维码查看答案。

M3-4 冷热指示剂滴定法比较

3.3.3 电位计法

电位计法采用自动滴定分析仪，根据滴定过程中“pH突跃”为依据判定滴定终点，包括热乙醇滴定法和冷溶剂滴定法。其中，热乙醇滴定法适合所有的动植物油脂，试样溶解采用的是热乙醇，冷溶剂滴定法适用于浅色油脂，试样溶解所用的溶剂为乙醚和95%乙醇（按体积1∶1混合）的混合液。相比指示剂法，电位计法抗干扰能力强，测试结果更准确，且有机溶剂是密闭状态，减少了与人的接触。

M3-5 电位滴定法原理

3.3.3.1 热乙醇滴定法

（1）测定原理

将试样溶解于热乙醇中，并加入酚酞指示剂，用氢氧化钾或氢氧化钠标准滴定溶液中和滴定样品溶液中的游离脂肪酸，利用自动滴定分析仪测定滴定过程中样品溶液pH值的变化，并绘制相应的pH-滴定体积实时变化曲线及其一阶微分曲线，以中和反应所引起的“pH突跃”为依据判定滴定终点。通过滴定终点消耗的标准溶液的体积计算试样酸值。

（2）试剂和仪器

① 氢氧化钾或氢氧化钠乙醇标准溶液，浓度c为0.1mol/L或0.5mol/L；

② 酚酞指示剂溶液：10g/L的95%乙醇溶液；

③ 无水乙醇；

④ 天平：感量0.0002g；

⑤ 自动滴定分析仪。

（3）测定步骤

① 仪器准备。滴定分析仪开机预热，条件：滴定速度6～0.5mL/min，搅拌速度200～240r/min。

② 根据试样颜色和估计的酸值，按表 3-2 称取试样质量 m 于滴定杯中，滴定液的用量不超过 10mL。

表 3-2　试样称样表

估计的酸值/(mg/g)	试样的最小称样量/g	试样称重的精确度/g
<1	20	0.05
1～4	10	0.02
4～15	2.5	0.01
15～75	0.5	0.001
>75	0.1	0.0002

③ 中和乙醇。同 3.3.2 测定步骤②。

④ 试样滴定。将中和后的乙醇加入至滴定杯中，充分混合，煮沸。放好滴定杯，启动滴定分析仪，用标准溶液自动滴定到终点，仪器自动记录标准溶液消耗量 V。

（4）结果计算

同 3.3.1 式(3-2)，此时 $V_0=0$。

3.3.3.2　冷溶剂滴定法

冷溶剂滴定法的测试原理、仪器和结果表示与热乙醇滴定法相同，在此不再赘述。但试样测定步骤有所不同。冷溶剂滴定法的测定步骤如下。

在滴定杯中，将试样溶解于 50～150mL 预先中和过的乙醚和 95%乙醇混合液。将滴定杯放入滴定分析仪中，启动仪器，用标准溶液滴定到终点。

测定过程中要注意以下几点。

① 酸值<1 时，溶液中需缓缓通入氮气流。

② 滴定所需 0.1mol/L 标准溶液的体积超过 10mL 时，改用 0.5mol/L 标准溶液滴定。

③ 滴定过程中溶液发生浑浊可加入适量乙醚-乙醇混合溶液至澄清。

3.4 皂化值的测定

油脂皂化值是指在规定条件下，皂化 1g 油脂所需氢氧化钾的质量，单位为 mg/g，用于测定油和脂肪酸中游离脂肪酸和甘油酯的含量。

皂化值与油脂的分子量有关，分子量越小，皂化值越高，因此，根据皂化值可大致估算油脂的平均分子量。另外，若游离脂肪酸含量增大，皂化值随之增大。一般油脂的皂化值为180～200mg/g。

M3-6 部分常见油脂皂化值和INS值

油脂的皂化值是指导肥皂生产的重要数据，根据皂化值可计算皂化所需碱量、油脂内的脂肪酸含量和油脂皂化后生成的理论甘油量三个重要数据。皂化值的测定参照《动植物油脂 皂化值的测定》(GB/T 5534—2008)，该法不适用于含无机酸的产品。

3.4.1 方法原理

皂化值测定利用酸碱中和原理，测定油和脂肪酸中游离脂肪酸和甘油酯的含量。在回流条件下，将样品和氢氧化钾-乙醇溶液一起煮沸，然后用标准盐酸溶液滴定过量的氢氧化钾。其反应式如下：

$$(RCOO)_3C_3H_5+3KOH \longrightarrow 3RCOOK+C_3H_5(OH)_3$$

$$RCOOH+KOH \longrightarrow RCOOK+H_2O$$

$$KOH+HCl \longrightarrow KCl+H_2O$$

3.4.2 试剂和仪器

(1) 试剂

① 氢氧化钾-乙醇标准溶液：$c_{KOH}=0.5mol/L$ 的乙醇溶液。约0.5mol氢氧化钾溶于1L的95%(体积分数)乙醇中。此溶液应为无色或淡黄色。通过下列任一方法可制得稳定的无色溶液。

a法：将8g氢氧化钾和5g铝片放在1L乙醇中回流1h后立刻蒸馏。将需要量(约35g)的氢氧化钾溶解于蒸馏物中。静置数天，然后倾出清亮的上层清液弃去碳酸钾沉淀。

b法：加4g特丁醇铝到1L乙醇中，静置数天，倾出上层清液，将需要量的氢氧化钾溶解于其中，静置数天，然后倾出清亮的上层清液弃去碳酸钾沉淀。

将此液贮存在配有橡皮塞的棕色或黄色玻璃瓶中备用。

② 盐酸标准溶液：$c_{HCl}=0.5mol/L$。

③ 酚酞指示剂：($\rho_{酚酞}=0.1g/100mL$) 溶于95%(体积分数)乙醇。

④ 碱性蓝6B溶液：($\rho=2.5g/100mL$) 溶于95%(体积分数)乙醇。

⑤ 助沸物。

(2) 仪器

① 恒温水浴；

② 回流冷凝管：带有连接锥形瓶的磨砂玻璃接头；

③ 滴定管：50mL；

④ 移液管：25mL；

⑤ 锥形瓶（磨口）：250mL。

3.4.3 测定步骤

① 称取已除去水分和不溶性杂质的油脂样品约 2g（对于不同范围皂化值样品，以样品量约为一半氢氧化钾-乙醇溶液被中和为依据进行改变，推荐的取样量如表 3-3 所示），置于 250mL 锥形瓶中，再准确移取 25.0mL 氢氧化钾-乙醇标准溶液，并加入一些助沸物。将锥形瓶接上回流冷凝管，置于加热装置上慢慢煮沸，不时摇动，油脂维持沸腾状态 60min（对高熔点油脂和难于皂化的样品煮沸 2h），使其充分皂化。停止加热，加酚酞指示剂 0.5～1mL 至热溶液中，用盐酸标准溶液滴定至粉色刚消失。

② 另吸取 25.0mL 氢氧化钾-乙醇标准溶液按同法做空白试验。

表 3-3　不同皂化值推荐取样量

估计的皂化值(以 KOH 计)/(mg/g)	取样量/g
150～200	2.2～1.8
200～250	1.7～1.4
250～300	1.3～1.2
＞300	1.1～1.0

3.4.4 结果计算

样品的皂化值 SV 按式(3-3) 计算。

$$SV=\frac{c\times(V_0-V_1)M_{KOH}}{m} \tag{3-3}$$

式中　SV——油脂样品的皂化值，mg/g；

c——盐酸标准溶液的实际浓度，mol/L；

V_0——空白试验消耗盐酸标准溶液的体积，mL；

V_1——试样消耗盐酸标准溶液的体积，mL；

m——样品质量，g；

M_{KOH}——氢氧化钾的摩尔质量，56.11g/mol。

3.4.5 注意事项

① 如果皂化液颜色较深，终点观察不明显，可以改用 0.5～1mL 的碱性蓝

6B作指示剂。

② 皂化时要防止乙醇从冷凝管口挥发，同时要注意滴定液的体积，盐酸标准溶液用量大于15mL，要适当补加中性乙醇，加入量参照酸值测定。

③ 两次平行测定结果允许误差不大于0.5%。

3.5 碘值的测定

碘值是指100g油脂所能吸收碘的质量，单位为g/100g。

油脂内均含有一定量的不饱和脂肪酸，无论是游离状还是甘油酯，都能在每个双键上加成1个卤素分子。这个反应对检验油脂的不饱和程度非常重要。通过碘值可大致判断油脂的属性：大于130，属于干性油脂类；小于100属于不干性油脂类；100～130则属于半干性油脂类。碘值高的油脂，不饱和键含量多，容易在空气中发生酸败变质，导致酸值增加，折射率、色泽等性质发生变化，影响使用。制肥皂用的油脂，其混合油脂的碘值一般要求不大于65。硬化油生产中可根据碘值估计氢化程度和需要氢的量。

测定碘值的方法很多，如氯化碘-乙醇法、氯化碘-乙酸法、碘酊法、溴化法、溴化碘法等。以下方法参照《动植物油脂　碘值的测定》(GB/T 5532—2008)。

3.5.1 测定原理

在溶剂中溶解试样，加入韦氏（Wijs）试剂反应一定时间后，加入碘化钾和水，用硫代硫酸钠溶液滴定析出的碘。反应原理如下：

$$I_2+Cl_2 \longrightarrow 2ICl$$

$$RCH=CHR'+ICl \longrightarrow RCHI-CHR'$$

$$ICl+KI \longrightarrow KCl+I_2$$

$$I_2+2Na_2S_2O_3 \longrightarrow 2NaI+Na_2S_4O_6$$

3.5.2 试剂

① 碘化钾（KI）溶液：100g/L，不含碘酸盐或游离碘；

② 淀粉溶液：将5g可溶性淀粉在30mL水中混合，加入1000mL沸水，并煮沸3min后冷却；

③ 硫代硫酸钠标准溶液：$c_{Na_2S_2O_3}=0.1mol/L$，标定后使用；

④ 溶剂：将环己烷和冰乙酸等体积混合；

⑤ 韦氏试剂：含氯化碘的乙酸溶液。韦氏试剂中 I/Cl 之比应控制在 1.10±0.1 的范围内；

含氯化碘的乙酸溶液配制方法：氯化碘 25g 溶于 1500mL 冰乙酸中。韦氏试剂稳定性较差，为使测定结果准确，应做空白样的对照测定。所用的冰乙酸应符合质量要求，且不得含有还原物质。

还原物质的鉴定方法：取冰乙酸 2mL，加 10mL 蒸馏水稀释，加入 1mol/L 高锰酸钾 0.1mL，所呈现的颜色应在 2h 内保持不变。如果红色褪去，说明有还原物质存在。

冰乙酸精制方法：取冰乙酸 800mL 放入圆底烧瓶内，加入 8～10g 高锰酸钾，接上回流冷凝器，加热回流约 1h，移入蒸馏瓶中进行蒸馏，收集 118～119℃的馏出物。

3.5.3　仪器

除实验室常规仪器外，还包括下列仪器设备：

① 玻璃称量皿：与试样量配套并可置入锥形瓶中；

② 容量为 500mL 的具塞锥形瓶：完全干燥；

③ 分析天平：分度值 0.001g。

3.5.4　测定步骤

① 根据预估的碘值，按表 3-4 称取油脂样品，将盛有试样的玻璃称量皿放入 500mL 锥形瓶中，加入相应体积的溶剂溶解试样，用移液管准确加入 25mL 韦氏试剂，盖好塞子，摇匀后将锥形瓶置于暗处。

表 3-4　不同碘值宜称取油脂样品质量和溶剂体积

预估碘值/(g/100g)	油脂的质量/g	溶剂体积/mL
<1.5	15.00	25
1.5～2.5	10.00	25
2.5～5	3.00	20
5～20	1.00	20
20～50	0.40	20
50～100	0.20	20
100～150	0.13	20
150～200	0.10	20

注：试样的质量必须能保证所加入的韦氏试剂过量 50%～60%，即吸收量 100%～150%。

② 对碘值低于 150 的样品，锥形瓶应在暗处放置 1h；碘值高于 150 的、已

聚合的、含有共轭脂肪酸的（如桐油、脱水蓖麻油）、含有任何一种酮类脂肪酸（如不同程度的氢化蓖麻油）的，以及氧化到相当程度的样品，应置于暗处 2h。

③ 到达规定的反应时间后，加 20mL 碘化钾溶液和 150mL 水。用标定过的硫代硫酸钠标准溶液滴定至碘的黄色接近消失。加几滴淀粉溶液继续滴定，一边滴定一边用力摇动锥形瓶，直到蓝色刚好消失。也可以采用电位滴定法确定终点。

④ 相同条件下，做空白溶液的测定。

3.5.5 结果计算

样品的碘值 IV 按式(3-4) 计算。

$$IV=\frac{c\times(V_0-V_1)\times M\left(\frac{1}{2}\mathrm{I}_2\right)}{m}\times 100 \tag{3-4}$$

式中 IV——样品的碘值，g/100g；

c——硫代硫酸钠标准溶液的实际浓度，mol/L；

V_0——空白试验消耗硫代硫酸钠标准溶液的体积，mL；

V_1——样品消耗硫代硫酸钠标准溶液的体积，mL；

$M\left(\frac{1}{2}\mathrm{I}_2\right)$——$\frac{1}{2}\mathrm{I}_2$ 的摩尔质量，126.9g/mol；

m——样品质量，g。

M3-7 油脂常见的特征参数

3.5.6 注意事项

① 称取样品的质量应控制在样品消耗硫代硫酸钠标准溶液的体积是空白试验消耗硫代硫酸钠标准溶液体积的一半或略大于一半，否则结果有偏低的倾向。

② 两次平行测定结果允许误差不大于 1%。

③ 测定结果的取值，碘值＜20，取值到 0.1；碘值 20～60，取值到 0.5；碘值大于 60，取值到 1。

【问题】 GB/T 5532—2008《动植物油脂 碘值的测定》的条件能够测试出非共轭油脂、油酸的碘值，但并不能完全测试出共轭产品的碘值，如脱水蓖麻油、脱水蓖麻油酸、共轭葵花油酸等。如何改进?

【回答】 请扫描二维码查看答案和阅读文献。

M3-8 GB/T 5532—2008

M3-9 改良方法

3.6 不皂化物的测定

不皂化物是指用氢氧化钾皂化后的全部生成物用指定溶剂提取，在规定的操作条件下不挥发的所有物质，例如甾醇、高分子醇类、树脂、蛋白质、蜡、色素、维生素 E 以及混入油脂中的矿物油和矿物蜡等物质。天然油脂中常含有不皂化物，但一般不超过 2%。因此，测定油脂的不皂化物，可以了解油脂的纯度。不皂化物含量高的油脂不宜用作制肥皂的原料，特别是对可疑的油脂，必须测定其不皂化物含量。

不皂化物含量的测定参照《动植物油脂　不皂化物测定》（GB/T 5535—2008），分为乙醚提取法和己烷提取法，其中乙醚提取法适用于一般动植物油脂不皂化物含量的测定，不适用于蜡。对于某些不皂化物含量高的油脂，如海产动物油脂，仅能得到近似结果。当气候条件或规定不允许使用乙醚时，可使用己烷提取法。以下介绍乙醚提取法。

3.6.1　测定原理

油脂与氢氧化钾-乙醇溶液在煮沸回流条件下进行皂化，用乙醚从皂化液中提取不皂化物，蒸发溶剂并对残留物干燥后称量。

3.6.2　试剂

① 乙醚：新蒸过，不含过氧化物和残留物；

② 丙酮；

③ 氢氧化钾-乙醇溶液：浓度约为 1mol/L。在 50mL 水中溶解 60g 氢氧化钾，然后用 95%（体积分数）乙醇稀释至 1000mL，溶液应为无色或浅黄色；

④ 氢氧化钾水溶液：浓度约为 0.5mol/L；

⑤ 酚酞指示剂溶液：10g/L 的 95%（体积分数）乙醇溶液；

⑥ 蒸馏水。

3.6.3　仪器

实验室常用仪器，特别是下列仪器：

① 圆底烧瓶：带标准磨口的 250mL 圆底烧瓶；

② 回流冷凝管：具有与烧瓶配套的磨口；

③ 500mL 分液漏斗：使用聚四氟乙烯旋塞和瓶塞；

④ 水浴锅；

⑤ 电烘箱：可控制在（103±2）℃。

3.6.4 测定步骤

（1）称样

称取约 5g 试样，精确至 0.01g，置于 250mL 烧瓶中。

（2）皂化

加入 50mL 氢氧化钾-乙醇溶液和一些沸石。烧瓶与回流冷凝管连接好后，小心煮沸回流 1h。停止加热，从回流管顶部加入 100mL 水并旋转摇动。

（3）不皂化物的提取

冷却后转移皂化液到 500mL 分液漏斗，用 100mL 乙醚分几次洗涤烧瓶和沸石，并将洗液倒入分液漏斗。盖好塞子，倒转分液漏斗，用力摇 1min，小心打开旋塞，间歇地释放内部压力。静置分层后，将下层皂化液尽量完全放入第二只分液漏斗中。如果形成乳化液，可加少量乙醇或浓氢氧化钾或氯化钠溶液进行破乳。

采用相同的方法，每次用 100mL 乙醚再提取皂化液两次，收集三次乙醚提取液放入装有 40mL 水的分液漏斗中。

（4）乙醚提取液的洗涤

轻轻转动装有提取液和 40mL 水的分液漏斗。

警告：剧烈的摇动可能会形成乳化液。

等待完全分层后弃去下面水层。用 40mL 水再洗涤乙醚溶液两次，每次都要剧烈震摇，且在分层后弃去下面水层。排出洗涤液时需留 2mL，然后沿轴线旋转分液漏斗，等待几分钟让保留的水层分离。弃去水层，当乙醚溶液到达旋塞口时关闭旋塞。

用 40mL 氢氧化钾水溶液，40mL 水相继洗涤乙醚溶液后，再用 40mL 氢氧化钾水溶液进行洗涤，然后用 40mL 水洗涤至少两次以上。继续用水洗涤，直到加入 1 滴酚酞溶液至洗涤液后，不再呈粉红色为止。

（5）蒸发溶剂

通过分液漏斗的上口，小心地将乙醚溶液全部转移至 250mL 烧瓶中。此烧瓶需预先于（103±2）℃的烘箱中干燥，冷却后称量，精确至 0.1mg。在沸水浴上蒸馏回收溶剂。加入 5mL 丙酮，在沸水浴上转动时倾斜握住烧瓶，在缓缓的空气流下，将挥发性溶剂完全蒸发。

（6）残留物的干燥和测定

① 将烧瓶水平放置在（103±2）℃的烘箱中，干燥 15min。然后放在干燥器

中冷却，取出称量，准确至0.1mg。按上述方法间隔15min重复干燥，直至两次称量质量相差不超过1.5mg。如果三次干燥后还不恒质，则不皂化物可能被污染，需重新进行测定。

注：如果条件允许，尤其是如果不皂化物需要进一步检测时，可使用真空旋转蒸发器。

② 当需要对残留物中的游离脂肪酸进行校正时，将称量后的残留物溶于4mL乙醚中，然后加入20mL预先中和到使酚酞指示液呈淡粉色的乙醇。用0.1mol/L标准氢氧化钾醇溶液滴定到相同的终点颜色。

③ 以油酸来计算游离脂肪酸的质量，并以此校正残留物的质量。

（7）测定次数

同一试样需进行两次平行测定。

（8）空白试验

用相同步骤及相同量的所有试剂，但不加试样进行空白试验。如果残留物超过1.5mg，需对试剂和方法进行检查。

3.6.5　结果计算

样品中不皂化物的质量分数 w 按式(3-5) 计算。

$$w=\frac{m_1-m_2-m_3}{m_0}\times 100 \tag{3-5}$$

式中　m_0——试样的质量，g；

m_1——残留物的质量，g；

m_2——空白试验的残留物质量，g；

m_3——游离脂肪酸的质量，g；

w——试样中不皂化物的质量分数，%。

3.7 总脂肪物的测定

油脂中的总脂肪物是肥皂产品（包括洗衣皂、透明皂、香皂等）一项很重要质量控制指标，总脂肪物实际的含量直接反映肥皂产品中有效成分的质量分数。总脂肪物的测定有直接质量法和非碱金属盐沉淀质量法。其中直接质量法准确度高，是测定总脂肪物的标准方法。若油脂样品中含挥发性脂肪酸较多，则适宜用后一种方法。以下以直接质量法为例介绍。

3.7.1 测定原理

利用油脂和碱起皂化反应，形成脂肪酸盐（肥皂），脂肪酸盐与无机酸反应，分解析出不溶于水而溶于乙醚或石油醚的游离脂肪酸，经分离、处理得脂肪酸。油脂中某些非脂肪酸的有机物亦能溶于醚中，故测得的结果称为总脂肪物。

3.7.2 试剂和仪器

① 氢氧化钾-乙醇溶液：$c(KOH)=0.5mol/L$；

② 盐酸溶液：取浓盐酸 500mL，加水 400mL，混合；

③ 甲基橙指示剂：ρ(甲基橙)=2g/L；

④ 丙酮、乙醚；

⑤ 锥形瓶（150mL、250mL）、分液漏斗（500mL）、回流冷凝管、蒸馏装置、烘箱及实验室其他常规仪器。

3.7.3 测定步骤

（1）皂化

称取油脂样品 3～5g（准确至 0.0005g）置于锥形瓶中，加氢氧化钾-乙醇溶液 50mL，接上回流冷凝管，加热回流 1h，使其皂化完全，再蒸馏回收乙醇。

（2）溶解酸化

加 80mL 热水，于水浴上加热，使生成的肥皂完全溶解，加盐酸溶液酸化，以甲基橙作指示剂。

（3）析出脂肪酸

待脂肪酸析出，冷却至室温。

（4）乙醚萃取

转入分液漏斗中，用 50mL 乙醚分三次洗涤锥形瓶，洗液并入分液漏斗中，盖上瓶塞，充分振荡、静置，分层后放出水层于另一个分液漏斗中，再用 30～50mL 乙醚分两次抽提水层。如果最后一次抽提的乙醚层还呈现颜色，再用乙醚抽提至不变色为止。合并乙醚层于一个分液漏斗中，每次以少量水洗涤乙醚层，至洗液不呈酸性为止。然后用干滤纸过滤抽提液于质量已恒定的锥形瓶中，再用乙醚洗净分液漏斗并过滤到锥形瓶中。

（5）回收乙醚

将锥形瓶接上冷凝管于水浴中回收乙醚。收集乙醚的容器应放入较室温低的环境中，待乙醚将蒸完时，取出锥形瓶，冷却，加入 4～5mL 丙酮，摇匀，再置水浴上蒸去丙酮，以除去残留的乙醚及水分。

（6）烘干称量

放入75℃烘箱中烘1h，取出，放冷后再加4～5mL丙酮同样处理。于水浴上完全蒸去丙酮后，擦干净锥形瓶外壁，放入100～105℃烘箱中烘至质量恒定。

3.7.4　结果计算

油脂中总脂肪物的质量分数 w 按式(3-6) 计算。

$$w=\frac{m_1-m_0}{m}\times 100 \qquad (3\text{-}6)$$

式中　m_0——空称量瓶质量，g；

m_1——烘干后称量瓶质量，g；

m——样品质量，g。

3.7.5　注意事项

① 如果抽提时乙醚层澄清透明，可不必过滤。

② 在放入烘箱前，一定要将乙醚或丙酮等有机溶剂除尽，以免发生爆炸事故。

③ 平行测定结果允许误差不大于0.3%。

羟值的测定

羟值 I(OH) 指1g样品中的羟基所相当的氢氧化钾（KOH）的质量，以mgKOH/g表示。油脂的羟值表示油脂中游离羟基的含量。测定羟值有多种方法，如乙酸酐-吡啶法、高氯酸-乙酰化法、邻苯二甲酸酐-吡啶法等，参照《进出口动植物油脂　羟值检验方法》（SN/T 0801.20—1999），以下介绍乙酸酐-吡啶法。

3.8.1　测定原理

试样中的羟基与乙酸酐反应，加水将过量的乙酸酐转化为乙酸，通过反滴定得到羟值。

$$(CH_3CO)_2O+ROH \longrightarrow CH_3COOR+CH_3COOH$$

$$(CH_3CO)_2O+H_2O \longrightarrow 2CH_3COOH$$

$$CH_3COOH + KOH \longrightarrow CH_3COOK + H_2O$$

3.8.2 试剂和仪器

① 乙酸酐-吡啶混合溶液：乙酸酐和吡啶按体积比 1∶3 混匀；

② 酚酞指示剂：1.0g 酚酞溶于 100mL 95%乙醇中；

③ 氢氧化钾-乙醇标准溶液：浓度 0.5mol/L，称取 35g 氢氧化钾，溶于 30mL 水中，用 95%乙醇稀释至 1000mL，于塑料瓶中放置 24h，取上层清液备用；

④ 正丁醇：用 0.5mol/L 氢氧化钾-乙醇标准溶液中和至酚酞指示剂呈淡红色终点；

⑤ 锥形瓶（250mL，具有磨口）、回流冷凝管、碱式滴定管、移液管、水浴锅、容量瓶、天平等。

3.8.3 测定步骤

① 估算羟值，并根据表 3-5 称样置于 250mL 磨口锥形瓶。

表 3-5　不同羟值取样量

估计的羟值/(mgKOH/g)	称取试样的质量/g
0～20	10±0.1
21～50	5
51～100	3
101～200	2

② 准确加入乙酸酐-吡啶混合溶液 5mL（如样品羟值在 0～20 之间，再补加 5mL 吡啶），轻轻摇动使其充分混匀。将锥形瓶置于水浴中，接上回流冷凝管，加热回流 1h（不要用电热板或加热罩）。

③ 从冷凝器上端加入 10mL 蒸馏水并继续加热 10min，取出锥形瓶，连回流冷凝管一起冷却。量取 25mL 正丁醇，将其中约一半由冷凝管上端加入，然后移去冷凝管，用剩下的正丁醇向下清洗瓶壁。加入 1mL 酚酞指示剂，并用 0.5mol/L 氢氧化钾-乙醇标准溶液滴定至出现淡红色终点。

④ 相同条件下，同一试样做空白试验。

⑤ 另外测定样品酸值 AV。称取 m_2（9～11）g 样品（精确至 0.001g）置于锥形瓶中，加入 10mL 用 0.5mol/L 氢氧化钾-乙醇标准溶液中和至中性的吡啶，慢慢摇匀，加入 1mL 酚酞指示剂，并用 0.5mol/L 氢氧化钾-乙醇标准溶液滴定至出现淡红色终点。

3.8.4 结果计算

油脂的羟值 $I(OH)$ 按式(3-7) 计算：

$$I(OH)=\frac{(V_0-V_1)\times c\times 56.1}{m_1}+\frac{V_2\times c\times 56.1}{m_2}=\frac{(V_0-V_1)\times c\times 56.1}{m_1}+AV \quad (3\text{-}7)$$

式中 $I(OH)$——油脂的羟值，mgKOH/g；

AV——油脂的酸值，mgKOH/g；

V_0——空白试样消耗的氢氧化钾-乙醇标准溶液体积，mL；

V_1——滴定羟值消耗的氢氧化钾-乙醇标准溶液体积，mL；

V_2——滴定酸值消耗的氢氧化钾-乙醇标准溶液体积，mL；

m_1——滴定羟值所用油脂样品质量，g；

m_2——滴定酸值所用油脂样品质量，g；

c——氢氧化钾-乙醇标准溶液浓度，mol/L。

3.9 过氧化值的测定

油脂在使用过程中往往因受到温度、空气、光照、水、微生物等诸多因素的影响会逐渐氧化而变质酸败。过氧化物是油脂氧化、酸败过程的中间产物，是油脂中产生的有毒物质之一，对人体健康有较大的危害。油脂过氧化值是衡量油脂品质的一项指标，采用过氧化物相当于碘的质量分数或用 1kg 样品中活性氧的毫摩尔数表示，可以用来评价油脂是否开始变质。参照《食品安全国家标准 食品中过氧化值的测定》(GB 5009.227—2016)，动植物油脂过氧化值的测定方法有滴定法和电位滴定法，以下介绍滴定法。

3.9.1 测定原理

制备的油脂试样在三氯甲烷和冰乙酸中溶解，其中的过氧化物与碘化钾反应生成碘，用硫代硫酸钠标准溶液滴定析出的碘。

$$CH_3COOH+KI \longrightarrow CH_3COOK+HI$$

$$ROOH(\text{过氧化物})+2HI \longrightarrow H_2O+I_2+ROH$$

$$I_2+2Na_2S_2O_3 \longrightarrow Na_2S_4O_6+2NaI$$

3.9.2 试剂和仪器

① 三氯甲烷-冰乙酸混合液（体积比 40∶60）：量取 40mL 三氯甲烷，加 60mL 冰乙酸，混匀。

② 碘化钾饱和溶液：称取 20g 碘化钾，加入 10mL 新煮沸冷却的水，摇匀后贮于棕色瓶中，存放于避光处备用。要确保溶液中有饱和碘化钾结晶存在。

③ 1%淀粉指示剂：称取 0.5g 可溶性淀粉，加少量水调成糊状。边搅拌边倒入 50mL 沸水，再煮沸搅匀后，放冷备用。临用前配制。

④ 0.1mol/L 硫代硫酸钠标准溶液：称取 26g 硫代硫酸钠（$Na_2S_2O_3 \cdot 5H_2O$），加 0.2g 无水碳酸钠，溶于 1000mL 水中，缓缓煮沸 10min，冷却。放置两周后过滤、标定。

⑤ 0.01mol/L 硫代硫酸钠标准溶液：临用前由 0.1mol/L 标准液稀释。

⑥ 0.002mol/L 硫代硫酸钠标准溶液：临用前由 0.1mol/L 标准液稀释。

⑦ 碘量瓶、滴定管、天平。

3.9.3 测定步骤

① 称取试样 2～3g（精确至 0.001g），置于 250mL 碘量瓶中，加入 30mL 三氯甲烷-冰乙酸混合液，轻轻振摇使试样完全溶解。准确加入 1.00mL 饱和碘化钾溶液，塞紧瓶盖，并轻轻振摇 0.5min，在暗处放置 3min。

② 取出加 100mL 水，摇匀后立即用硫代硫酸钠标准溶液（过氧化值估计值在 0.15g/100g 及以下时，用 0.002mol/L 标准溶液；过氧化值估计值大于 0.15g/100g 时，用 0.01mol/L 标准溶液）滴定析出的碘，滴定至淡黄色时，加 1mL 淀粉指示剂，继续滴定并强烈振摇至溶液蓝色消失为终点。

③ 同时进行空白试验。

3.9.4 结果计算

① 用过氧化物相当于碘的质量分数 X_1 表示过氧化值时，按式(3-8)计算：

$$X_1=\frac{(V-V_0)\times c\times 0.1269}{m}\times 100 \tag{3-8}$$

式中 X_1——过氧化值，g/100g；

V——试样消耗的硫代硫酸钠标准溶液体积，mL；

V_0——空白试验消耗的硫代硫酸钠标准溶液体积，mL；

c——硫代硫酸钠标准溶液的浓度，mol/L；

0.1269——与 1.00mL 硫代硫酸钠标准滴定溶液［$c(Na_2S_2O_3)=1.000$mol/L］

相当的碘的质量；

m——试样质量，g；

100——换算系数。

② 用1kg样品中活性氧的毫摩尔数 X_2 表示过氧化值时，按式(3-9) 计算：

$$X_2=\frac{(V-V_0)\times c}{2m}\times 1000 \tag{3-9}$$

式中　X_2——过氧化值，mmol/kg；

V——试样消耗的硫代硫酸钠标准溶液体积，mL；

V_0——空白试验消耗的硫代硫酸钠标准溶液体积，mL；

c——硫代硫酸钠标准溶液的浓度，mol/L；

m——试样质量，g；

1000——换算系数。

计算结果以重复性条件下获得的两次独立测定结果的算术平均值表示，结果保留两位有效数字。

3.9.5　注意事项

① 避免在阳光直射下进行试样测定，且油脂长时间放置于自然光下，也会加速油脂氧化，使测定结果偏高。

② 空白试验所消耗0.01mol/L硫代硫酸钠溶液体积 V_0 不得超过0.1mL。

③ 在重复性条件下获得的两次独立测定结果的绝对差值不得超过算术平均值的10%。

M3-10　测定油脂过氧化值的其他方法

【问题】 油脂过氧化值测定除碘量法外，你还能查询到其他方法吗?

【回答】 请扫描二维码查看答案。

练习题

1. 酸值的定义是什么？如何测定硬脂酸的酸值？为什么在终点时，红色容易褪去?
2. 碘值的定义是什么？碘值测定原理是什么?
3. 用油脂制造肥皂时，为什么要测定油脂不皂化物含量？油脂不皂化物包括哪些物质?
4. 测定油脂过氧化值的作用是什么?

实训2　固体油脂熔点的测定

一、实训目的

① 了解测定油脂熔点的原理和意义；

② 掌握毛细管法测定熔点的方法。

二、实训原理

在规定条件下，将含有已凝固油脂的毛细玻璃管浸入一规定深度的水中，按规定速率加温，观察毛细玻璃管内脂肪柱开始上升时的温度即为熔点。

三、实训仪器

① 精密水银温度计（0～100℃，分度为0.1℃）；

② 两头开口的毛细玻璃管（长90～120mm，内径0.9～1.1mm，壁厚0.1～0.15mm）；

③ 烧杯500mL；

④ 加热调温磁力搅拌器；

⑤ 秒表；

⑥ 不锈钢烧杯（碗）。

四、实训试剂

油脂试样。

五、实训重点

① 装样时，毛细玻璃管内的样品柱应无空隙和气泡；

② 毛细玻璃管底部的样品柱与水银温度计的水银球中心持平。

六、实训难点

① 温度升至熔点附近时，加热速度的控制，不能上升过快；

② 样品柱在毛细玻璃管中开始上升的观测与记录。

七、实训步骤

1. 毛细玻璃管装样

取一定量的试样（根据不锈钢容器的大小而定）放入不锈钢容器中，在烘箱中熔化（或隔水加热熔化）后，用毛细管插入熔化的固体油脂中自吸达10mm±2mm，在室温下自然冷却4h以上或放入冰箱2h以上至完全冷却凝固，除去毛细管外的油脂。

2. 测定

① 将已冷却好的装有试样的毛细管和精密温度计用橡皮圈固定，使靠近毛细管底部的样品柱与水银温度计的水银球中心持平；

② 在500mL高型烧杯中加入冷水和磁搅拌棒，放在加热调温磁力搅拌器上，将已固定好毛细管的温度计放入烧杯的中部，并将其固定；

③ 开启磁力搅拌并加热，调整升温速度为3～4℃/min，当温度升至熔点附近时，降低升温速度为0.5℃/min；

④ 继续加热，注意观察温度计和毛细管中样品的变化，当样品柱在毛细管中开始上升时，温度计显示的温度即为样品的熔点；

⑤ 做平行试验，两次的测定结果之差不超过0.5℃。

八、实训记录

油脂熔点测定记录

编号				
样品柱开始上升的温度/℃				
平均值/℃				

九、实训思考

1. 升温至熔点附近时，为什么要控制升温速度？升温过快对测试结果有何影响？
2. 测定过程中，采用磁力搅拌的原因是什么？如果没有，可否用其他方式代替？
3. 油脂熔点对化妆品有何影响？请举例说明。

实训3 花生油色度的测定

一、实训目的

① 了解油脂色泽测定的意义；

② 掌握用罗维朋比色计测定花生油色泽的方法。

二、实训原理

色泽的方法有视觉鉴别法、铂-钴分光光度法、加德纳色度标准法和罗维明比色计法等，化妆品原料油脂及香料等常用罗维朋比色计法。

罗维朋比色计的测试原理：用标准色玻璃片将光线过滤后，与油样进行比色。当比至标准色玻璃片与油样色泽完全一致时，以标准色玻璃片上数字来表示油脂的色泽。

三、实训仪器

罗维朋比色计、漏斗、锥形瓶、滴管、滤纸、脱脂棉、擦镜纸、镊子。

四、实训试剂

乙醚、乙醇、花生油。

M3-11　罗维朋比色计

五、实训重点

① 油脂样品干净、透明；

② 玻璃比色皿要选择适当的光程。

六、实训难点

样品颜色的对比辨认。

七、实训步骤

① 放平仪器，安置观测管和碳酸镁片，检查光源是否完好。

② 取澄清的花生油注入比色皿中，达到距离比色皿上口 5mm 处。

③ 将比色皿置于比色计中，先按规定固定黄色玻璃片色值，打开光源，移动红色玻璃片，至玻璃片色与油样色完全相同为止。

④ 记下各玻璃片的号码的各自总数及所用比色皿的厚度。

八、实训记录

花生油色泽记录

编号	测量数据				比色皿规格
	红	黄	蓝	亮度	

九、实训思考

1. 油脂色泽对于油脂有何意义？

2. 国家标准对成品花生油的色泽有何要求？

3. 如何提高测试者对样品颜色的对比辨认度？

4. 标准滤色片污染对测试结果有何影响？如何对其进行清洗？

5. 罗维朋比色计的灯泡什么情况下需要更换？

6. 使用同一仪器测试同一油脂时，不同测试者得到的结果不同，其原因及解决方法？

实训4　硬脂酸水分和挥发物的测定

一、实训目的

① 测定硬脂酸的水分和挥发物含量；

② 了解油脂水分和挥发物测定的原理与意义；

③ 掌握用电热干燥箱法测定油脂水分和挥发物的方法。

二、实训原理

根据水的物理性质，采用电热干燥箱在103℃±2℃的条件加热油脂，使油脂中的水分及挥发物逸出，然后根据试样减轻的重量，计算出水分及挥发物含量。

三、实训仪器

① 分析天平：感量0.001g；

② 电热干燥箱；

③ 干燥器；

④ 称量瓶：50mL。

四、实训试剂

硬脂酸、干燥剂。

五、实训重点

① 电热干燥箱温度恒温于（103±2）℃；

② 重复加热、冷却及称量的步骤时，加热和冷却时间相同。

六、实训难点

① 称量瓶从电热干燥箱取出后立即放入干燥器中；

② 重复加热多次后，如出现质量 m_2 增加的情况，则取前几次测定的最小值计算结果。

七、实训步骤

① 将干净的2只称量瓶在130℃温度下烘干30min后，取出冷却，并纪录称量瓶的质量 m_0；

② 在称量瓶中各称取硬脂酸约10g，准确至0.001g，记录称量瓶与硬脂酸的总质量 m_1；

③ 移开称量瓶盖，将其置于（103±2)℃的电热干燥箱中加热干燥1h，取出移入干燥器中，冷却至室温后称量，记录称量瓶与硬脂酸的总质量 m_2；

④ 重复加热、冷却及称量的步骤，每次复烘时间为30min，直到连续两次 m_2 的差值不超过4mg；

⑤ 同一样品至少进行两次平行测定，两次测定结果的绝对差值不超过算术平均值的10%。

八、实训记录

硬脂酸的水分和挥发物质量分数测定记录

称量瓶编号	1	2	3
称量瓶的质量 m_0/g			
干燥前称量瓶+样品的总质量 m_1/g			
干燥后称量瓶+样品的总质量 m_2/g			
水分与挥发的质量分数/%			
质量分数平均值			
相对极差/%			

九、实训思考

1. 为什么要测定油脂的水分含量?
2. 油脂中水分以何种形式存在?
3. 电热干燥箱测定油脂含水量的适用范围?
4. 称量瓶使用前需要干燥的原因?

实训5　硬脂酸酸值的测定

一、实训目的

① 测定硬脂酸的酸值。

② 了解油脂酸值对其品质与使用的意义。

③ 掌握用热乙醇滴定法测定油脂酸值。

二、实训原理

用中性热乙醇溶解硬脂酸（温度不超过乙醇的沸点)，再用氢氧化钠标准溶液进行滴定，根据硬脂酸质量和标准溶液消耗的体积计算酸值。其反应式如下：

$$CH_3(CH_2)_{16}COOH + NaOH \longrightarrow CH_3(CH_2)_{16}COONa + H_2O$$

三、实训仪器

① 分析天平：感量0.001g。

② 锥形瓶：500mL。

③ 滴定管。

④ 容量瓶。

⑤ 移液管。

⑥ 恒温水浴锅。

四、实训试剂

① 氢氧化钠标准滴定水溶液：$c(NaOH)=0.5mol/L$。

② 乙醇：预先煮沸，并用氢氧化钠溶液中和。

中和步骤：取一干净的锥形烧瓶，加入50～100mL的95%乙醇和0.5～1mL的酚酞指示剂。将锥形烧瓶放入90～100℃的水浴中加热到乙醇微沸。取出后趁热用标准滴定溶液滴定。当乙醇初现微红色，且15s内无明显褪色时停止滴定。

③ 酚酞指示剂：10g/L，称取1g酚酞，加入100mL 95%乙醇并搅拌至完全溶解。

④ 硬脂酸。

五、实训重点

① 乙醇的中和。

② 硬脂酸在乙醇中完全溶解，溶解过程中可振摇锥形瓶。

六、实训难点

滴定终点的判断。

七、实训步骤

① 称取约5g硬脂酸样品，精确至0.0002g，置于干净的500mL锥形瓶中，记硬脂酸质量为m；

② 用75～100mL热乙醇溶解，加0.5mL酚酞指示液，用氢氧化钠标准滴定溶液滴定至溶液呈微红色，保持30s不褪色为终点，记消耗的标准溶液体积为V；

③ 相同条件下，同一样品做平行测定，当酸价<1mg/g时，重复测定结果的绝对差值不得超过算术平均值15%；当酸价≥1mg/g时，则不超过算术平均值12%。

八、实训记录

硬脂酸酸值 **AV** 的测定记录

样品编号	1	2	3
样品质量 m/g			
样品消耗氢氧化钠溶液体积 V_1/mL			
空白消耗 NaOH 溶液体积 V_0/mL			
酸值 AV/(mg/g)			
酸值平均值 AV/(mg/g)			
绝对偏差			

九、实训思考

1. 为什么不需要做空白试验?

2. 请根据酸值计算本试验用的硬脂酸中游离脂肪酸的含量?

3. 当用该方法测定深色油脂的酸值时，可能无法观察到颜色变化，该如何处理?

4. 测定过程中出现溶液浑浊的解决方法?

实训6　橄榄油皂化值的测定

一、实训目的

① 测定橄榄油皂化值;

② 了解油脂皂化值的测定意义;

③ 掌握油脂皂化值的测定原理与方法。

二、实训原理

利用橄榄油能被碱液皂化的特性，将油脂与过量的氢氧化钾-乙醇溶液进行共煮皂化，再以盐酸标准溶液滴定剩余的氢氧化钾，同时做空白试验，根据滴定空白与试样消耗碱液体积之差计算皂化值。

$$(RCOO)_3C_3H_5+3KOH \longrightarrow 3RCOOK+C_3H_5(OH)_3$$

$$RCOOH+KOH \longrightarrow RCOOK+H_2O$$

$$KOH+HCl \longrightarrow KCl+H_2O$$

三、实训仪器

① 锥形瓶：250mL;

② 滴定管：50mL；

③ 回流冷凝管；

④ 恒温水浴锅；

⑤ 移液管：25mL；

⑥ 分析天平；

⑦ 铁架台。

四、实训试剂

① 中性乙醇；

② 氢氧化钾乙醇溶液：$c(KOH)=0.5mol/L$；

③ 盐酸标准溶液：$c(HCl)=0.5mol/L$；

④ 酚酞指示剂；

⑤ 沸石；

⑥ 橄榄油。

五、实训重点

① 橄榄油样品质量，控制样品量约为一半氢氧化钾-乙醇溶液被中和；

② 皂化反应时间的控制。

六、实训难点

① 皂化反应完全的判断；

② 滴定终点的判断。

七、实训步骤

① 称取已除去水分和机械杂质的橄榄油样品质量 m（约 2g），置于 250mL 锥形瓶中；

② 准确移取 0.5mol/L 氢氧化钾乙醇溶液 25mL，并加入一些沸石，接上回流冷凝管；

③ 置于水浴锅上慢慢加热煮沸，不时摇动，维持橄榄油沸腾状态约 60min，使其充分皂化；

④ 停止加热，取下锥形瓶，用 10mL 中性乙醇冲洗冷凝管下端，加酚酞指示剂 0.5～1mL，趁热用盐酸标准溶液滴定至粉色刚消失，消耗盐酸标准溶液的体积 V_1；

⑤ 不加橄榄油，按同法做空白试验，空白试验消耗盐酸标准溶液的体积 V_0。

八、实训记录

橄榄油皂化值 *SV* 的测定记录

样品编号	1	2	3
样品质量 m/g			
样品消耗盐酸溶液体积 V_1/mL			
空白试验消耗盐酸溶液体积 V_0/mL			
皂化值 SV/(mg/g)			
皂化值平均值 SV/(mg/g)			
绝对偏差			

九、实训思考

1. 影响皂化反应速率的因素有哪些？
2. 如何判断橄榄油已经皂化完全？
3. 哪些化合物会影响皂化值的测定结果？

实训7　油酸碘值的测定

一、实训目的

① 测定油酸的碘值；

② 了解油酸碘值的测定原理与意义；

③ 掌握用氯化碘-乙酸法测定油酸碘值。

二、实训原理

油酸是不饱和酸，氯化碘可与油酸中双键发生加成反应，剩余的氯化碘可加入碘化钾溶液得到游离碘，用硫代硫酸钠标准溶液滴定析出的游离碘，同时做空白试验。根据油酸试样和空白试验所消耗的硫代硫酸钠标准滴定溶液的体积差，计算出碘值。反应式如下：

$$I_2 + Cl_2 \longrightarrow 2ICl$$

$$CH_3(CH_2)_7CH{=}CH(CH_2)_7COOH + ICl \longrightarrow CH_3(CH_2)_7CHI{-}CHCl(CH_2)_7COOH$$

$$ICl + KI \longrightarrow KCl + I_2$$

$$I_2 + 2Na_2S_2O_3 \longrightarrow 2NaI + Na_2S_4O_6$$

三、实训仪器

① 碘量瓶：250mL；

② 具塞滴定管：25mL，棕色；

③ 容量瓶：1000mL，棕色；

④ 移液管：10mL，25mL；

⑤ 分析天平：感量 0.001g。

四、实训试剂

① 蒸馏水；

② 环己烷-乙酸混合液：环己烷和冰乙酸等体积混合；

③ 碘化钾（KI）水溶液：150g/L，不含碘酸盐或游离碘；

④ 淀粉溶液：10g/L，现配；

⑤ 硫代硫酸钠标准滴定溶液：$c(Na_2S_2O_3)=0.1mol/L$，标定后使用；

⑥ 韦氏试剂（氯化碘溶液）；

⑦ 油酸。

五、实训重点

① 在黄色近消失时再加入淀粉指示剂；

② 称样量在规定范围，加入的韦氏试剂过量 50%～60%为宜；

③ 加入韦氏试剂后，控制在暗处的反应时间；

④ 平行测定时，加入韦氏试剂需控制其在移液管中流下的时间要相同。

六、实训难点

① 平行测定时，加入韦氏试剂需控制其在移液管中流下的时间要相同；

② 接近滴定终点时，用力振荡是滴定成功的关键之一，否则容易滴加过头或不足。

七、实训步骤

① 根据油酸碘值（工业油酸碘值一般在 80～102g/100g），称取干燥油酸质量 m（约 0.2g，称准至 0.001g，根据碘值的高低，称量可增减），置于碘量瓶中，加入环己烷-乙酸溶液 20mL；

② 待油酸溶解后，用移液管加入韦氏试剂 25.0mL，充分摇匀后置于 25℃左右的暗处保存 30min；

③ 将碘量瓶从暗处取出，加入碘化钾溶液 20mL，再加入蒸馏水 100mL，用硫代硫酸钠标准滴定溶液滴定，边摇边滴定至溶液呈淡黄色时，加淀粉指示液 1mL，继续滴定至蓝色消失为止，记消耗的硫代硫酸钠标准滴定溶液体积为 V_1；

④ 不加油酸，在相同条件下做空白试验，记消耗的硫代硫酸钠标准滴定溶液体积为 V_0。

八、实训记录

油酸碘值 *IV* 测定记录

样品编号	1	2	3
样品质量 m/g			
样品消耗 $Na_2S_2O_3$ 溶液体积 V_1/mL			
空白试验消耗的 $Na_2S_2O_3$ 溶液体积 V_0/mL			
碘值 IV/(g/100g)			
碘值平均值 IV/(g/100g)			
绝对偏差			

九、实训思考

1. 加入韦氏试剂后，为什么要放置在暗处反应？
2. 接近滴定终点时，用力振荡的原因是什么？
3. 韦氏试剂应该如何配制？
4. 如何标定硫代硫酸钠标准溶液的浓度？

实训8　十六十八醇羟值的测定

一、实训目的

① 测定十六十八醇的羟值；

② 了解油脂羟值的测定意义；

③ 掌握用乙酸酐-吡啶法测定油脂羟值的原理与方法。

二、实训原理

十六十八醇中的羟基与乙酸酐进行乙酰化反应，过量的乙酸酐用吡啶/水混合液水解，生成的乙酸用氢氧化钾-乙醇标准溶液滴定，根据空白和试样消耗的标准溶液体积，计算求得羟值。反应原理如下：

$$(CH_3CO)_2O + ROH \longrightarrow CH_3COOR + CH_3COOH$$

$$(CH_3CO)_2O + H_2O \longrightarrow 2CH_3COOH$$

$$CH_3COOH + KOH \longrightarrow CH_3COOK + H_2O$$

三、实训仪器

① 锥形瓶（250mL，具有磨口）；

② 回流冷凝管；

③ 滴定管：50mL；

④ 移液管：5mL；

⑤ 量筒：10mL、25mL；

⑥ 小漏斗；

⑦ 甘油浴；

⑧ 分析天平：感量0.0001g。

四、实训试剂

① 乙酸酐-吡啶混合溶液：乙酸酐和吡啶按体积比1∶3混匀；

② 酚酞指示剂：1.0g酚酞溶于100mL 95%乙醇中；

③ 氢氧化钾-乙醇标准溶液：浓度0.5mol/L，称取35g氢氧化钾，溶于30mL水中，用95%乙醇稀释至1000mL，于塑料瓶中放置24h，取上层清液备用；

④ 中性正丁醇：用0.5mol/L氢氧化钾-乙醇标准溶液中和至酚酞指示剂呈淡红色终点；

⑤ 十六十八醇。

五、实训重点

① 酰化反应时间和温度的控制；

② 滴定终点判断。

六、实训难点

① 酰化反应时间和温度的控制；

② 滴定终点判断。

七、实训步骤

① 根据十六十八醇的羟值，称取十六十八醇试样的质量m（约2g），置于250mL磨口锥形瓶；

② 用移液管准确加入乙酸酐-吡啶混合溶液5mL，轻轻摇动使其充分混匀。将锥形瓶置于96～99℃甘油浴中，接上回流冷凝管，加热回流1h；

③ 用漏斗从冷凝器上端加入10mL蒸馏水并继续加热10min，取出锥形瓶，连回流冷凝管一起冷却；

④ 量取25mL正丁醇，将其中约一半由冷凝管上端加入，然后移去冷凝管，用剩下的正丁醇向下清洗瓶壁。加入1mL酚酞指示剂，并用0.5mol/L氢氧化

钾-乙醇标准溶液滴定至出现淡红色终点，记消耗的氢氧化钾-乙醇溶液体积为 V_1；

⑤ 不加试样，在相同条件下做空白试验，记消耗的氢氧化钾-乙醇溶液体积为 V_0。

八、实训记录

十六十八醇羟值 I(OH) 的测定记录

样品编号	1	2	3
样品质量 m/g			
样品消耗氢氧化钾-溶液体积 V_1/mL			
空白试验消耗氢氧化钾-溶液体积 V_0/mL			
羟值 I(OH)/(mg/g)			
羟值平均值 I(OH)/(mg/g)			
绝对偏差			

九、实训思考

1. 试样中含有的脂肪酸对测定的羟值有何影响？如何校正？
2. 为什么要使用正丁醇？若不中和会对测定结果有何影响？
3. 如何标定氢氧化钾-乙醇溶液？

实训9　橄榄油过氧化值的测定

一、实训目的

① 测定橄榄油的过氧化值；

② 了解油脂过氧化值的测定意义；

③ 掌握油脂过氧化值的测定原理与方法。

二、实训原理

油脂氧化后产生的过氧化物、醛、酮等物质氧化能力较强。将橄榄油溶于三氯甲烷和冰乙酸中，其中的过氧化物与碘化钾反应生成游离碘，以淀粉为指示剂，用硫代硫酸钠标准溶液滴定析出的碘。根据消耗硫代硫酸钠的体积，计算橄榄油的过氧化值。反应原理用方程式表示如下：

$$CH_3COOH+KI \longrightarrow CH_3COOK+HI$$

$$ROOH(\text{过氧化物})+2HI \longrightarrow H_2O+I_2+ROH$$

$$I_2 + 2Na_2S_2O_3 \longrightarrow Na_2S_4O_6 + 2NaI$$

三、实训仪器

① 分析天平：感量0.001g；

② 碘量瓶：250mL，具塞；

③ 微量滴定管：10mL，最小刻度0.05mL；

④ 量筒：10mL、25mL、100mL；

⑤ 移液管：1mL；

⑥ 滴瓶、烧杯等。

四、实训试剂

① 三氯甲烷-冰乙酸混合液（体积比40∶60）：量取40mL三氯甲烷，加60mL冰乙酸，混匀；

② 蒸馏水；

③ 饱和碘化钾溶液：称取20g碘化钾，加入10mL新煮沸冷却的水，摇匀后贮于棕色瓶中，存放于避光处备用。要确保溶液中有饱和碘化钾结晶存在；

④ 淀粉指示剂：1%，现配；

⑤ 硫代硫酸钠标准溶液：$c(Na_2S_2O_3)=0.01mol/L$；

⑥ 橄榄油。

五、实训重点

① 称量时油脂样品不能黏在碘量瓶壁上；

② 塞紧碘量瓶盖，防止生成的碘升华溢出；

③ 空白试验所消耗0.01mol/L硫代硫酸钠溶液体积V_0不超过0.1mL；

④ 接近滴定终点时，用力振荡，防止过量滴定。

六、实训难点

接近滴定终点时，用力振荡，防止过量滴定。

七、实训步骤

① 称取试样质量m（2～3g，精确至0.001g），置于250mL碘量瓶中，加入30mL三氯甲烷-冰乙酸混合液，轻轻振摇使试样完全溶解；

② 准确加入1.00mL饱和碘化钾溶液，迅速盖好瓶塞，并轻轻振摇混匀溶液0.5min，在暗处放置3min；

③ 取出碘量瓶，加100mL蒸馏水，摇匀后立即用硫代硫酸钠标准溶液（过氧化值估计值在0.15g/100g及以下时，用0.002mol/L标准溶液；过氧化值估计值大于0.15g/100g时，用0.01mol/L标准溶液）滴定析出的碘，滴定至淡黄色时，加1mL淀粉指示剂，继续滴定并强烈振摇至溶液蓝色消失为终点，记录

消耗硫代硫酸钠标准溶液的体积 V_1；

④ 不加橄榄油，按同法做空白试验，记录消耗硫代硫酸钠标准溶液的体积 V_0，两次独立测定结果的绝对差值不超过平均值的 10%。

八、实训记录

橄榄油过氧化值 X_1 的测定记录

样品编号	1	2	3
样品质量 m/g			
样品消耗硫代硫酸钠溶液体积 V_1/mL			
空白试验消耗硫代硫酸钠溶液体积 V_0/mL			
过氧化值 X_1/(g/100g)			
过氧化值平均值 X_1/(g/100g)			
绝对偏差			

九、实训思考

1. 滴定完毕后，碘量瓶中的滴定液应该变为蓝色，否则说明滴定过量，请说明其原因。

2. 能否在阳光直射下进行试样测定？为什么？

3. 碘化钾饱和溶液不能存在游离碘和碘酸盐，如何进行验证？

4. 采用本方法同时测定新鲜的橄榄油和用于油炸食品后的橄榄油，比较两者的过氧化值，并说明原因。

第4章 化妆品用香料和香精的检验

知识目标

- (1) 熟悉香料和香精理化检验项目。
- (2) 掌握香料和香精理化检验项目的常规检验方法。

能力目标

- (1) 能进行检验样品的制备。
- (2) 能进行相关溶液的配制。
- (3) 能根据香料、香精的种类和检验项目选择合适的分析方法。
- (4) 能按照标准方法对香料和香精相关项目进行检验，给出正确结果。

案例导入

如果你是一名企业的检验人员，供应商给你公司送来了几种香精样品，你如何才能判定其质量是否合格呢？

课前思考题

(1) 香料与香精有什么区别？

(2) 天然香料是纯物质吗？

香料是能被嗅觉嗅出香气或味觉尝出香味的物质，是配制香精的原料。香精则是由数种乃至数十种香料，按照一定的配比调和成具有某种香气或香韵及一定用途的调和香料。随着人类文明的进步和生活方式的多样化，香料、香精的需求量日趋增加，在日用化工（化妆品、洗涤剂等）、食品、造纸、涂料、烟酒、印刷等工业中应用也日益广泛。

根据来源不同，香料可分为天然香料和合成香料。其中，天然香料是以植物、动物或微生物为原料，经过物理方法、酶法、微生物法或传统的食品工艺法加工所得，包括动物香料和植物香料；合成香料是通过化学合成方式形成的化学结构明确具有香气和（或）香味特性的物质。根据用途，香料可分为日用香料和食用香料。

4.1 香料的感官检验

香料的感官检验包括香料试样的香气质量、香势、留香时间以及香料的香味和色泽等指标的检验。为尽量避免不同人感官检验的差异对检验结果带来的误差，通常采用统计感官检验法。

4.1.1 香气的评定

香气是香料的重要性能指标，通过香气的评定可以辨别其香气的浓淡、强弱、杂气、掺杂和变质的情况。香气的评定，是由评香师在评香室内利用嗅觉对试样和标准样品的香气进行比较，从而评定样品与标准样品的香气是否相符。香气的评定参照《香料　香气评定法》(GB/T 14454.2—2008) 中第二法成对比较检验法。

1. 标准样品、溶剂和辨香纸

① 标准样品：是由国家主管部门授权审发，经过选择的最能代表当前生产质量水平的各种香料产品。并根据不同产品的特性定期审换，一般为一年。

不同品种、不同工艺方法和不同地区的香料，用不同原料制成的单离香料，或不同的工艺路线制成的合成香料，以及不同规格的香料，均应分别确定标准样品。标准样品要妥善保管，防止香气污染。

② 溶剂：按不同香料品种选用乙醇、苄醇、苯甲酸苄酯、邻苯二甲酸二乙酯、十四酸异丙酯、水等作溶剂。

③ 辨香纸：用质量好的厚度约为 0.5mm 的无臭吸水纸，切成宽 0.5～1.0cm，长 10～15cm 的纸条。

2. 香气评定的方法和步骤

在空气清新无杂气的评香室内，先将等量的试样和标准样品分别放在相同而洁净无臭的容器中，进行评香，包括瓶口香气的比较，然后再按下列两类香料分别进行评定。

（1）液体香料

用辨香纸分别蘸取容器内试样与标准样品约 1～2cm（两者必须接近等量），用夹子夹在测试架上，然后用嗅觉进行评香。除蘸好后立即辨其香气外，应辨别其在挥发过程中全部香气是否与标准样品相符，有无杂气。天然香料更应评比其挥发过程中的头香、体香、尾香，以全面评价其香气质量。

对于不易直接辨别其香气质量的产品，可先以不同溶剂溶解，并将试样与标准样品分别稀释至相同浓度，再蘸在辨香纸上待溶剂挥发后按上述方法及时评香。

（2）固体香料

固体香料的试样和标准样品可直接（或擦在清洁的手背上）进行评香。香气浓烈者可选用适当溶剂溶解，并稀释至相同浓度，然后蘸在辨香纸上按液体香料的方法进行评香。

在必要时，固体和液体香料的香气评定可用等量的试样和标准样品，通过试配香精或实物加香后进行评香。

3. 结果的表示

香气评定结果可用分数（满分 40 分）表示：纯正（39.1～40.0 分）、较纯正（36.0～39.0 分）、可以（32.0～35.9 分）、尚可（28.0～31.9 分）、及格（24.0～27.9 分）、不及格（24.0 分以下）。

【问题】 某企业检验人员在进行某香精的香气评价时，将香精样品的瓶盖打开后，直接将样品瓶子放到鼻子下进行嗅辨。你认为他的操作存在什么问题?

【回答】 请扫描二维码查看答案。

M4-1　评香的正确操作

4.1.2　香味的鉴定

对食用香料，除进行香气质量的鉴定外，还需进行香味的鉴定。鉴定方法参照《食品安全国家标准　食品用香精》（GB 30616—2020）。

（1）加香产品配制

按加香产品的类别，选择下列一种方法配制：

① 分别称取 0.01～0.1g（精确至 0.001g）试样和对照品置于各自 50mL 或 100mL 小烧杯中，分别加入糖水溶液（蔗糖 8～12g，柠檬酸 0.10～0.16g，加蒸馏水至 100mL 配成），配制成含 0.01%～0.1%香精糖水溶液，搅拌均匀即为试液；

② 分别称取 0.2～0.5g（精确至 0.01g）试样和对照品置于各自 50mL 或

100mL 小烧杯中，分别加入盐水溶液（0.5g 食盐，加开水至 100mL 配成，冷却），配制成含 0.2%～0.5%香精的盐水溶液，搅拌均匀即为试液；

③ 分别称取 0.01～0.1g（精确至 0.001g）试样和对照品置于各自 50mL 或 100mL 小烧杯中，分别加入 100mL 蒸馏水，配制成含 0.01%～0.1%香精的水溶液，搅拌均匀即为试液。

（2）评定的方法

分别小口品尝试液，辨其香味特征、强度、口感有无差异，试样应符合同一型号的对照品。每次品尝前，均应漱口。

4.1.3 色状的鉴定

【问题】 某企业检验人员在进行某产品香气和香味评价时，没有辨别出其香气，你觉得原因是什么?

【回答】 请扫描二维码查看答案。

M4-2 香料的阈值

M4-3 不同介质中香气的区别

【问题】 同一种香料或香精加入乳液和香水中，香气会有区别吗?

【回答】 请扫描二维码查看答案。

香料的色泽是香料的一个重要指标。食用香精色泽的检定方法参照《食品安全国家标准 食品用香精》（GB 30616—2020）。

（1）液体香精和浆（膏）状香精

将试样和对照品分别置于带刻度的同体积的 50mL 或 100mL 小烧杯中至同刻度处，用目测法观察有无差异。

（2）固体（粉末）香精

将试样和对照样品分别置于一洁净白纸上，用目测法观察有无差异。

4.2 香料的理化性质测定

香料的应用性能在很大程度上取决于其理化性质，通过理化性质的测定可以了解香料的质量和应用性能的好坏。而表示香料理化性质的参数很多，有相对密度、折光指数、旋光度、熔点、凝固点、沸程、不溶性、油溶性、醇溶性、蒸发后残留物、pH 值、酸值、酯值、羰基化合物含量、酚含量等。其中相对密度、折光指数、旋光度、熔点、凝固点、沸程、pH 值等通用项目的测定方法已在第 2 章进行了详细介绍，在此仅介绍以下几个具代表性的理化性质的测定方法。

4.2.1　乙醇中溶解度的测定

香料在乙醇中的溶解度是指在规定温度下，1mL 或 1g 的香料全部溶解于一定浓度的乙醇水溶液时所需该乙醇水溶液的体积。

参照《香料　乙醇中溶解（混）度的评估》（GB/T 14455.3—2008），通过测定香料在乙醇水溶液中的溶解度，可以判断精油中萜类含氧化合物和萜烯的相对比例，进而可以判断精油的质量。

1. 原理

精油在乙醇中的溶混度是指在 20℃时，将适当浓度的乙醇水溶液逐渐加入到精油中，评估溶混度和可能出现的乳色现象。

单离及合成香料在乙醇中的溶解度是指在 25℃时各种单离及合成香料在不同浓度的乙醇水溶液中有不同的溶解度。

2. 溶混度的分类

① 在 20℃时，当 1 体积的某种精油和 V 体积一定浓度的乙醇水溶液混合后澄清透明，再将该浓度的乙醇水溶液渐渐加入至乙醇体积为 20 体积，仍能保持澄清透明，则认为此精油能与 V 体积或更多体积的该浓度的乙醇水溶液混溶。

② 在 20℃时，当 1 体积的某种精油和 V 体积一定浓度的乙醇水溶液混合后澄清透明，但在继续渐渐加入（$V'-V$）体积的该浓度的乙醇水溶液后，变为浑浊，且当加入至乙醇体积为 20 体积时仍保持浑浊时，则认为是此精油能与 V 体积该浓度的乙醇水溶液混溶，而稀释至 V'体积时变为浑浊。

③ 在 20℃时，当 1 体积的某种精油和 V 体积一定浓度的乙醇水溶液混合后澄清透明，但在继续渐渐加入（$V'-V$）体积的该浓度的乙醇水溶液后，变为浑浊，而在进一步加入（$V''-V'$）体积的该浓度的乙醇水溶液后变为澄清透明，则认为此精油能与 V 体积该浓度的乙醇水溶液混溶，而稀释至 V'到 V''体积时变为浑浊。

④ 将一种精油和一定浓度的乙醇水溶液混合后（按前三种情形混合）呈乳色，此种乳色和新鲜制备的乳色标准溶液乳色相同，则认为此精油能与该浓度的乙醇水溶液溶混成乳色溶液。

注：V、V'、V''的数值均不大于 20。

3. 试剂

① 乙醇的水溶液：常用的乙醇水溶液的体积分数分别为50%、55%、60%、65%、70%、75%、80%、85%、90%、95%等。各种体积分数的溶液可按表4-1用体积分数为95%的乙醇与蒸馏水配制而成。

表4-1　乙醇水溶液制备

乙醇体积分数/%	加入蒸馏水体积/mL	乙醇质量/g	蒸馏水质量/g	相对密度和绝对密度	
				$d_{20}^{20}\pm0.001$	$\rho_{20}\pm0.00001$g/mL
50	95.76	45.9	54.1	0.9318	0.93014
55	77.90	51.1	48.9	0.9216	0.91996
60	62.92	56.4	43.6	0.9108	0.90911
65	50.15	61.8	38.2	0.8993	0.89765
70	39.12	67.5	32.5	0.8872	0.88556
75	29.47	73.4	26.6	0.8744	0.87279
80	20.94	79.5	20.5	0.8608	0.85927
85	13.31	85.9	14.1	0.8464	0.84485
90	6.40	92.7	7.3	0.8307	0.82818
95	0.00	100.0	0.0	0.8129	0.81138

② 用于测定乳色的标准溶液：将0.5mL的硝酸银溶液［$c(AgNO_3)=0.1$mol/L］加到50mL的氯化钠溶液［$c(NaCl)=0.0002$mol/L］中，然后加入一滴浓硝酸（$\rho_{20}=1.38$g/mL），搅拌溶液后静置5min，避免直接光照。

4. 仪器

① 量筒：25mL或30mL，具磨砂玻璃塞，分刻度为0.1mL；

② 移液管：1mL；

③ 分析天平：精度为0.001g；

④ 温度计：分刻度为0.1℃或0.2℃；

⑤ 滴定管：容量25mL或50mL；

⑥ 恒温水浴：能使温度保持在规定温度±0.2℃。

5. 测定步骤

准确量取1mL或称取（1±0.005)g试样置于量筒中，在水浴中保温至温度恒定，单离及合成香料保持在（25±0.2)℃，精油保持在（20±0.2)℃。

(1) 精油溶混度的评估

用滴定管将先调整到（20±0.2)℃的已知浓度的乙醇水溶液加入精油中，每次加入量为0.1mL，并剧烈摇动，直至完全溶混。当混合液澄清时，记下所加入的乙醇水溶液的体积。继续加入乙醇水溶液，每次加入量为0.1mL，并充分摇动，直至加入的乙醇水溶液的总体积为 20mL。

如在 20mL 加完前出现浑浊或乳色，记下开始出现浑浊或乳色时所加入的乙醇水溶液的体积；如可能，记下浑浊或乳色现象消失时所加入的乙醇水溶液的体积。

乳色：如不能获得澄清透明的溶液而得到乳色液时，则将此乳色液和标准溶液比较。

（2）单离及合成香料溶解度的测定

用滴定管将先调整到（25±0.2）℃的已知浓度的乙醇水溶液加入试样中，每次加入量为 0.1mL，并剧烈摇动，直至完全溶解。当溶液澄清时，记录加入乙醇水溶液的体积，即为溶解度。或按有关香料的产品标准中溶解度的规定，一次加入规定浓度及体积的乙醇水溶液，保温并振摇片刻，如能得到澄清溶液，即作为通过。

6. 结果表示

（1）精油的溶混度

在 20℃时，精油与 Q 浓度的乙醇水溶液的溶混度表示如下：

① 第一种情况：1 体积的精油溶在 V 体积 Q 浓度的乙醇水溶液中；

② 第二种情况：1 体积的精油溶在 V 体积 Q 浓度的乙醇水溶液中，而在 V' 体积同浓度的乙醇水溶液中出现浑浊；

③ 第三种情况：1 体积的精油溶在 V 体积 Q 浓度的乙醇水溶液中，而在 V' 至 V'' 体积同浓度的乙醇水溶液中出现浑浊；

其中　V——获得澄清透明溶液所需的 Q 浓度乙醇水溶液的体积，mL；

V'——澄清透明后产生浑浊时所需的 Q 浓度乙醇水溶液的体积，mL；

V''——当浑浊消失所需的 Q 浓度乙醇水溶液的体积，mL。

V、V'、V''表示到小数点后 1 位。

④ 第四种情况：如果只发生乳色现象，则报告乳色是否大于、等于或小于标准溶液的乳色。

（2）单离及合成香料的溶解度

在 25℃时，试样溶在 V 体积 Q 浓度的乙醇水溶液中。

7. 注意事项

① 溶解度的测定常用乙醇作溶剂，如用其他溶剂时应在有关产品标准中指出。

② 在测定时，如加入某种体积分数的乙醇溶液到 10mL 时，尚不能得到澄清溶液，可试用体积分数较高的乙醇溶液重新进行试验。

4.2.2　酸值的测定

酸值的定义：中和 1g 香料中所含的游离酸所需氢氧化钾的质量。

酸值是精油的一个重要的性能指标，通过酸值的测定可以了解精油的质量。一般来讲，精油中游离酸的含量很小，但若加工不当或贮存时间过久，由于精油成分分解、水解或氧化，都会使其游离酸的含量增大，香料的品质也就随之下降。

测量精油酸值参照《香料　酸值或含酸量的测定》（GB/T 14455.5—2008），其基本原理和步骤及结果表达与油脂酸值的测定基本一致，在此就不详述了，但测定时应注意以下几个方面。

① 如果用0.1mol/L氢氧化钾标准溶液测定酸值时用量超过10mL，则需减少试样重做，或改用0.5mol/L氢氧化钾标准溶液来滴定。

② 在测定醛类产品的酸值时，溶液颜色到粉红色呈现即为终点，因为活泼的醛类基团在滴定时极易被氧化成酸。

③ 对于色泽较深的试样可多加中性乙醇稀释。

④ 在测定甲酸酯类（如甲酸香叶酯、甲酸苄酯）的酸值时，由于该类化合物遇碱极易水解，使酸值偏高，因此测定此类试样时应保持在冰水浴中进行滴定。

⑤ 在测定水杨酸酯类的酸值时要用50%乙醇代替95%乙醇，并用酚红作指示剂。

⑥ 平行测定结果允许误差要求如下：酸值在10以下为0.2；酸值在10以上为0.5；酸值在100以上为1.0。

M4-4　香豆素酸值测定方法

【问题】 香豆素主要用于香皂及各种洗涤剂的调合香料中，利用GB/T 14455.5—2008能否测定香豆素的酸值?

【回答】 请扫描二维码查看答案。

4.2.3　酯值或含酯量的测定

香料的酯值（*EV*）是指中和1g香料中所含的酯在水解后释放出的酸所需氢氧化钾的质量。

酯值与酸值一样都是香料重要的性能指标，通过酯值的测定可以了解香料产品的质量。酯值测定参照《香料　酯值或含酯量的测定》（GB/T 14455.6—2008）。

1. 测定原理

在规定的条件下，用氢氧化钾-乙醇标准溶液加热水解香料中存在的酯，过量的碱用盐酸标准溶液回滴。反应式如下：

$$RCOOR' + H_2O \longrightarrow RCOOH + R'OH$$

$$RCOOH + KOH \longrightarrow RCOOK + H_2O$$

$$KOH + HCl \longrightarrow KCl + H_2O$$

2. 试剂

① 中性分析纯乙醇。

② 氢氧化钾-乙醇溶液：c_{KOH}＝0.5mol/L。

③ 盐酸标准溶液：c_{HCl}＝0.5mol/L。

④ 指示剂：酚酞指示液，或当香料中含有带酚基团的组分时，用酚红指示液。

3. 仪器

① 皂化瓶：耐酸玻璃制成，容量为100～250mL，装上一根长至少为1m，内径为1～1.5cm的带磨砂口的玻璃空气冷凝器。

如有必要，特别是对于那些含有多量轻馏分以及与放置于沸水浴中时间有关的香料，可用冷水回流冷凝器代替玻璃空气冷凝器。

② 滴定管：容量为25mL或50mL。

③ 移液管：容量为25mL。

④ 分析天平，沸水浴，电位计。

4. 测定步骤

① 称取适量试样约2g（精确至0.0002g）于皂化瓶中，用移液管加入25mL氢氧化钾-乙醇水溶液和一些浮石或瓷片。

对于酯值高的香料，要增加氢氧化钾-乙醇溶液的加入量，以使过量的碱的体积至少为10mL；对于酯值低的香料，应加大试样量。

② 接上空气冷凝器，将皂化瓶在沸水浴上回流1h（或按有关香料产品标准中规定的时间进行回流）。

③ 冷却至室温，取下空气冷凝器，加入20mL水和5滴酚酞指示液或酚红指示液（如果香料中含有带酚基团的组分）。

④ 过量的氢氧化钾用盐酸标准溶液滴定，至粉红色消失为止（如皂化后色泽较深，滴定前可加50mL蒸馏水稀释），记录消耗盐酸标准溶液的体积。

⑤ 同时不加试样按上述步骤进行空白试验。

平行试验结果的允许误差为0.5%。

电位计可用于所有的香料，但特别推荐用于颜色较深而滴定终点难判断的香料（如：香根油），在此情况下，测定和空白试验应使得相同的试剂和仪器。

5. 结果计算

① 香料的酯值（*EV*）按式(4-1)计算。

$$EV=\frac{(V_0-V_1)\times c\times 56.1}{m}-AV \tag{4-1}$$

式中 V_1——滴定试样所消耗盐酸标准溶液的体积，mL；

V_0——空白试验所消耗盐酸标准溶液的体积，mL；

c——盐酸标准溶液浓度，mol/L；

m——试样的质量，g；

56.1——KOH的摩尔质量，g/mol；

AV——香料的酸值，mgKOH/g。

② 香料含酯量的质量分数 w，以%表示，按式(4-2) 计算。

$$w=\frac{EV\times M_r}{561} \tag{4-2}$$

式中　M_r——酯的分子量。

当酯值小于 100 时，保留 2 位有效数字，当酯值等于或大于 100 时，保留 3 位有效数字。

4.2.4 羰基化合物含量的测定

醛、酮类羰基化合物是天然精油的重要芳香成分，羰基化合物含量的多少对精油的香气特征具有重要影响。参照《香料　羰值和羰基化合物含量的测定》(GB/T 14454.13—2008)，香料中羰基化合物含量的测定方法很多，常用的有中性亚硫酸钠法、盐酸羟胺法、游离羟胺法等，在此仅介绍中性亚硫酸钠法。

1. 测定原理

用中性亚硫酸钠溶液与醛或酮在沸水浴中反应释放出氢氧化钠，逐渐用酸中和释放的氢氧化钠使醛或酮反应完全。

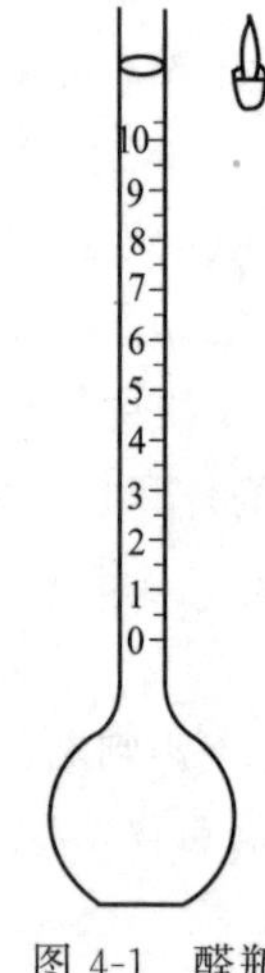

图 4-1　醛瓶

2. 试剂

① 中性亚硫酸钠饱和溶液：以酚酞为指示剂，在澄清的亚硫酸钠饱和溶液中加入亚硫酸氢钠溶液（30%）使呈中性。该试剂在使用时应新鲜配制并过滤；

② 乙酸水溶液：质量比为 1∶1；

③ 酚酞指示剂：质量分数为 1%的乙醇溶液。

3. 仪器

① 醛瓶：如图 4-1 所示，150mL，颈部长 150mm，具 10mL 刻度和 0.1mL 分刻度。刻度的零线应稍高于圆筒形颈部的底处，圆锥形壁和垂直颈部构成的角度约为 30°。

② 移液管：10mL。

③ 沸水浴。

4. 测定步骤

用移液管移取干燥并经过滤的试样 10mL，注入醛瓶中，加入 75mL 中性亚硫酸钠饱和溶液，振摇使之混合。加入 2 滴酚酞指示剂，随即置于沸水浴中加热，并不断振荡。当粉红色显现时，加入数滴乙酸水溶液，使瓶内混合液的粉红色褪去，重复加热振荡。当粉红色不再显现时，加入数滴酚酞指示剂，继续加热 15min。如不再显现粉红色，取出冷却至室温。如仍有粉红色显现，则再加热振荡并滴加乙酸水溶液至粉红色褪去。取出冷却至室温，当油层与溶液完全分开后，加入一定量的中性亚硫酸钠饱和溶液，使油层全部上升至瓶颈刻度处，读取油层的体积（mL）。

5. 结果计算

醛或酮含量的体积分数 x 按式(4-3) 计算。

$$x=\frac{V-V_1}{V}\times100\% \tag{4-3}$$

式中　V——试样的体积，mL；

V_1——油层的体积，mL。

6. 注意事项

① 如试样中含有金属杂质，则将试样摇匀后取约 50mL，再加入约 0.5g 酒石酸，搅和静置后过滤备用。

② 如有油滴黏附瓶壁时，可将瓶置于掌心快速旋转或轻敲瓶壁，使油滴全部上升至瓶颈。

③ 冷却至室温时，有时会发现少量亚硫酸盐加成物从溶液中沉淀出来，而且往往留存在油层和溶液层之间，这样使读数发生困难。可用滴管沿细颈内壁滴加几滴水，以使油层和溶液层分离清晰。

④ 平行试验结果的允许误差为 1%。

【问题】 食品添加剂中柠檬桉油的含醛量测定用哪种方法，其测定原理是什么?

【回答】 请扫描二维码查看答案。

M4-5　柠檬桉油含醛量测定方法

4.2.5　含酚量的测定

酚羟基是发香基团之一，酚含量的多少对香料的香气品质有着直接影响。酚含量测定参照《香料　含酚量的测定》(GB/T 14454.11—2008)。

1. 测定原理

把已知体积的香料与强碱反应，使酚类物质转化为可溶性的酚盐，然后测量未被溶解的香料的体积，即可计算出含酚量。

2. 试剂

① 酒石酸：粉末状；

② 氢氧化钾溶液：质量分数为 5%，不含氧化硅和氧化铝；

③ 二甲苯：不含能溶于氢氧化钾溶液的杂质；

制备方法：加适量氢氧化钾溶液于分液漏斗中，振摇，分层后取上层二甲苯备用。

3. 仪器

① 醛瓶：125mL 或 150mL，见图 4-1。

② 移液管：2mL、10mL；

③ 锥形瓶：100mL；

④ 分液漏斗：250mL。

4. 测定步骤

（1）试样处理

酚含量高的香料往往色泽较深，测定前需进行脱色处理。脱色方法是：取10mL以上香料，按每50g香料加1g酒石酸的比例加入酒石酸粉末，充分振荡，过滤后干燥备用。

（2）试样测定

用移液管吸取10mL经处理的试样于含有约75mL氢氧化钾溶液的醛瓶中，在沸水浴中加热10min，并至少振摇3次。

沿瓶壁缓缓加入氢氧化钾溶液，再加热5min，使未转化为水溶性的碱性酚盐的香料上升到醛瓶有刻度的颈部。为了便于分离附着在壁上的油滴，可用两手旋转醛瓶和轻敲瓶壁。静置使分层，冷却至室温，当全部未被吸收的油相都集中到瓶颈时，读取油层的体积。

若有乳化现象发生，可用移液管加入2mL二甲苯，用玻璃棒搅拌乳化层并静置。若乳化现象消失，读取油层的体积。若仍有乳化现象，可在最初振摇前加入2mL二甲苯重复试验。

5. 结果计算

香料含酚量 w 按式(4-4) 计算：

$$w=10\times(10-V) \tag{4-4}$$

式中 V——未被吸收的油相的体积，mL。

如果测定过程中加入了2mL二甲苯，则从体积 V 中减去2mL。结果表示为最近似的整数。平行测定结果允许误差为1%。

M4-6 精油中水溶性化合物对含酚量测定的影响

【问题】 上述方法对测定含水溶性化合物的精油含酚量有何影响?

【回答】 请扫描二维码查看答案。

4.3 日用香精的检验

香精是由香料和（或）香精辅料调配而成的具有特定香气和（或）香味的复

杂混合物。一般是用于加香产品中，包括日用香精、食用香精等。日用香精是由日用香料和香精辅料按一定配方调制而成的混合物。

为了满足不同日化产品的加香要求，日用香精产品可分为以下三大类型。

① 化妆品用香精：包括膏霜、香水、花露水、香粉、发油、蜡用香精等。

② 内用香精：包括牙膏、唇膏、餐具洗涤剂、风油精制品用香精等。

③ 外用香精：包括香皂、护发素、洗涤用品、洗衣粉及其他加香产品用香精。

由于香精是由若干种香料及其他添加剂组成的混合物，即便是同一香型的香精，也可以有数十种不同的配方。因此，香精的检验很难制定一个统一的标准。香精的质量标准一般都是由生产厂家参照《日用香精》（GB/T 22731—2017）自行拟定的企业标准。在拟定企业标准时，必须遵循表 4-2 香精的技术要求。

表 4-2　香精的技术要求

<table>
<tr><th>指标名称</th><th>化妆品用香精</th><th>内用香精</th><th>外用香精</th><th>备注</th></tr>
<tr><td>色状</td><td colspan="3">符合同一型号对照品的色状要求</td><td rowspan="6">对照品的确定、认可和保存等均由国家主管部门审发，并定期更换</td></tr>
<tr><td>香气</td><td colspan="3">符合同一型号对照品的特征香气要求</td></tr>
<tr><td>折光指数(20℃)</td><td colspan="3">$n_{标样}\pm0.010$</td></tr>
<tr><td>相对密度(25℃)</td><td colspan="3">$D_{标样}\pm0.010$</td></tr>
<tr><td>重金属限量(以 Pb 计)/(mg/kg)</td><td colspan="2">≤10</td><td>—</td></tr>
<tr><td>含砷(As)量/(mg/kg)</td><td colspan="2">≤5</td><td>—</td></tr>
</table>

日用香精的质量检验一般包括：色状、香气、折光指数、相对密度、重金属限量（以 Pb 计）、含砷量、pH 值、乙醇中的溶解度等，检验标准及检验方法一般引用香料的检验方法。对化妆品用香精，还要按照化妆品卫生标准要求进行禁用物质和限用物质的检验。在此仅介绍重金属限量（以 Pb 计）、含砷量的测定。

4.3.1　重金属（以 Pb 计）的测定

香料香精的应用范围日益扩大，使得人们接触香料香精的机会日益增多。许多香料香精产品在使用时直接与人体的皮肤接触或直接入口，所以香精产品的安全性尤为重要，重金属含量就是其中的一个重要指标。重金属的测定参照《食品安全国家标准　食品添加剂中重金属限量试验》（GB 5009.74—2014）。

1. 测定原理

在酸性（pH＝3～4）条件下，试样中的重金属离子与硫化氢作用，生成棕黑色物质，与同法处理的铅标准溶液比较，做限量试验。

2. 试剂

① 硫酸。

② 盐酸溶液（6mol/L）：量取 50mL 盐酸，用水稀释至 100mL。

③ 盐酸溶液（1mol/L）：量取 8.3mL 盐酸，用水稀释至 100mL。

④ 氨溶液（6mol/L）：量取 40mL 氨水，用水稀释至 100mL。

⑤ 氨溶液（1mol/L）：量取 6.7mL 氨水，用水稀释至 100mL。

⑥ pH=3.5 的乙酸盐缓冲液：称取 25.0g 乙酸铵溶于 25mL 水中，加 45mL 6mol/L 盐酸溶液，用稀盐酸或稀氨水调节 pH 至 3.5，用水稀释至 100mL。

⑦ 酚酞乙醇溶液（1%）：称取 1.0g 酚酞溶于 100mL 乙醇溶液中。

⑧ 硫化氢饱和溶液：硫化氢气体通入不含二氧化碳的水中（如流速为 80mL/min 左右时，通气 1h。此溶液临用前制备）。

⑨ 硝酸溶液（1%）：取 1mL 硝酸加水稀释至 100mL。

⑩ 铅标准贮备液：ρ_{Pb}=1mg/mL。准确称取 0.1598g 高纯 $Pb(NO_3)_2$（纯度 99.99%）溶于 10mL 硝酸溶液（1%）中，转移至 100mL 容量瓶中，加蒸馏水稀释至刻度。

⑪ 铅标准使用溶液：ρ_{Pb} = 10μg/mL。准确移取 1.0mL 标准贮备液于 100mL 容量瓶中，用蒸馏水稀释至刻度，摇匀。该溶液必须使用前新鲜配制。

3. 仪器

① 分析天平：感量为 0.1mg 和 1mg。

② 纳氏比色管：50mL，配套的 2 只比色管。

③ 蒸发皿、电热板、马弗炉、水浴锅。

注：所用玻璃仪器均需以硝酸溶液（1∶4）浸泡 24h 以上，用水反复冲洗，最后用去离子水冲洗干净。

4. 测定步骤

（1）试样制备

① 无机试样的“试样处理”可按各产品质量规格的要求进行溶解或消化等前处理。试验应在无元素污染的通风柜中进行。

② 有机试样的“试样处理”除按各产品质量规格的要求外，一般可采用湿法消解、干法消解和压力消解罐消解法进行，以干法消解为例进行介绍。

干法消解：称取 5.00g 试样，置于硬质玻璃蒸发皿或石英坩埚中，加入适量硫酸浸润试样，于电炉上小火炭化后，加 2mL 硝酸和 5 滴硫酸，小心加热直到白色烟雾挥尽，移入马弗炉中，于 500℃灰化完全，冷却后取出，加 2mL 盐酸溶液（6mol/L）湿润残渣，于沸水浴上慢慢蒸发至干。用 1 滴浓盐酸湿润残渣，并加 10mL 水，于沸水浴上再次加热 2min，将溶液加入 50mL 容量瓶中，如有必要应过滤，用少量水洗涤坩埚和滤器，洗滤液一并移入容量瓶中，定容后混匀，每 10mL 该溶液相当于 1.0g 试样。在试样灰化同时，另取一坩埚，同时做试剂空白试验。

（2）测定

① A 管（标准管）

吸取含铅量相当于指定的重金属限量的铅标准使用液（不低于 10μg 铅）于 50mL 纳氏比色管中（如试样经处理，应同时吸取与试样液等量的试剂空白液），加水至 25mL，混匀，加 1 滴酚酞指示液，用稀盐酸（6mol/L）或稀氨水（1mol/L）调节 pH 至中性（酚酞红色刚褪去），加入 5mL pH3.5 的乙酸盐缓冲液，混匀，备用。

② B 管（样品管）

取一支与 A 管所配套的纳氏比色管，加入 10～20mL（或适量）试样液，加水至 25mL，混匀，加 1 滴 1%酚酞指示液，用稀盐酸（6mol/L）或稀氨水（1mol/L）调节 pH 至中性（酚酞红色刚褪去），加入 5mL pH3.5 的乙酸盐缓冲液，混匀，备用。

③ C 管

取一支与 A、B 管所配套的纳氏比色管，加入与 B 管等量的相同的试样液，再加入与 A 管等量的铅标准使用液（10μg/mL），加水至 25mL，混匀，加 1 滴 1%酚酞指示液，用稀盐酸（6mol/L）或稀氨水（1mol/L）调节 pH 至中性（酚酞红色刚褪去），加入 5mL pH3.5 的乙酸盐缓冲液，混匀，备用。

④ 向各管中加入 10mL 新鲜制备的硫化氢饱和溶液，并加水至 50mL 刻度，混匀，于暗处放置 5min 后，在白色背景下观察，B 管的色度不得深于 A 管的色度，C 管的色度应与 A 管的色度相当或深于 A 管的色度，则可判定为样品中重金属含量（以 Pb 计）低于 A 管对应的重金属含量（以 Pb 计）。

5. 结果表示

如上所述，在白色背景下观察，比较样品管（B 管）、标准管（A 管）和 C 管的色度。

色度：B 管≤A 管，C 管≥A 管，则判定为样品中重金属含量（以 Pb 计）低于 A 管（标准管）对应的重金属含量（以 Pb 计）。

4.3.2　含砷（As）量的测定

砷及其化合物都具有很强的毒性，在日用化学品中必须严格控制其含量。参照《食品安全国家标准　食品添加剂中砷的测定》（GB 5009.76—2014），含砷量的测定方法有二乙氨基二硫代甲酸银比色法和氢化物原子荧光测定法，以下介绍二乙氨基二硫代甲酸银比色法。

1. 测定原理

在碘化钾和氯化亚锡存在下，将样液中的高价砷还原为三价砷，三价砷与锌粒和酸产生的新生态氢作用，生成砷化氢气体，经乙酸铅棉花除去硫化氢干扰后，被溶于三乙醇胺-三氯甲烷中或吡啶中的二乙氨基二硫代甲酸银溶液吸收并作用，生成紫红色络合物，与标准比较定量。

2. 试剂

① 硫酸溶液（1+1）：量取100mL硫酸慢慢加入100mL水中，混匀，冷却后使用。

② 硫酸溶液（1mol/L）：量取28mL硫酸，慢慢加入水中，用水稀释到500mL。

③ 盐酸溶液（1+1）：量取100mL盐酸慢慢加入100mL水中，混匀，冷却后使用。

④ 氢氧化钠溶液（200g/L）：称取20g氢氧化钠用水溶解并定容至100mL。

⑤ 硝酸镁溶液（150g/L）：称取15g硝酸镁用水溶解并定容至100mL。

⑥ 碘化钾溶液（150g/L）：称取15g碘化钾用水溶解并定容至100mL，贮于棕色瓶内（临用前配制）。

⑦ 氯化亚锡溶液（400g/L）：称取20g氯化亚锡，溶于50mL盐酸溶液。

⑧ 吸收液A：称取0.25g二乙氨基二硫代甲酸银，研碎后用适量三氯甲烷溶解。加入1.0mL三乙醇胺，再用三氯甲烷稀释至100mL。静置后过滤于棕色瓶中，贮存于冰箱内备用。

⑨ 吸收液B：称取0.50g二乙氨基二硫代甲酸银，研碎后用吡啶溶解并稀释至100mL。静置后过滤于棕色瓶中，贮存于冰箱内备用。

⑩ 酚酞乙醇溶液（10g/L）：称取1.0g酚酞溶于100mL乙醇溶液中。

⑪ 乙酸铅溶液（100g/L）：称取10g乙酸铅用水溶解并定容至100mL。

⑫ 砷标准储备溶液（0.1mg/mL）：准确称取0.1320g在硫酸干燥器中干燥至恒重的三氧化二砷（纯度99.99%），溶于5mL氢氧化钠溶液中。溶解后，加入25mL硫酸溶液，移入1L容量瓶中，加新煮沸冷却的水稀释至刻度。

⑬ 砷标准使用液（1μg/mL）：临用前取1.0mL砷标准储备溶液，加1mL硫酸溶液于100mL容量瓶中，加新煮沸冷却的水稀释至刻度。

⑭ 乙酸铅棉花：将脱脂棉浸于乙酸铅溶液（10%）中，2h后取出晾干。

3. 仪器

① 测砷装置如图4-2所示。

② 电子天平：感量为0.1mg和1mg。

③ 电热板、可调式电炉、马弗炉、分光光度计。

注：所用玻璃仪器均需以硝酸溶液（1∶4）浸泡24h以上，用水反复冲洗，最后用去离子水冲洗干净。

4. 测定步骤

（1）试样制备

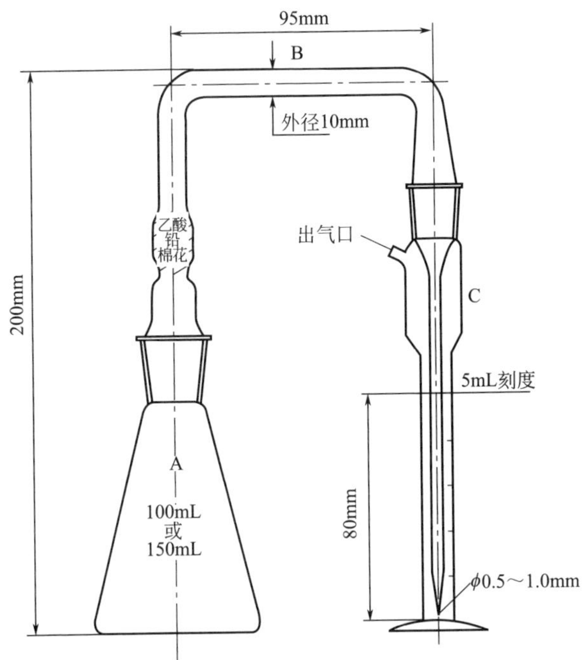

图 4-2 砷测定装置

A——锥形瓶：100mL 或 150mL（19 号标准口）；

B——导气管：管口为 19 号标准口，与锥形瓶 A 密合时不应漏气，管尖直径 0.5～1.0mm，与吸收管 C 接合部为 14 号标准口，插入后，管尖距管 C 底为 1～2mm；

C——吸收管：管口为 14 号标准口，5mL 刻度，高度≥80mm。吸收管的材质应一致

① 无机试样的制备。无机试样的“试样处理”可按相关标准规定的方法进行。

② 有机试样的制备。有机试样的“试样处理”除按相关标准规定的外，一般按下述方法进行。

a. 湿法消解：称取 5g 试样（精确至 0.001g），置于 250mL 锥形瓶中，加 10mL 硝酸，放置片刻（或过夜）后，于电热板上加热，待反应缓和后，取下并放置冷却，沿瓶壁加入 5mL 硫酸，再继续加热至瓶中溶液开始变成棕色后，不断滴加硝酸（如有必要可滴加些高氯酸），至有机质分解完全，继续加热至生成大量的二氧化硫白色烟雾，最后溶液应无色或微黄色。冷却后加 20mL 水煮沸，除去残余的硝酸至产生白烟为止。如此处理两次，放冷，将溶液移入 50mL 容量瓶中，用少量水洗涤锥形瓶 2～3 次，将洗涤液并入容量瓶中，最后用水补至刻度。取相同量的硝酸、硫酸，同时做试剂空白试验。

b. 干灰化法：称取 5g 试样（精确至 0.001g）于瓷坩埚中，加 10mL 硝酸镁溶液，混匀，浸泡 4h，可调式电炉上低温或水浴上蒸干，再加入 1.00g 氧化镁

粉末仔细覆盖在干渣上，用可调式电炉小火加热至炭化完全，将坩埚移入马弗炉中，在550℃以下灼烧至灰化完全，冷却后取出，加适量水湿润灰分，加入酚酞乙醇溶液数滴，再滴加（1∶1）盐酸溶液至酚酞红色褪去，然后将溶液移入50mL容量瓶中（必要时过滤），用少量水洗涤坩埚3次，洗液并入容量瓶中，加水至刻度，混匀。取相同量的氧化镁、硝酸镁，同时做试剂空白试验。

（2）限量试验

① 吸取一定量的试样液和砷的标准使用液（含砷量不低于5μg），分别置于砷发生瓶A中，补加硫酸至总量为5mL，加水至50mL。

② 向上述瓶中加3mL碘化钾溶液，混匀，放置5min。分别加入1mL氯化亚锡溶液，混匀，再放置15min。再各加入5g无砷金属锌，立即塞上装有乙酸铅棉花的导气管B，并使管B的尖端插入盛有5.0mL吸收液A或吸收液B的吸收管C中，室温反应1h，取下吸收管C，用三氯甲烷（吸收液A）或吡啶（吸收液B）将吸收液体积定容到5.0mL。

③ 经目视比色或用1cm比色杯，于515nm波长（吸收液A）或540nm波长（吸收液B），测定吸收液的吸光度。样品液的色度或吸光度不得超过砷的标准吸收液的色度或吸光度。

（3）定量测定

① 吸取25mL（或适量）试样液及同量的试剂空白液，分别置于砷发生瓶A中，补加硫酸至总量为5mL，加水至50mL，混匀。

② 吸取0.0mL、2.0mL、4.0mL、6.0mL、8.0mL、10.0mL砷标准溶液（1.0mL相当于1.0μg砷），分别置于砷发生瓶A中，加水至40mL，再加10mL（1∶1）硫酸溶液，混匀。

③ 向试样液、试剂空白液及砷标准液中各加3mL碘化钾溶液，混匀，放置5min，再分别加1mL氯化亚锡溶液，混匀，放置15min后，各加入5g无砷金属锌，立即塞上装有乙酸铅棉花的导气管B，并使管B的尖端插入盛有5.0mL吸收液A或吸收液B的吸收管C中，室温反应1h，取下吸收管C，用三氯甲烷（吸收液A）或吡啶（吸收液B）将吸收液体积定容到5.0mL。用1cm比色杯，于515nm波长（吸收液A）或540nm波长（吸收液B）处，用零管调节仪器零点，测吸光度，绘制标准曲线。

注：a. 根据分析的需要可选择吸收液A或吸收液B。在测定过程中，样品、空白及标准溶液都应用同一吸收液。

b. 在重复性条件下获得的两次独立测定结果的绝对差值不得超过算术平均值的10%。

5. 结果表示

样品砷含量 c 按式(4-5) 计算：

$$c=\frac{(m_1-m_2)\times V_1}{m\times V_2} \tag{4-5}$$

式中　c——样品中砷的含量，mg/kg或mg/L；

m_1——试样液中砷的质量，μg；

m_2——试剂空白液中砷的质量，μg；

V_1——试样处理后定容体积，mL；

m——样品质量（体积），g或mL；

V_2——测定时所取试样液体积，mL。

练习题

1. 香料的物理测定项目有哪些？各采用什么仪器测定？
2. 香料的酸值和酯值如何测定？
3. 香精中重金属限量（以Pb计）试验如何进行？

实训10　香精香气的评价

一、实训目的

① 掌握三角评析法的原理和方法；

② 加深对香精香气特征的印象。

二、实训原理

将4根辨香纸分别标记，用其中2根辨香纸蘸取待检试样，用另外2根辨香纸蘸取标样，混合这4根辨香纸。任意抽走1根，保留3根，让评价员找出香气不同的那根辨香纸。

采用三角评析法，通过嗅觉实验辨别香精之间的香气差异。嗅觉属于化学感觉，人体嗅觉感受器位于鼻腔内一个相当小的区域（约2.5cm^2）即嗅上皮，在嗅上皮表面有一层黏膜层，覆盖着整个嗅觉系统，该层厚度10～50μm，气味分子必须穿过此层才能与感受器细胞作用。

三、实训仪器

辨香纸、辨香纸支架、笔等。

四、实训试剂

香精 A、香精 B。

五、实训重点

① 辨香纸蘸取的香料浓度尽量保持相同。

② 场所无杂气、温度、湿度和空气流畅度保持一致。

③ 评香时间选择在上午或下午的中间时段。

④ 随时记录评香结果。

六、实训难点

① 评香时保持思想集中，并保持独立品评。

② 嗅觉的个体差异很大，有嗅觉敏锐者和迟钝者。嗅觉敏锐者也并非对所有气味都敏锐，因不同气味而异，且易受身体状况和生理的影响。

七、实训步骤

① 在空气清新无杂气的评香室内，先将等量的试样和标准样品分别放在相同而洁净无臭的容器中。

② 主持者将 4 根辨香纸不蘸取样品的一端用符号进行标记。

③ 主持者在香精 A 和香精 B 容器内，分别浸入 2 根辨香纸，蘸取高度约 1cm（尽量保持高度接近），尽量把多余的料液刮掉，并向上竖放，避免多余的料液下淌。

④ 主持者将 4 根辨香纸交叉混合，再任意抽出 1 根，保留其余 3 根辨香纸在辨香纸支架上，由评价员评析。

⑤ 评价员在评析时注意辨香纸离鼻腔约 1～2cm，缓缓吸入，每次 2～3s。评价员根据自己的嗅感寻找香气不同的辨香纸。并用数字标出辨香纸的香气差异程度，很弱＝1，弱＝2，中等＝3，强＝4，很强＝5。

八、实训记录

通过三角评析法，记录两者香气的差异性。

香气评定记录表

评香人员	不同辨香纸编号	相同辨香纸编号 1	相同辨香纸编号 2	香气差异程度分数

九、实训思考

1. 说明实验中所选香料的香型。
2. 什么是头香、体香、基香？请结合本实验的说明。
3. 本实验所用香料是否适合做头香？结合实验体会说明原因。

第5章 化妆品用表面活性剂的检验

知识目标

(1) 了解表面活性剂的类型、功能及对产品质量的影响。

(2) 熟悉表面活性剂理化检验项目。

(3) 掌握表面活性剂理化检验项目的常规检验方法。

能力目标

(1) 能进行表面活性剂检验样品的制备。

(2) 能进行相关溶液的配制。

(3) 能根据表面活性剂的种类和检验项目选择合适的检验方法。

(4) 能按照标准方法对表面活性剂相关项目进行检验，给出正确结果。

案例导入

如果你是一名企业的检验人员，供应商给你公司送来一批AES表面活性剂，你如何评价这批样品的质量呢？

课前思考题

(1) 表面活性剂有哪几种类型？各类表面活性剂有哪些性能？

(2) 表面活性剂都能起泡吗？

表面活性剂分子由亲水基和疏水基两部分组成。具有亲油（疏水）和亲水（疏油）两个部分的两亲分子，能吸附在两相界面上，呈单分子排列使溶液的表面张力降低，它不仅有洗涤去污作用，而且具有润湿、乳化、增溶、起泡、柔软、抗静电、杀菌等多种性能，是日常生活和工业生产不可缺少的产品。

表面活性剂的品种十分繁多，性质差异除与亲油基的大小、形状有关外，主要与亲水基的不同有关。因而表面活性剂按亲水基类型可分为两大类：离子型和非离子型表面活性剂。表面活性剂溶于水时，凡能离解成离子的称离子型表面活性剂；凡不能离解成离子的称非离子型表面活性剂。而离子型表面活性剂又分为阴离子型、阳离子型和两性离子型表面活性剂。另外，还有含氟、硅、硼等元素的特种表面活性剂，一般按其亲油基分类。每类特种表面活性又可进一步分为阳离子、阴离子、非离子及两性离子表面活性剂。

表面活性剂是一类具有特殊性质的专用化学品，除对产品各级质量标准的项目进行检验外，尚需要作产品分析、理化性能分析等。从检验方法讲，随着表面活性剂合成工业和应用的发展，其检验方法也不断充实，日趋完善。经典的化学分析法已相当成熟，进入标准化和规范化阶段。本章仅介绍表面活性剂的性能试验、类型鉴别及定量分析。

5.1 表面活性剂的基本性能试验

5.1.1 表面活性剂发泡力的测定

泡沫是表面活性剂的基本特征之一。表面活性剂泡沫性能的测定方法有搅动法、气流法、倾注法等。目前国家标准 GB/T 7462—1994《表面活性剂发泡力的测定改进 Ross-Miles 法》适用于所有的表面活性剂，然而测量易于水解的表面活性剂溶液的发泡力，不能给出可靠的结果，因为水解物聚集在液膜中，会影响泡沫的持久性，也不适用于非常稀的表面活性剂溶液发泡力的测定。

1. 方法原理

500mL 表面活性剂溶液从 450mm 高度流到相同溶液的液体表面之后，产生泡沫，测量得到的泡沫体积。

2. 仪器设备

① 泡沫仪：由分液漏斗、计量管、夹套量筒及支架组成，见图 5-1～图 5-4。

a. 分液漏斗：容量 1L，其构成为一个球形泡与长 200mm 的管子相连接，管的下端有一旋塞。分液漏斗梗在旋塞轴心线以上150mm处带一刻度，供在试验中指示流出量的下限。在分液漏斗旋塞轴线下40mm处严格地垂直于管的长度切断管子的下端，如图5-1所示。

b. 计量管：不锈钢材质，长70mm，内径（1.9±0.02)mm，壁厚0.3mm。管子的两端用精密工具车床垂直于管的轴线精确地切割。计量管压配入长度为10～20mm的钢或黄铜安装管，安装管的内径等于计量管的外径，外径等于分液漏斗的玻璃旋塞的底端管外径。计量管上端和安装管上端应在同一平面上，用一段短的厚橡皮管（真空橡皮管）固定安装管，使得安装管的上端和玻璃旋塞的底端管相接触，如图5-2所示。

c. 夹套量筒：容量1.3L，刻度分度10mL。由壁厚均匀、耐化学腐蚀的玻璃管制成，管内径（65±1)mm，下端缩成半球形，并焊接一梗管直径12mm的直孔标准锥形旋塞，塞孔直径6mm。下端50mL处刻一环形标线，由此线往上按分度10mL刻度，直至1300mL刻度，容量准确度应满足（1300±13)mL。距50mL标线以上450mm处刻一环形标线，作为计量管下端位置标记。量筒外焊接外径约90mm的夹套管，如图5-3所示。

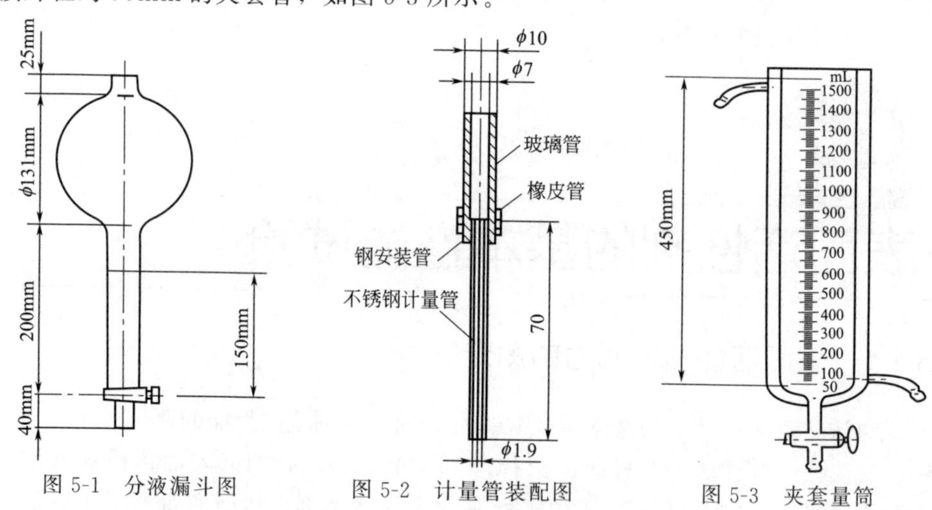

图5-1　分液漏斗图　　图5-2　计量管装配图　　图5-3　夹套量筒

d. 支架：使分液漏斗和量筒固定在规定的相对位置，并保证分液漏斗流出液对准量筒中心。

② 刻度量筒：500mL。

③ 容量瓶：1000mL。

④ 恒温水浴：带有循环水泵，可控制水温于（50±0.5)℃。

3. 检验步骤

(1) 仪器的清洗

彻底清洗仪器是试验成功的关键。试验前尽可能将所有玻璃器皿与铬酸硫酸混合液接触过夜。然后用水冲洗至没有酸，再用少量的待测溶液冲洗。

将安装管和计量管组件在乙醇和三氯乙烯的共沸混合物蒸气中保持30min，然后用少量待测溶液冲洗。

对同一产品相继间的测量，用待测溶液简单冲洗仪器即可，如需要除去残留在量筒中的泡沫时，不管用什么方法来完成，随后都要用待测溶液冲洗。

(2) 仪器的安装

用橡皮管将恒温水浴的出水管和回水管分别连接至夹套量筒夹套的进水管（下）和出水管（上），调节恒温水浴温度至 (50±0.5)℃。

安装带有计量管的分液漏斗，调节支架，使量筒的轴线和计量管的轴线相吻合，并使计量管的下端位于量筒内50mL溶液的水平面上450mm标线处。

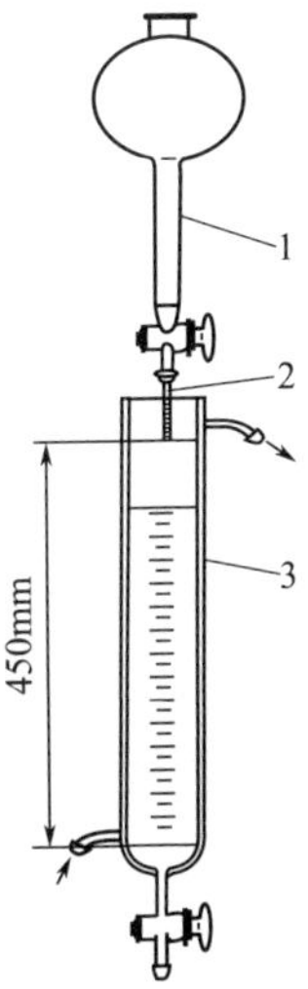

图5-4 仪器装配示意图

1—分液漏斗；2—计量管；3—夹套量筒

(3) 待测样品溶液的配制

将待测样品，按其工作浓度或其产品标准中规定的试验浓度配制溶液。配制溶液先调浆，然后用所选择的已预热至50℃的水溶解。必须很缓慢地混合，不搅拌，以防止泡沫形成，保持溶液于 (50±0.5)℃，直至试验进行。

稀释用水可用鼓泡法制备经空气饱和的蒸馏水或用3mmol/L钙离子 (Ca^{2+}) 硬水。

在测量时溶液的时效，应不少于30min，不大于2h。

(4) 灌装仪器

将配制的溶液沿着内壁倒入夹套量筒至50mL标线，不使其表面形成泡沫。这也可用灌装分液漏斗的曲颈漏斗来灌装。

第一次测定时，将部分试液灌入分液漏斗至150mm刻度处，并将计量管的下端浸入保持 (50±0.5)℃的盛有试液的小烧杯中，用连接到分液漏斗顶部的适当抽气器吸引液体。这是避免在旋塞孔形成气泡的最可靠方法。将小烧杯放在分液漏斗下面，直到测定开始。

为了完成灌装，用500mL刻度量筒量取500mL保持在 (50±0.5)℃的试液倒入分液漏斗，缓慢进行此操作。为了避免生成泡沫，可用一专用曲颈漏斗，使曲颈的末端贴在分液漏斗的内壁上来倾倒试液。为了随后的测定，将分液漏斗放空至旋塞上面10～20mm的高度。仍将分液漏斗放在盛满 (50±0.5)℃的试验溶液的烧杯中，再用试验溶液灌装分液漏斗至150mm刻度处，然后，如上所述，再次倒入500mL保持在 (50±0.5)℃的试验溶液。

（5）测定

使溶液不断地流下，直到水平面降至 150mm 刻度处，记录流出时间。流出时间与观测的流出时间算术平均值之差大于 5%的所有测量应予忽略，异常的长时间表明在计量管或旋塞中有空气泡存在。在液流停止后 30s、3min 和 5min，分别测量泡沫体积（仅仅泡沫）。

如果泡沫的上面中心处有低洼，按中心和边缘之间的算术平均值记录读数。

进行重复测量，每次都要配制新鲜溶液，取得至少 3 次误差在允许范围的结果。

4. 检验结果

以所形成的泡沫在液流停止后 30s、3min 和 5min 的体积（mL）来表示结果，必要时可绘制相应的曲线。以重复测定结果的算术平均值作为最后结果。重复测定结果之间的差值不超过 15mL。

5.1.2 表面活性剂表面张力及界面张力的测定

表面张力是反映表面活性剂表面活性大小的一个重要物理化学性能指标。

溶液的表面张力对测定条件非常敏感，即使微小的变动也容易影响表面张力的测定结果。为了测得可靠的表面张力，测定前必须注意以下几点。首先，必须在液面不振动的干净环境中操作。例如，水面易与尘埃、油气接触而污染，瞬间约可变化 10mN/m。其次，要正确控制温度，测定体系尽可能密闭。这样，因蒸发引起的液面浓缩和温度不稳可被抑制到最小范围。表 5-1 为不同温度下与空气接触的水的表面张力，水的表面张力（γ_{H_2O}）与温度（T）有如下关系：

$$\gamma_{H_2O}=75.680-0.138T-0.356\times10^{-3}T^2+0.47\times10^{-6}T^3$$

表 5-1 与空气接触的水的表面张力 单位：mN/m

温度/℃	表面张力	温度/℃	表面张力	温度/℃	表面张力	温度/℃	表面张力
−10	77.10	15	73.48	24	72.12	50	67.90
−5	76.40	16	73.34	25	71.96	60	66.17
0	75.62	17	73.20	26	71.82	70	64.41
5	74.90	18	73.50	27	71.64	80	62.60
10	74.20	19	72.89	28	71.47	90	60.74
11	74.07	20	72.75	29	71.31	100	58.84
12	73.92	21	72.60	30	71.15		
13	73.78	22	72.44	35	70.35		
14	73.64	23	72.28	40	69.55		

所以希望温度变化控制在±0.1℃以内。再者，应该注意水的精制纯化，除

去所含的痕量表面活性杂质等，以达到表面研究所必要的试剂纯度。此外，表面活性剂溶液的表面张力达到平衡的时间可从数分钟到数小时，因此必须根据实验的目的选择合适的方法。最好在一段时间内多次测量，以得到表面张力对时间的曲线，由曲线的平坦位置，确定表面达平衡的时间。

测定表面张力的方法很多，有平板法、U 形环或圆环拉起液膜法、毛细管法、最大气泡压力法、滴体积法、悬滴法等。GB/T 22237—2008《表面活性剂 表面张力的测定》介绍了圆环或平板拉起液膜法测定表面张力的方法，在此仅介绍圆环拉起液膜法。

1. 方法原理

测量与液体垂直接触且被完全润湿的平板的表面张力 F（静态法）或者测量将一个水平悬挂的镫形物或者环状物拉出液体表面所需的表面张力 F（类静态法），表面张力通过相应的公式计算得到。

在静态法中，要保证平板处于固定状态以便获得一个平衡值。类静态法在测量过程中需要移动镫形物或者环状物，因此在测量过程中通过非常微小和缓慢的移动镫形物或者环状物将偏离平衡的程度减至最小。

2. 仪器设备

① 表面张力计：由水平平台、测力计和仪表组成。

a. 水平平台：用微调螺丝可使其垂直上下移动；装有千分尺能估计 0.1mm 的垂直位移。

b. 测力计：能连续测量作用于测量单元上的力，并具有至少 0.1mN/m 的准确度。

c. 仪表：用于指示或记录测力计测量值。

装置应防震避风。整个仪器要用天平罩保护起来，这有利于减小温度变化和尘埃污染。

② 铂铱环：铂铱丝直径 0.3mm。环的周长通常为 40～60mm，用一铂丝镫形环固定在悬杆上（见图 5-5）。

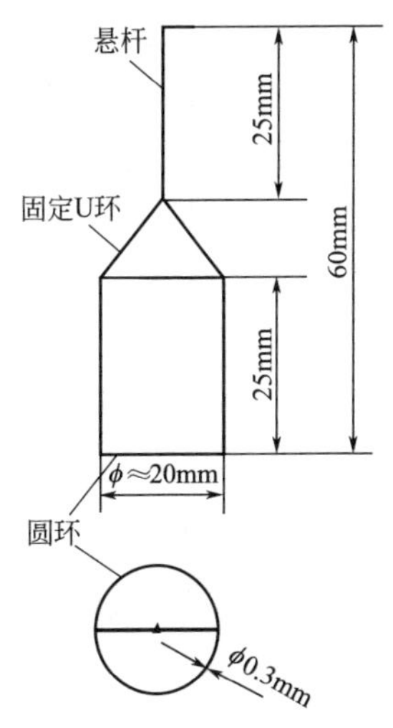

图 5-5　铂铱环

③ 测量杯：玻璃制品，内径至少 8cm。对于纯液体的测定，理想的测量杯是矩形平行六面体小皿，边长至少 8cm；这种形状有利于用洁净的玻璃棒或聚四氟乙烯板刮净液体表面。

3. 试剂

蒸馏水：二级水，注意防止污染。

4. 检验步骤

（1）表面活性剂溶液的配制

M5-1　表面张力仪

取一定量的表面活性剂样品，配成试样溶液，溶液的温度要保持一定，温度变化应在0.5℃之内。配制表面活性剂溶液时应注意以下几点。

① 测定用的水不允许和软木塞尤其是橡皮塞接触，以防污染水质。

② 在临界浓度点进行测定时（如在克拉夫特点、环氧乙烷缩合物的浊点等），误差较大，所以最好在高于克拉夫特温度或低于环氧乙烷缩合物的浊点温度下进行测定。

③ 因溶液表面张力随时间变化，表面活性剂的性质、纯度、浓度和吸附倾向，在这些变化中都起着特殊的作用，很难建立一个标准时效周期，所以需要在一段时间内进行几次测量，作出表面张力对时间的函数曲线，求出其水平部分的位置，即可得到溶液达到平衡状态的时效，能将表面张力值作为时间的函数记录下来的自动化仪器非常适合于这种测量。

④ 溶液表面对于大气尘埃或附近溶剂的蒸汽污染非常敏感，所以不要在进行测定的房间里处理挥发性物质。

⑤ 建议用移液管从大量液体的中心吸取待测液体的试验份，因为表面可能易受不溶性粒子或尘埃的污染。

（2）清洗仪器

如果污垢（如聚硅酮）不能被硫酸铬酸、磷酸或过硫酸钾硫酸溶液除去，则可用甲苯、四氯乙烯或氢氧化钾甲醇溶液预洗测量杯。如果不存在这种污垢，或者这种污垢已被清洗，则用热的硫酸铬酸洗液洗涤测量杯，然后用浓磷酸（83%～92%）洗涤，最后用二次蒸馏水冲洗至中性。测量前，用待测液冲洗几次。要避免触摸测量元件和测量杯内表面。

（3）校正仪器

可用两种方法进行校正。

① 用一系列已知质量的游码，放在圆环上，调节测力计使其平衡，记录下刻度盘读数。绘游码质量-刻度盘读数曲线图，该曲线在测力计测量范围内为直线，求出直线的斜率。该法操作时间较长，但是非常精确。仪器读数表示为表面张力 γ 按式(5-1) 计算，单位为mN/m。

$$\gamma=\frac{m\times g}{b} \tag{5-1}$$

式中 m——游码的质量，g；

b——圆环周长的两倍，$b=4\pi R$，R 为圆环的平均半径，m；

g——重力加速度，m/s^2。

② 用已知准确表面张力的纯物质，调好张力，如需要，按测量步骤进行操作，直至观察到读数与校正液体的已知值相符。这种方法快速。一些纯有机液体的表面张力值列于表5-2。

表 5-2　纯有机液体与空气的表面张力

液体	表面张力(20℃)/(mN/m)	密度(20℃)/(g/m^3)	沸点/℃
甘油	63.4	1.260	290
二碘甲烷	50.76	3.325	180
喹啉	45.0	1.095	237
苯甲醛	40.04	1.050	179
溴代苯	36.5	1.499	155
乙酰乙酸乙酯	32.51	1.025	180
邻二甲苯	30.10	0.880	144
正辛醇	27.53	0.825	195
正丁醇	24.6	0.810	117
异丙醇	21.7	0.785	82.3

(4) 测量

① 表面张力计水平调节：在平台上放一水准仪，调节仪器底板上的调节螺丝，直至平台成水平。

② 测定：将盛有待测液的测量杯放在平台上，并处于圆环的下方。检查圆环的周边是否水平。

升高平台使圆环刚一接触液面即被拉入液体。继续升高平台至测力计再一次处于平衡。因圆环浸入液体时，扰乱了表面层的排列，需要等几分钟后再测定。

缓慢降低平台直至测力计稍微失去平衡。然后，调节施加于测力计的力以及平台的位置，随着环的周边处于液体自由表面上，测力计恢复平衡。

用微调螺杆降低平台，同时调节施加于测力计的力，使测力计始终保持平衡，直至连接圆环和液体表面的“膜”破碎，仔细观察测量施加在“膜”碎裂瞬间时的力。

5. 结果计算

试液的表面张力 γ 按式(5-2) 计算，单位为 mN/m。

$$\gamma = f \times F / 4\pi R \tag{5-2}$$

式中　F——当连接圆环与液体表面的“膜”破裂瞬间，或“膜”较低的弯月面脱离的瞬间施加于表面张力计的力，$F = k \times g \times$ 刻度盘读数，mN；

R——圆环的平均半径，m；

k——校正曲线斜率，g/刻度盘读数；

g——重力加速度，m/s^2；

f——校正因子，因在“膜”破裂前的瞬间，或“膜”的弯月面底部脱离前的瞬间，圆环的内部和外部弯月面之间不是完全对称的，应考虑作用在圆环上表面张力的方向。f 值取决于圆环的半径，铂铱丝的粗细，待测液体的密度，以及“膜”破裂前的瞬间或“膜”在自由表面上升高的液体的体积。

5.2 表面活性剂的类型鉴别

表面活性剂品种繁多，对未知的表面活性剂首先需要快速、简便、有效地确定其离子类型，即确定阴离子、阳离子、非离子及两性表面活性剂，是非常必要的。下面介绍几种表面活性剂离子类型的鉴别方法。

5.2.1 泡沫特征试验

泡沫特征试验可以初步鉴定表面活性剂的类型，可以和其他试验联合应用。具体操作步骤如下。

在一支沸腾管中，用几毫升水摇动少量醇萃取物，如果生成泡沫，表示存在表面活性剂。加 2～3 滴稀盐酸溶液，摇动，如果泡沫被抑制，表示存在脂肪酸皂；如果泡沫保持，表示存在除脂肪酸皂外的表面活性剂。继续加热至沸，并沸腾几分钟，如果泡沫消失，并形成脂肪层，表示存在易水解阴离子洗涤剂（烷基硫酸盐或烷基醚硫酸盐）；如果泡沫保持，表示存在不易水解的阴离子洗涤剂[烷基（芳基）磺酸盐]、阳离子或非离子表面活性剂，或其混合物。

5.2.2 亚甲基蓝-氯仿试验

亚甲基蓝是水溶性染料，阴离子表面活性剂与亚甲基蓝可形成溶于氯仿的蓝色络合物，从而使蓝色络合物从水相转移到氯仿相。利用该性质可定性定量分析阴离子表面活性剂。

（1）溶液的配制

① 亚甲基蓝溶液：将 6.8g 浓硫酸缓慢地注入约 50mL 水中，待冷却后加亚甲基蓝 0.03g 和无水硫酸钠 50g，溶解后加水稀释至 1L。

② 试样溶液：ρ_B＝0.5g/L。

（2）检验步骤

移取 5mL 试样溶液于带玻璃塞的试管中，加入 10mL 亚甲基蓝溶液和 5mL 氯仿，塞上塞子充分振荡后静置分层，观察两层颜色。如氯仿层呈蓝色，表示有阴离子表面活性剂存在。因为试剂是酸性的，如果存在肥皂的话，则已经分解成脂肪酸，所以肥皂不能被检出。

如果水层的颜色较深，则表明存在阳离子表面活性剂，因为试剂是酸性的，两性表面活性剂通常呈（微弱的）阳性结果。

如果水层呈乳状，或两层基本呈同一颜色则表明有非离子表面活性剂存在。如果不能确定，可用 2mL 水代替试样溶液进行对照试验。

本试验的改良方法是在 5mL 试样溶液中加入 10mL 亚甲基蓝溶液和 5mL 氯仿，将混合物振荡 2～3min，然后使其分层，观察两层颜色，若氯仿层呈蓝色的话，则表明存在阴离子表面活性剂。继续加入试样溶液，则氯仿层产生更深的蓝色。

5.2.3　混合指示剂颜色反应

（1）溶液配制

混合指示剂溶液参照 QB/T 2739—2005《洗涤用品常用试验方法　滴定分析（容量分析）用试验溶液的制备》中所述方法配制。

（2）检验步骤

将少量试样溶于水中，分成两份，把一份的 pH 值调节到 1，另一份的 pH 值调节到 11，然后各加 5mL 混合指示剂溶液和 5mL 氯仿，振荡后静置分层，观察氯仿层的颜色。氯仿层都显粉红色时，表示存在阴离子表面活性剂。非离子表面活性剂和磺基甜菜碱显阴性（无色）。甲基牛磺酸烷基酯、肥皂和肌氨酸盐在碱性条件下显粉红色，在酸性条件下显阴性。烷基甜菜碱在碱性条件下显蓝色，在酸性条件下显阴性。季铵盐阳离子表面活性剂都显蓝色。氧化胺、氧肟酸季铵盐和叔胺及其卤化物在酸性条件下显蓝色，在碱性条件下显阴性。

5.2.4　磺基琥珀酸酯试验

在约 1g 试样的醇萃取物中加入过量的$\rho_{KOH}=30g/L$ 氢氧化钾乙醇溶液，并加热沸腾 5min。过滤沉淀，用乙醇洗涤并干燥。将部分沉淀与等量的间苯二酚混合，加 2 滴浓硫酸，在小火焰上加热至混合物变黑，立即冷却并溶于水中，加入稀氢氧化钠溶液使呈碱性。若产生强的绿色荧光，则表示存在磺基琥珀酸酯。

5.2.5　溴酚蓝试验

（1）溶液配制

溴酚蓝溶液：将 $c_{乙酸钠}=0.2mol/L$ 的乙酸钠溶液 75mL、$c_{乙酸}=0.2mol/L$ 的乙酸 25mL 和$\rho_{溴酚蓝}=1g/L$ 的溴酚蓝乙醇溶液 20mL 混合，调节 pH 值至

3.6～3.9。

（2）操作步骤

调节 10g/L 试样溶液的 pH 值为 7，加 2～5 滴试样溶液于 10mL 溴酚蓝试剂溶液中，若呈现深蓝色，则表示存在阳离子表面活性剂。两性长链氨基酸和烷基甜菜碱呈现轻微蓝色和紫色荧光。非离子表面活性剂呈阴性，而且在与阳离子表面活性剂共存时并不产生干扰。低级胺亦呈阴性。

5.2.6 浊点试验

浊点法适用于聚氧乙烯类表面活性剂的粗略鉴定。浊点测定法未必敏锐，也就是说，在其他物质共存时会受到影响，当存在少量阴离子表面活性剂时会使浊点上升或受抑制。无机盐共存时会使浊点下降。

制备 10g/L 试样溶液，将试样溶液加入试管内，边搅拌边加热，管内插入 0～100℃温度计一支。如果呈现浑浊，逐渐冷却到溶液刚变透明时，记下此温度即为浊点。若试样呈阳性，则可推定含有中等 EO 数的聚氧乙烯型非离子表面活性剂。如加热至沸腾仍无浑浊出现，可加入氯化钠溶液（$\rho=100g/L$），若再加热后出现白色浑浊，则表面括性剂是具有高 EO 数的聚氧乙烯型非离子表面活性剂。

如果试样不溶于水，且常温下就出现白浊，那么在试样的醇溶液中再加入水，仍出现白浊，则可推测为低 EO 数的聚氧乙烯型非离子表面活性剂。

5.2.7 硫氰酸钴盐试验

硫氰酸钴铵试剂溶液：将 174g 硫氰酸铵与 28g 硝酸钴共溶于 1L 水中。

滴加硫氰酸钴铵试剂溶液于 5mL $\rho=10g/L$ 的试样溶液中，放置，观察溶液颜色，若呈现蓝色的话，则表示存在聚氧乙烯型非离子表面活性剂。呈现红色至紫色为阴性。阳离子表面活性剂呈同样的阳性反应。

5.2.8 氧肟酸试验

（1）溶液配制

① 盐酸羟胺溶液：在 15mL 水中溶解 7g 盐酸羟胺，并加入 78g 2-甲基-2,4-戊二醇。

② 盐酸醇溶液：将 44mL 2-甲基-2,4-戊二醇和 4mL $c_{HCl}=12mol/L$ 盐酸混合。

③ 氢氧化钾醇溶液：在 20mL 水中溶解 3.3g 氢氧化钾，并加入 45g 2-甲基-2,4-戊二醇。

④ 氯化亚铁溶液：$\rho_{FeCl_2}=100g/L$。

（2）检验步骤

在0.1g无水试样中加入1mL盐酸羟胺溶液，加热使溶解或分散，冷却后，加入氢氧化钾醇溶液或盐酸醇溶液，直至刚果红试纸呈酸性。将其温和地煮沸3min后冷却，加入2滴氯化亚铁溶液，呈紫色或者深红色表示存在脂肪酰烷醇胺非离子表面活性剂。应注意脂肪酰烷醇胺硫酸盐也呈现同样反应。

5.3 表面活性剂的定量分析

5.3.1　阴离子表面活性剂的定量分析

阴离子表面活性剂定量分析常用的方法有直接两相滴定法和亚甲基蓝光度法等，在此仅介绍直接两相滴定法。

本方法参照GB/T 5173—2018，适用于分析烷基苯磺酸盐、烷基磺酸盐、烷基硫酸盐、烷基羟基硫酸盐、烷基酚硫酸盐、脂肪醇甲氧基及乙氧基硫酸盐、二烷基琥珀酸酯磺酸盐和α-烯基磺酸钠，以及每个分子含一个亲水基的其他阴离子活性物的固体或液体产品。本方法不适用于有阳离子表面活性剂存在的产品。

M5-2　酸性混合指示剂溶液配制方法

1. 方法原理

在水和三氯甲烷的两相介质中，在酸性混合指示液存在下，用阳离子表面活性剂（氯化苄苏鎓）滴定，测定阴离子活性物的含量。

滴定反应过程如下。阴离子活性物和阳离子染料生成盐，此盐溶解于三氯甲烷中，使三氯甲烷层呈粉红色。滴定过程中水溶液中所有阴离子活性物与氯化苄苏鎓反应完，氯化苄苏鎓取代阴离子活性物-阳离子染料盐内的阳离子染料（溴化底米鎓），因溴化底米鎓转入水层，三氯甲烷层红色褪去，稍过量的氯化苄苏鎓与阴离子染料（酸性蓝-1）生成盐，溶解于三氯甲烷层中，使其呈蓝色。

2. 仪器设备

① 具塞玻璃量筒：100mL。

② 滴定管：50mL。

③ 容量瓶：500mL。

④ 移液管：25mL。

⑤ 烧杯：100mL。

3. 试剂

① 三氯甲烷。

② 硫酸标准溶液：$c_{H_2SO_4}=0.5mol/L$。

③ 氢氧化钠标准溶液：$c_{NaOH}=0.5mol/L$。

④ 氯化苄苏鎓标准溶液：$c_{C_{27}H_{42}ClNO_2}=0.004mol/L$。

⑤ 酚酞：10g/L 乙醇溶液。

⑥ 酸性混合指示液。

4. 检验步骤

① 试验份：称取含有约 2.0mmol 阴离子活性物的实验室样品至 100mL 烧杯，称准至 1mg。表 5-3 是按分子量 360 计算的取样量，可作参考。

表 5-3 按分子量 360 计算的取样量

样品中活性物含量/%	取样量/g	样品中活性物含量/%	取样量/g
15	5.0	60	1.2
30	2.5	80	0.9
45	1.6	100	0.7

② 测定：将试验份溶于水，加入 3 滴酚酞溶液，并按需要用氢氧化钠溶液或硫酸溶液中和到对酚酞呈中性。定量转移至 500mL 的容量瓶中，用水稀释到刻度，混匀。

用移液管准确移取 25mL 试样溶液至具塞量筒中，加 10mL 水、15mL 三氯甲烷和 10mL 酸性混合指示剂溶液，按氯化苄苏鎓溶液滴定步骤滴定。开始时每次加入约 2mL 滴定剂，塞上塞子，充分振摇，静置分层，下层呈粉红色，继续滴定并振摇，当接近滴定终点时，由于振荡而形成的乳状液易破乳，然后逐滴滴定，充分振摇。当三氯甲烷的粉红色完全褪去变成淡灰蓝色时，即为滴定终点。

5. 结果的表示

阴离子活性物含量 X_1 以质量分数（%）表示，按式(5-3) 计算：

$$X_1=\frac{c\times V_3\times M_r\times V_1}{1000\times V_2\times m_0} \tag{5-3}$$

阴离子活性物含量 X_2 以毫摩尔每克（mmol/g）表示，按式(5-4) 计算：

$$X_2=\frac{V_1\times V_3\times c}{V_2\times m_0} \tag{5-4}$$

式中 m_0——试样质量，g；

M_r——阴离子活性物的平均摩尔质量，g/mol；

c——氯化苄苏鎓标准溶液的浓度，mol/L；

V_1——样品溶液定容体积，mL；

V_2——滴定移取试样溶液体积，mL；

V_3——滴定时所耗用的氯化苄苏鎓标准溶液体积，mL。

以两次平行测定结果的算术平均值表示至小数点后一位作为测定结果。

对同一样品，用相同的试验方法在同一个实验室中通过同一个操作者使用同一台仪器在较短的时间间隔内测定，两次相继测定结果之差应不超过平均值的1.5%。用相同的试验方法在不同的实验室，不同操作者使用不同仪器得到的，两个独立的测定结果的相对差值不超过平均值的3%。

5.3.2 阳离子表面活性剂定量分析

阳离子表面活性剂的定量分析按照GB/T 5174—2018《表面活性剂 洗涤剂 阳离子活性物含量的测定 直接两相滴定法》测定。该法适用于分析的阳离子活性物有：单、双、三脂肪烷基叔胺季铵盐，硫酸甲酯季铵盐；长链酰胺乙基及烷基的咪唑啉盐或3-甲基咪唑啉盐；氯化铵及烷基吡啶鎓盐。该法适用于固体活性物或活性物水溶液。若其含量以质量分数表示，则阳离子活性物的分子量已知，或预先测定。

1. 方法原理

在有阳离子染料和阴离子染料混合指示剂存在的两相（水-氯仿）体系中，用一阴离子表面活性剂标准溶液滴定样品中的阳离子活性物。样品中的阳离子表面活性剂最初与阴离子染料反应生成盐而溶于三氯甲烷层，使呈蓝色。滴定中，阴离子表面活性剂取代阴离子染料，在终点时与阳离子染料生成盐，使三氯甲烷层呈浅灰-粉红色。

2. 仪器设备

① 具塞量筒：100mL。

② 具塞滴定管：50mL。

③ 单刻度容量瓶：500mL。

④ 移液管：25mL。

⑤ 烧杯：100mL。

3. 试剂

(1) 三氯甲烷。

(2) 异丙醇。

(3) 月桂基硫酸钠（又称十二烷基硫酸钠）标准溶液：$c_{C_{12}H_{25}SO_4Na}=0.004mol/L$。

（4）酸性混合指示液。

4. 检验步骤

（1）试验份

称取含有约 2.0mmol 阳离子活性物的实验室样品至 100mL 烧杯，精确至 1mg。表 5-4 是按分子量 360 计算的取样量，可作参考。

表 5-4 按分子量 360 计算的取样量

样品中活性物质量分数/%	取样量/g	样品中活性物质量分数/%	取样量/g
5	14	50	1.4
10	7	100	0.7
20	3.5		

（2）试样溶液的制备

对低分子量（200～500）的样品用水溶解试验份，定容 500mL（试液 A）。

对高分子量（500～700）的样品溶解试验份于 20mL 异丙醇中，必要时加热。加约 50mL 水，搅拌溶解。转移至 500mL 单刻度容量瓶，用水稀释至刻度，混合均匀（试液 A）。

对高分子量（＞700）样品溶解试验份，用异丙醇水溶液（1＋1，体积比）溶解，必要时加热溶解，转移至 500mL 单刻度容量瓶中，用异丙醇水溶液（1＋1，体积比）稀释至刻度，混合均匀（试液 A）。

（3）测定

用移液管精确移取 25mL 试液 A 至 100mL 具塞量筒中，分别加入 10mL 水、15mL 三氯甲烷和 10mL 酸性混合指示液，混合均匀。

用月桂基硫酸钠标准溶液充满具塞滴定管，开始滴定，每次滴定后加塞，充分摇动。当接近滴定终点时，摇动而形成的乳浊液较易破乳，继续逐滴滴定并充分振荡摇动，直至蓝色褪去，三氯甲烷层为淡灰-粉红色时，即达终点。记录滴定所消耗月桂基硫酸钠标准溶液的体积。

5. 结果的表示

阳离子活性物含量以质量分数 X 表示，按式(5-5) 计算：

$$X=\frac{c\times V_3\times M_r\times V_1}{1000\times V_2\times m} \tag{5-5}$$

式中 m——试样质量，g；

M_r——阳离子活性物的平均摩尔质量，g/mol；

c——月桂基硫酸钠标准溶液的浓度，mol/L；

V_1——样品溶液定容体积，mL；

V_2——滴定移取试样溶液体积，mL；

V_3——滴定时所耗用的月桂基硫酸钠标准溶液体积，mL。

以两次平行测定结果的算术平均值表示至小数点后一位作为测定结果。

在重复性条件下获得的两次独立测试结果的绝对差值不大于这两个测定值的算术平均值的 1.5%，以大于 1.5%的情况不超过 5%为前提。

在再现性条件下获得的两次独立测试结果的绝对差值不大于这两个测定值的算术平均值的 3%，以大于 3%的情况不超过 5%为前提。

5.3.3 非离子表面活性剂的定量分析

非离子表面活性剂的定量分析常用的方法有硫氰酸钴分光光度法、泡沫体积法、Weibull 法等，在此仅介绍硫氰酸钴分光光度法。

该法适用于聚乙氧基化烷基酚、聚乙氧基化脂肪醇、聚乙氧基化脂肪酸酯、山梨糖醇脂肪酸酯含量的测定。

1. 方法原理

非离子表面活性剂与硫氰酸钴所形成的络合物在波长 322nm 处有最大吸收峰，用苯萃取，然后用分光光度法定量非离子表面活性剂。

2. 仪器设备

① 紫外分光光度计：具有 10mm 石英比色池，波长 322nm。

② 离心机：转速 1000～4000r/min。

3. 试剂

① 硫氰酸钴铵溶液：将 620g 硫氰酸铵（NH_4CNS）和 280g 硝酸钴［$Co(NO_3)_2 \cdot 6H_2O$］溶于少许水中，再稀释至 1L，然后用 30mL 苯萃取两次后备用。

② 非离子表面活性剂标准溶液：称取相当于 1g 非离子表面活性剂（100%）（正月桂基聚氧乙烯醚）（EO＝7），称准至 1mg，用水溶解，转移至 1L 容量瓶中，稀释至刻度，该溶液中非离子表面活性剂浓度为 1g/L。移取 10.0mL 上述溶液于 1L 容量瓶中，用水稀释到刻度，混匀，所得稀释液非离子表面活性剂浓度为 0.01g/L。

③ 苯、氯化钠。

4. 检验步骤

（1）标准曲线的绘制

取一系列含有 0～4000μg 非离子表面活性剂的标准溶液作为试验溶液于 250mL 分液漏斗中。加水至总量 100mL，然后按规定程序进行萃取和测定吸光度，绘制非离子表面活性剂含量（mg/L）与吸光度标准曲线。

（2）试样中非离子表面活性剂含量的测定

准确移取适量体积的试样溶液于 250mL 分液漏斗中，加水至总量 100mL（应含非离子表面活性剂 0～3000μg），再加入 15mL 硫氰酸钴铵溶液和 35.5g 氯化钠，充分振荡 1min，然后准确加入 25mL 苯，再振荡 1min，静止 15min，弃掉水层，将苯放入试管，离心脱水 10min（转速 2000r/min），然后移入 10mm 石英比色池中，用空白试验的苯萃取液做参比，用紫外分光光度计于波长 322nm 测定试样苯萃取液的吸光度。

将测得的试样吸光度与标准曲线比较，得到相应非离子表面活性剂的量，以毫克每升（mg/L）表示。

5.3.4 两性表面活性剂的定量分析

两性表面活性剂的定量分析有磷钨酸法、铁氰化钾法、高氯酸铁法、碘化铋络盐螯合滴定法、电位滴定法等，在此仅介绍磷钨酸法。

1. 方法原理

在酸性条件下甜菜碱类两性活性剂和苯并红紫 4B 络合成盐。这种络盐溶在过量的两性表面活性剂中，即使酸性，在苯并红紫 4B 的变色范围也不呈酸性色。两性表面活性剂在等电点以下的 pH 溶液中呈阳离子性，所以同样能与磷钨酸定量反应，并生成络盐沉淀，而使色素不显酸性色。

用磷钨酸滴定含苯并红紫 4B 的两性活性剂盐酸酸性溶液时，首先和未与色素结合的两性活性剂络合成盐，继而两性表面活性剂-苯并红紫 4B 的络合物被磷钨酸分解，在酸性溶液中游离出色素，等电点时呈酸性色。

2. 仪器设备

① 移液管：10mL。

② 容量瓶：500mL，1000mL。

③ 滴定管：25mL。

3. 试剂

① 盐酸溶液：浓度为 0.1mol/L 和 1mol/L 的溶液。

② 硝基苯。

③ 苯并红紫 4B 指示剂：0.1g 苯并红紫 4B 溶于 100mL 水中。

④ 磷钨酸标准溶液：c=0.02mol/L。

4. 检验步骤

用移液管吸取 10mL 含 0.2%～2%有效成分的两性活性剂溶液，加 3 滴指示剂，用 0.1mol/L 盐酸调 pH 值为 2～3。加 5～6 滴硝基苯作滴定助剂，摇匀，用磷钨酸标准溶液滴定至浅蓝色为终点。由此滴定值求出两性活性剂的浓度。

对未知分子量的样品，重新移取 10mL 同一试样，加 1mL c=1mol/L 盐酸及 0.5g 氯化钠，待氯化钠溶解后，加入滴定量 1.5 倍的磷钨酸标准溶液，使生成络盐沉淀。用干燥称重的 G_4 漏斗过滤，用 50mL 水洗净容器和沉淀后，于 60℃真空干燥至恒重，称得最终沉淀量。

5. 结果计算

两性离子活性剂的质量分数 w 及未知两性离子摩尔质量 M'_B 按式(5-6)、式(5-7) 计算。

$$w=V\times c\times M_B/m \tag{5-6}$$

$$M'_B=[m_P-(V\times c\times 959.3)]/(V\times c) \tag{5-7}$$

式中　V——滴定用的磷钨酸溶液量，mL；

c——磷钨酸溶液浓度，mmol/L；

m_P——络盐沉淀质量，mg；

M_B——两性表面活性剂相对分子质量；

m——10mL 样品溶液中样品质量，mg；

959.3——磷钨酸的摩尔质量，g/mol。

练习题

1. 什么是表面活性剂？结构有什么特点？有哪些特性？
2. 表面活性剂分为哪几类？各类的用途有哪些？
3. 阴离子和非离子表面活性剂的溶解度随温度变化规律如何？怎样测定浊点？
4. 什么叫表（界）面张力？拉起液膜法和滴体积法测定表（界）面张力原理是什么？
5. 什么是发泡力？泡沫是如何形成的？怎样用改进的 Ross-Miles 法测定发泡力？
6. 如何利用泡沫特征初步鉴别表面活性剂的类型？
7. 亚甲基蓝法定性分析阴离子和阳离子表面活性剂的原理是什么？
8. 怎样用分光光度法定量测定阴离子表面活性剂？

实训11　月桂醇硫酸酯钠盐溶液表面张力的测定

一、实训目的

① 了解圆环拉起液膜法测定表面张力的原理。

② 掌握月桂醇硫酸酯钠盐表面张力的测定方法。

二、实训原理

见 5.1.2 中方法原理。

三、实训仪器

见 5.1.2 中仪器设备。

四、实训试剂

见 5.1.2 中试剂。

五、实训重点

圆环拉起液膜法测定表面张力的方法。

六、实训难点

① 表面张力计的校正。

② 连接圆环和液体表面的“膜”破碎瞬间仪表的读数。

七、实训步骤

见 5.1.2 中检验步骤之（2）清洗仪器～（4）测量和结果计算。

八、实训记录

圆环平均半径 R＝____ m；

校正曲线斜率 k＝____；

校正因子 f ______。

项目	数据			
	第一次	第二次	第三次	平均值
施加于张力计的力 F/mN				
表面张力 γ/(mN/m)				

九、实训思考

1. 如何对表面张力计进行校正？

2. 若待测样品为固体，调配试样溶液时的注意事项有哪些？

3. 在整个测量过程中，溶液对圆环的拉力是如何变化的？

实训12　四类表面活性剂的定性判别

一、实训目的

① 了解测定折射率的原理及阿贝折射仪的基本构造，掌握折射仪的使用

方法。

② 掌握多元醇折射率的测定方法。

二、实训原理

表面活性剂按表面活性剂分子中亲水基的结构和性质分为离子型表面活性剂和非离子型表面活性剂，其中离子型表面活性剂又分为阴离子型、阳离子型和两性表面活性剂。由于离子型表面活性剂与反离子染料形成配合物，可利用该原理来判定表面活性剂离子类型。染料也分为阴离子型和阳离子型染料。亚甲基蓝为阳离子型染料，可与阴离子型表面活性剂形成稳定的有色配合物，该有色配合物不溶于水，溶于油相（如氯仿）。待测离子型活性剂试样中加入亚甲基蓝试剂和氯仿，如氯仿层呈蓝色，则表示待测试样中有阴离子型表面活性剂存在。溴酚蓝为阴离子型染料，可与阳离子型表面活性剂形成稳定的有色配合物，该有色配合物也不溶于水，溶于油相（如氯仿）。待测离子型活性剂试样中加入溴酚蓝试剂和氯仿，如溶液呈现深蓝色，则表示试样中有阳离子型表面活性剂存在。

除此之外，与无机盐等可电离物相似，离子型表面活性剂在水溶液中电离后，在直流电作用下，表面活性剂离子向电性相反的电极移动，并与电极表面失去电荷，同时失去亲水性，沉降而形成黏性层，用该方法也可进行定性判定。离子型表面活性剂的活性离子可与电荷相反的、大的有机离子形成盐而失去亲水性。阴离子型表面活性剂与电荷大致相等的阳离子型表面活性剂混合而产生沉淀。这是因为电荷相反的极性基的结合，引起脱水从而呈现两类表面活性剂的疏水性。对于多数离子型表面活性剂，可利用此判定其类型，而无需特殊试剂，方法简便，可靠性高。但应注意，若浓度在1%以上，因过剩部分的增溶作用而难以看出沉淀的生成。非离子型表面活性剂溶于水，但在水中不电离。溶于水的原因是亲水基中的氧原子与水中氢原子形成氢键，由于氢键较弱，当水溶液温度升高时，氢键逐渐断裂，亲水性减弱，出现浑浊。溶液出现浑浊时的温度称为浊点。具有浊点是非离子型表面活性剂的特点之一。测定浊点的方法有多种，一般非离子型表面活性剂水溶液的浊点在10～90℃之间，在蒸馏水中进行测定即可；活性剂不能充分溶解于水时，应在25%（质量分数）二乙二醇丁醚水溶液中进行测定；活性剂酸性水溶液的浊点高于90℃时，应在钙-正丁醇试剂中进行测定。

三、实训试剂

四类表面活性剂［如十二烷基苯磺酸钠，十六烷基三甲基氯化铵，聚氧乙烯辛基苯酚醚-10，椰油酰胺丙基（二甲基乙内脂）甜菜碱，也可以用其他同类型的表面活性剂代替］，浓硫酸，无水硫酸钠，乙酸钠，溴酚蓝，乙酸，乙醇，氯仿，正丁醇，氯化钙。

四、实训重点

阴离子表面活性剂、阳离子表面活性剂及非离子表面活性剂的定性判别。

五、实训难点

① 试剂的调配。

② 溶液 pH 值的调节。

③ 浊点的判断。

六、实训步骤

1. 试剂的配制

① 亚甲基蓝试剂的配制：将 0.03g 亚甲基蓝、12g 浓硫酸和 50g 无水硫酸钠溶于水中，用蒸馏水稀释至 1L。

② 溴酚蓝试剂的配制：混合 75mL 乙酸钠和 25mL 乙酸，再加入 20mL 0.1%溴酚蓝乙醇溶液。此溶液 pH 值为 3.6～3.9。

③ 钙-正丁醇试剂的配制：每升水溶液中含 50g 正丁醇及 0.04g 钙离子。

④ 样品溶液的配制：分别取四类表面活性剂 1g，用 100mL 去离子水溶解。

2. 表面活性剂类型的测定

(1) 亚甲基蓝-氯仿法（阴离子型表面活性剂）

取 3mL 样品分别盛于 25mL 带玻璃塞或橡皮塞的试管中，加入 5mL 亚甲基蓝溶液和 3mL 氯仿，充分振摇后静置，观察两层颜色并记录。

(2) 溴酚蓝法（阳离子表面活性剂）

取 1mL 样品分别盛于 25mL 带玻璃塞或橡皮塞的试管中，加入 5mL 溴酚蓝试剂和 3mL 氯仿，充分振摇后静置，观察溶液颜色并记录。

(3) 浊点法（非离子型表面活性剂）

取 5mL 样品分别盛于试管中，插入温度计，然后将试管置于烧杯水浴中加热，用温度计轻轻搅拌直至溶液完全成混浊状（溶液温度不超过混浊温度 10℃)，停止加热。试管仍保留在水浴中，用温度计轻轻搅拌使溶液慢慢冷却，记录混浊消失的温度。

平行测定三次，平行测定结果值差不大于 0.5℃。

七、实训记录

亚甲基蓝-氯仿法测定十二烷基磺酸钠的现象：______________。

溴酚蓝法测定十六烷基三甲基氯化铵的现象：______________。

聚氧乙烯辛基苯酚醚-10	数据			
	第一次	第二次	第三次	平均值
浊点/℃				

八、实训思考

1. 现有四种待测表面活性剂试样，编号分别为1、2、3、4，已知分别为十二烷基磺酸钠、氯化十六烷基吡啶、聚氧乙烯辛基苯酚醚-10和烷基醇酰胺，如何设计合适的实验方案进行判别？

2. 实验中加入氯仿的目的是什么？

3. 测定浊点时，读取温度数据为何是溶液混浊消失时的？

实训13　月桂醇硫酸酯钠盐含量测定

一、实训目的

① 了解阴离子表面活性剂的定量分析方法。

② 掌握直接两相滴定法测定阴离子表面活性剂含量的原理。

③ 学会月桂醇硫酸酯钠盐含量测定的操作步骤。

二、实训原理

见5.3.1中的方法原理。

三、仪器设备

与第5章5.3.1所述一致。

四、实训试剂

与第5章5.3.1所述一致。

五、实训重点

两相滴定法测定月桂醇硫酸酯钠盐含量的方法。

六、实训难点

① 试样的称量及溶液的调配；

② 试样溶液pH值的调节；

③ 滴定终点的判断。

七、实训步骤

见5.3.1中的检验步骤。

八、实训记录

M_r：______ g/mol；

c（$C_{27}H_{42}ClNO_2$）：______ mol/L。

<table>
<tr><th rowspan="2">项目</th><th colspan="3">数据</th></tr>
<tr><th>第一次</th><th>第二次</th><th>平均值</th></tr>
<tr><td>m_0/g</td><td></td><td></td><td rowspan="4">—</td></tr>
<tr><td>V_1/mL</td><td></td><td></td></tr>
<tr><td>V_2/mL</td><td></td><td></td></tr>
<tr><td>V_3/mL</td><td></td><td></td></tr>
<tr><td>X_1/%</td><td></td><td></td><td></td></tr>
<tr><td>X_2/(mmol/g)</td><td></td><td></td><td></td></tr>
</table>

九、实训思考

1. 向试验溶液中加入酚酞的目的是什么?
2. 滴定过程中颜色变化的原理是什么?
3. 还有什么方法可以对阴离子表面活性剂进行定量分析?

第6章 化妆品其他常用原料的检验

知识目标

- (1) 了解化妆品中其他常用的化妆品原料的使用情况。
- (2) 熟悉其他常用化妆品原料的理化检验项目。
- (3) 掌握其他常用化妆品原料理化检验项目的常规检验方法。

能力目标

- (1) 能进行化妆品原料检验样品的处理。
- (2) 能进行相关溶液的配制。
- (3) 能对常见的检测仪器进行熟练操作。
- (4) 能按照标准方法对化妆品原料相关项目进行检验，给出正确结果。

案例导入

如果你是一名化妆品原料公司的检验人员，公司生产了一批化妆品原料，你应该从哪些指标判定该原料是否合格?

课前思考题

(1) 化妆品中其他常用原料有哪些?

(2) 化妆品原料的常规检测项目有哪些?

化妆品配方中除了基质原料、表面活性剂之外还有许多其他常见的原料，比如多元醇、氨基酸、植物提取物、防腐剂、聚合物等。它们在化妆品中扮演着不同的角色，对化妆品的形态、功效、使用、质量等各方面都起到了重要的影响。本章主要介绍化妆品中其他原料的主要质量指标以及分析检验方法。

6.1 多元醇的检验

多元醇是化妆品工业中广泛使用的原料，可以起保湿、稳定、防腐、防冻等功效，亦可以当溶剂使用。

化妆品中常见的多元醇主要有甘油、丙二醇、丁二醇、戊二醇、甘露醇、山梨醇等，此类多元醇在常规护肤产品及牙膏中非常易于使用，且相对来说成本较为低廉，因此应用十分广泛。

多元醇常见的检测项目一般为外观、气味、色泽、密度、折射率、指标物含量、灼烧残渣含量等。部分多元醇质量指标举例见表 6-1～表 6-4。

（1）甘油质量指标

根据 GB/T 13206—2011《甘油》和《化妆品用甘油原料要求》所述有关规定，甘油的质量指标见表 6-1。

表 6-1　甘油质量指标

序号	项目	优等品	一等品	二等品
1	外观	透明无悬浮物		
2	气味	无异味		
3	色泽	≤20	≤30	
4	甘油含量/%	≥99.5	≥98.0	≥95.0
5	密度(20℃)/(g/mL)	≥1.2598	≥1.2559	≥1.2481
6	氯化物含量(以 Cl 计)/%	≤0.001	≤0.01	—
7	硫酸化灰分/%	≤0.01		≤0.05
8	酸度或碱度/(mmol/100g)	≤0.050	≤0.10	0.30
9	砷含量(以 As 计)/(mg/kg)	≤2		—
10	重金属(以 Pb 计)/(mg/kg)	≤5		—
11	二甘醇含量/%	≤0.1		

（2）丙二醇质量指标

根据2015年版《中华人民共和国药典》（四部），丙二醇的质量指标见表6-2。

表6-2 丙二醇质量指标

序号	项目	指标
1	外观	无色澄清黏稠液体
2	气味	无臭
3	丙二醇含量/%	≥99.5
4	水分/%	≤0.2
5	相对密度(25℃/25℃)	1.035～1.037
6	酸度	通过试验
7	氯化物/%	≤0.007
8	硫酸盐/%	≤0.006
9	灼烧残渣/%	≤0.005
10	重金属/(mg/kg)	≤5
11	二甘醇含量/%	≤0.001

（3）甘露醇质量指标

根据2015年版《中华人民共和国药典》（二部），甘露醇的质量指标见表6-3。

表6-3 甘露醇质量指标

序号	项目	指标
1	外观	白色结晶或结晶性粉末
2	气味	无臭
3	甘露醇含量/%	98.0～102.0
4	氯化物/%	≤0.003
5	硫酸盐/%	≤0.01
6	干燥失重/%	≤0.5
7	砷盐/%	≤0.0002
8	重金属/(mg/kg)	≤10
9	灼烧残渣/%	≤0.1

（4）山梨醇质量指标

根据2015年版《中华人民共和国药典》（二部），山梨醇的质量指标见表6-4。

表 6-4　山梨醇质量指标

序号	项目	指标
1	外观	白色结晶性粉末
2	气味	无臭，味甜
3	山梨醇含量(以干品计)/%	≥98.0
4	氯化物/%	≤0.005
5	硫酸盐/%	≤0.01
6	干燥失重/%	≤1.0
7	砷盐/%	≤0.0002
8	重金属/(mg/kg)	≤10
9	灼烧残渣/%	≤0.1

6.1.1　二甘醇含量的测定

二甘醇对哺乳类动物低毒，可引起肾脏及中枢神经损害，禁止用于化妆品、药品和食品，应避免与皮肤长期接触，甘油、丙二醇等多元醇中会含有二甘醇杂质，因此检测二甘醇的含量对原料的品质监控很有必要。

参照 2015 年版《化妆品安全技术规范》的检测方法，采用气相色谱法对化妆品原料丙二醇中的二甘醇含量进行检测。

1. 方法原理

样品提取后，以气相色谱法进行分析，根据保留时间定性，峰面积定量，以标准曲线法计算含量。必要时对阳性结果可采用气相色谱-质谱法进一步确证。

M6-1　化妆品安全技术规范

2. 仪器设备

① 气相色谱仪，氢火焰离子化检测器。

② 天平。

③ 气相色谱-质谱仪。

3. 试剂

① 二甘醇：纯度≥99.0%。

② 无水乙醇。

③ 二甘醇标准储备溶液：称取二甘醇 10mg（精确到 0.00001g）于 100mL 容量瓶中，用无水乙醇定容至刻度。准确移取 10mL 此标准溶液置于 50mL 容量瓶中，用无水乙醇定容至刻度。

4. 检验步骤

(1) 标准系列溶液的制备

取二甘醇标准储备溶液，用无水乙醇配制成浓度为 1μg/mL、2μg/mL、

4μg/mL、8μg/mL、10μg/mL、16μg/mL 的二甘醇标准系列溶液。

（2）样品处理

称取 1g 样品（精确到 0.001g）于 100mL 容量瓶中，加入无水乙醇定容至刻度，待测。

（3）参考色谱条件

色谱柱：聚乙二醇毛细管柱（30m×0.32mm×0.5μm），或等效色谱柱；

柱温程序：起始温度为 160℃，维持 10min，以 20℃/min 的速率升温至 220℃，维持 4min；

进样口温度：230℃；

检测器温度：250℃；

载气：N_2，流速为 2.0mL/min；

氢气流量：40mL/min；

空气流量：400mL/min；

尾吹气氮气流量：30mL/min；

进样方式：分流进样，分流比为 5∶1；

进样量：1.0μL。

注：载气、空气、氢气流速随仪器而异，操作者可根据仪器及色谱柱等差异，通过试验选择最佳操作条件，使二甘醇与丙二醇中其他组分峰分离度 1.5 以上。

（4）测定

在“（3）”色谱条件下，取“（1）”标准系列溶液分别进样，进行气相色谱分析，以标准系列溶液浓度为横坐标，峰面积为纵坐标，绘制标准曲线。

取“（2）”项下的待测溶液进样，进行气相色谱分析，根据保留时间定性，测得峰面积，根据标准曲线得到待测溶液中二甘醇的浓度。按“5”计算样品中二甘醇的含量。

5. 结果计算

（1）计算

$$w=\frac{\rho \times V}{m \times 10^{6}} \times 100 \qquad (6\text{-}1)$$

式中　w——丙二醇中二甘醇的质量分数，%；

m——样品取样量，g；

ρ——从标准曲线得到二甘醇的浓度，μg/mL；

V——样品定容体积，mL。

在重复性条件下获得的两次独立测试结果的绝对差值不得超过算术平均值的 10%。

（2）回收率和精密度

方法的回收率为90.7%～103.4%，相对标准偏差小于5.0%（$n=6$）。

6.1.2 灼烧残渣（硫酸化灰分）的测定

灼烧残渣测定是基于有机物质在空气自由进入的情况下予以燃烧，在燃烧时，有机物分解挥发，残留的非挥发性无机杂质称为灼烧残渣。本测定方法参照标准GB/T 9741—2008《化学试剂 灼烧残渣测定通用方法》，适用于能够升华或炭化并可在650℃±50℃除净主体的化学试剂灼烧残渣的测定。

1. 方法原理

利用样品主体与形成残渣的物质之间在挥发性，对热、对氧的稳定性等物理、化学性质方面的差异，将样品低温加热挥发、炭化，高温灼烧，使样品主体与残渣完全分离，可用天平称出残渣的质量。

2. 仪器设备

① 一般实验室仪器。

② 坩埚或蒸发皿：根据样品的性质，材质可选用铂、石英或陶瓷。

③ 高温炉：温度可保持在650℃±50℃。

④ 分析天平：分度值为0.1mg。

3. 检测步骤

（1）测定注意事项

挥发或炭化样品时，如果样品量大，可分几次加入，向液体样品中加入硫酸，应在挥发或炭化之前一次加完，样品若为有机物，应避免燃烧。

如果先加硫酸会给样品挥发、炭化操作造成困难，也可在主体挥发、炭化之后加入。

（2）固体样品

取规定量的样品，置于已在650℃±50℃恒量的、规定的坩埚或蒸发皿中，缓缓加热，直至样品完全挥发或炭化。冷却，用0.5mL硫酸湿润残渣。继续加热至硫酸蒸气逸尽，在650℃±50℃的高温炉中灼烧至恒量。

（3）液体样品

取规定量的样品，置于已在650℃±50℃恒量的、规定的坩埚或蒸发皿中，加入0.25mL硫酸，在水浴或电炉上加热（勿沸腾），直至样品完全挥发或炭化。在电炉上继续加热至硫酸蒸气逸尽，在650℃±50℃的高温炉中灼烧至恒量。

（4）不必或不能加硫酸的样品

取规定量的样品，置于已在650℃±50℃恒量的、规定的坩埚或蒸发皿中，缓缓加热，直至样品完全挥发或炭化。在650℃±50℃的高温炉中灼烧至恒量。

4. 结果计算

灼烧残渣的质量分数 w，数值以%表示，按式(6-2) 计算：

$$w=\frac{m_2-m_1}{m}\times 100 \tag{6-2}$$

式中 m_2——残渣和空坩埚或残渣和空蒸发皿的质量，g；

m_1——空坩埚或空蒸发皿的质量，g；

m——样品的质量，g。

6.1.3 多元醇密度的测定

多元醇的密度可采用密度瓶法进行测定，具体测定方法见本书第 2 章 2.1 节。

6.1.4 干燥失重的测定

干燥失重值是待测样品在规定的条件下经干燥恒重后所减少的重量，减少的重量主要是水分以及其他挥发性物质。本测定方法参照标准 DB13/T 1236—2010《化工产品的干燥失重（加热减量）测定方法》。

1. 方法原理

样品在规定的温度和时间条件下，经过加热干燥后所失的质量分数。主要指水分，也包括其他挥发性物质。

2. 仪器设备

① 一般实验室仪器。

② 分析天平：分度值为 0.1mg。

③ 电热恒温干燥箱：精度±2℃。

④ 称量瓶：高 30～50mm，直径 50～70mm。

⑤ 干燥箱：内放硅胶干燥剂。

3. 测定步骤

① 样品应充分混匀，如果是比较大的颗粒，应先迅速捣碎使颗粒在 2mm 左右，操作中要注意避免水分损失和从空气中吸收水分。

② 将称量瓶打开盖一起放入 105℃±2℃的恒温干燥箱中，干燥 1h，再把称量瓶和盖放入干燥器中，冷却至室温称量，精确至 0.1mg。反复操作至最后两次质量之差小于 0.3mg。

③ 称取一定量的均匀样品平铺于已恒重的称量瓶中（厚度不可超过 5mm，如为疏松物质，厚度不可超过 10mm），精确至 0.1mg。

④ 将盛有试样的称量瓶放入已达规定温度的干燥箱中，使称量瓶与干燥箱

温度计水银球的纵向距离不大于100mm，将瓶盖取下，置于瓶旁，或将瓶盖半开进行干燥2h，将盖子盖好迅速移至干燥箱，冷却至室温后称量，精确至0.1mg。重复操作至最后两次质量之差不大于0.3mg，重复操作干燥时间为1h，同时做平行试验。

⑤ 对于易熔化的特殊试样，可在比熔化温度低10℃下加热干燥1～2h，再在规定温度下干燥。

4. 结果计算

试样干燥失重X以百分数表示，按式(6-3) 计算。

$$X=\frac{m_1-m_2}{m_1-m_0}\times 100 \tag{6-3}$$

式中 m_0——称量瓶和盖子的质量，g；

m_1——称量瓶、盖子和干燥前试样的质量，g；

m_2——称量瓶、盖子和干燥后试样的质量，g。

取两次平行测定结果的算术平均值为测定结果。

6.1.5 氯化物含量的测定

氯化物是化妆品原料中常见的杂质，检测原料中氯化物的含量可以反映出原料的纯度。本方法参照DB13/T 1222—2010《有机化工产品中氯化物含量测定方法》，适用于水溶性有机化工产品中微量氯化物的测定。

1. 方法原理

在酸性介质中加入硝酸银溶液，氯离子与银离子生产白色的氯化银悬浊液，与同时同样处理的标准比浊溶液进行比对。

2. 试剂

① 95%乙醇。

② 硝酸溶液：1+4。

③ 硝酸银溶液：17g/L。

④ 氯化物标准贮备液：1mL溶液含氯（Cl）0.10mg。

⑤ 氯化物标准溶液：1mL溶液含氯（Cl）0.010mg。

用移液管移取10mL氯化物标准贮备液，置于100mL容量瓶中，用水稀释至刻度，摇匀。此溶液现用现配。

3. 测定步骤

（1）标准比浊溶液的制备

取7个50mL比色管，用移液管依次加入0mL、1.00mL、2.00mL、3.00mL、4.00mL、5.00mL、6.00mL氯化物标准溶液，加水至约25mL，各加入1mL乙醇、3mL硝酸溶液和2mL硝酸银溶液，用水稀释至刻度，轻轻摇匀。

放置 10min。

（2）测定

称取适量试样，精确至 0.01g，置于 250mL 烧杯中，加入适量水使之溶解，调节试验溶液 pH 值约为 7，完全转入 250mL 容量瓶中，稀释至刻度，摇匀。如果试样浑浊，则应于过滤后备用。

用移液管移取 25mL 试验溶液，置于 50mL 比色管中，加入 1mL 乙醇、3mL 硝酸溶液和 2mL 硝酸银溶液，用水稀释至刻度，轻轻摇匀。放置 10min。于黑背景下与标准比浊溶液比对，观察确定与标准比浊溶液浊度相同的试验溶液中所含氯化物的量。测定应与标准比浊溶液的制备同时进行。

4. 结果计算

以质量分数表示的氯化物（以 Cl 计）含量（X）按式(6-4）计算。

$$X=\frac{m_1\times10^{-3}}{m\times25/250}\times100=\frac{m_1}{m} \tag{6-4}$$

式中　m_1——观察确定与标准比浊溶液浊度相同的试验溶液中所含氯化物的量，mg；

m——试料的质量，g。

分析结果取两次重复测定结果的算术平均值。两次测定结果的差值应不大于算术平均值的 10%。

6.1.6　硫酸盐含量的测定

硫酸盐是化妆品原料中常见的杂质，检测原料中硫酸盐的含量可以反映出原料的纯度。本方法参照 DB13/T 1229—2010《有机化工产品中硫酸盐含量测定方法》，适用于水溶性有机化工产品中微量硫酸盐的测定。

1. 测定原理

在酸性介质中，氯化钡与试料中的硫酸盐生产难溶的硫酸钡，与标准比浊溶液比较。

2. 试剂

① 盐酸：1+5 溶液。

② 95%乙醇。

③ 氯化钡：250g/L 溶液。

④ 硫酸盐标准贮备液：1mL 溶液含硫酸盐（SO_4）0.10mg。

⑤ 硫酸盐标准溶液：1mL 溶液含硫酸盐（SO_4）0.010mg。用移液管移取 10mL 硫酸盐标准贮备液，置于 100mL 容量瓶中，用水稀释至刻度，摇匀。此溶液现用现配。

3. 测定步骤

（1）标准比浊溶液的制备

取 7 个 50mL 比色管，用移液管依次加入 0mL、1.00mL、2.00mL、3.00mL、4.00mL、5.00mL、6.00mL 盐酸盐标准溶液，加水至约 25mL，各加入 5mL 乙醇、1mL 1+5 盐酸溶液，在不断摇动下加入 3mL 氯化钡溶液，用水稀释至刻度，摇匀。放置 10min。

（2）测定

称取适量试样，精确至 0.01g，置于 250mL 烧杯中，加入适量水使之溶解，完全转入 250mL 容量瓶中，稀释至刻度，摇匀。如果试样浑浊，则应于过程后备用。

用移液管移取 25mL 试验溶液，置于 50mL 比色管中，加入 5mL 乙醇、1mL 1+5 盐酸溶液，在不断摇动下加入 3mL 氯化钡溶液，用水稀释至刻度，摇匀。放置 10min。与标准比浊溶液比较，观察确定与标准比浊溶液浊度相同的试验溶液中所含硫酸盐的量。测定应与标准比浊溶液的制备同时进行。

4. 结果计算

以质量分数表示的硫酸盐（以 SO_4 计）含量（X）按式(6-4) 计算。

6.1.7 多元醇中重金属的测定

多元醇中铅、砷等物质含量的测定与香精中铅、砷的测定方法一致，详细测定原理和测定步骤参见本书第 4 章 4.3 节。

6.2 氨基酸的检验

蛋白质是皮肤和毛发的主要组成物质，对于维持皮肤及毛发弹性、韧性和水分起着重要的作用。而氨基酸是构成蛋白质的基本单位，也是天然保湿因子，目前市面上出现了很多添加氨基酸的化妆品。在化妆品中氨基酸可以单独添加，也可以与维生素等物质复配添加。比较流行的氨基酸洗面奶是使用了氨基酸类表面活性剂。

化妆品中常见的氨基酸有丝氨酸、苏氨酸、半胱氨酸、精氨酸、组氨酸、天冬氨酸、羟脯氨酸等。化妆品原料氨基酸的检测项目一般为外观、气味、比旋光本领、指标物含量、其他氨基酸含量、灼烧残渣含量、干燥失重、重金属含量等，部分氨基酸质量指标举例见表 6-5。

表 6-5　氨基酸质量指标

项目	指标			
	丝氨酸	苏氨酸	精氨酸	组氨酸
性状	白色或类白色结晶或结晶性粉末，无臭	白色结晶或结晶性粉末，无臭	白色结晶或结晶性粉末，几乎无臭	白色或类白色结晶或结晶性粉末，无臭
含量/%	≥98.5	≥98.5	≥99.0	≥99.0
比旋光本领	+14.0°～+15.6°	−26.0°～−29.0°	+26.9°～+27.9°	+12.0°～+12.8°
pH 值	5.5～6.5	5.0～6.5	10.5～12.0	7.0～8.5
氯化物/%	≤0.02	≤0.02	≤0.02	≤0.02
硫酸盐/%	≤0.02	≤0.02	≤0.02	≤0.02
其他氨基酸/%	≤0.5	≤0.5	≤0.4	≤0.5
干燥失重/%	≤0.2	≤0.2	≤0.5	≤0.2
灼烧残渣/%	≤0.1	≤0.1	≤0.1	≤0.1
重金属/(mg/kg)	≤10	≤10	≤10	10

6.2.1　比旋光本领（比旋光度）的测定

比旋光度是旋光物质的特征物理常数，本方法参照 GB/T 613—2007《化学试剂　比旋光本领（比旋光度）测定通用方法》。

1. 方法原理

从起偏镜透射出的偏振光经过样品时，由于样品物质的旋光作用，使其振动方向改变了一定的角度 α，将检偏器旋转一定角度，使透过的光强与入射光强相等，该角度即为样品的旋光角。

2. 仪器

① 自动旋光仪。

② 旋光管。

3. 测定步骤

按产品标准的规定取样并配制溶液。按仪器说明书的规定调整旋光仪，待其稳定后，用纯溶剂校正旋光仪的零点。将待测溶液充满洁净、干燥的旋光管，小心排出气泡，将盖旋紧后放入旋光仪内。在 20℃±0.5℃的条件下，按仪器说明书的规定进行操作并读取旋光角，精确至 0.01°，左旋以负号“−”表示，右旋以正号“+”表示。

4. 结果计算

比旋光本领以 α_m（20℃，D）计，数值以“（°）·m^2/kg”表示，按式（6-5）计算：

$$\alpha_m(20℃,\mathrm{D})=\frac{100\alpha}{l\rho} \tag{6-5}$$

式中 α——测得的旋光角，(°)；

l——旋光管的长度，dm；

ρ——溶液中有效组分的质量浓度，g/mL。

6.2.2 氨基酸含量的测定

氨基酸含量的测定方法参照 QB/T 2409—1998《化妆品中氨基酸含量的测定》，适用于化妆品中蛋白质及其水解液、氨基酸含量的测定，本方法最小检测浓度为 0.01%。

1. 测定原理

蛋白质经水解成氨基酸，而氨基酸在一定的 pH 条件下，与茚三酮反应生成蓝紫色化合物，对其进行比色定量测定，从而计算出相应的氨基酸含量。

2. 试剂

分析中应使用分析纯（AR）试剂，试验用水应为蒸馏水或纯度相当的水。

① 2%茚三酮溶液：称取茚三酮 1.0g，溶于一定量热水中，待冷却后定容至 50mL。该溶液每隔 2～3 天需重新配制。

② 磷酸盐缓冲溶液（pH＝8.04）：

a. 1/15mol/L 磷酸二氢钾溶液：称取磷酸二氢钾 9.070g，溶于水中后定容至 1L；

b. 1/15mol/L 磷酸氢二钠溶液：称取磷酸氢二钠 23.876g，溶于水中后定容至 1L；

c. 取 a. 溶液 5.0mL 于 100mL 容量瓶中，用 b. 溶液稀释至刻度，摇匀。

③ 6mol/L 盐酸溶液。

④ 氨基酸标准溶液（200μg/mL）：准确称取白氨酸（含量不小于 98%）0.2000g，用水溶解并定容至 100mL，摇匀后再吸取 10mL 于 100mL 容量瓶中加水稀释至刻度。

⑤ 蜡块：蜂蜡与石蜡之比为 1∶9。

3. 仪器

① 分光光度计：波长范围 400～700nm。

② 酸度计：分度值 0.02。

③ 电磁搅拌器。

④ 容量瓶：100mL，1000mL。

⑤ 移液管：1mL，2mL，5mL，10mL。

⑥ 水浴锅。

⑦ 试管：30mm×200mm。

⑧ 分析天平：分度值 0.0001g。

⑨ 刻度试管：25mL，100mL。

⑩ 烧杯：100mL。

4. 测定步骤

（1）标准曲线的绘制

准确移取氨基酸标准溶液 0.0mL，0.2mL，0.4mL，0.6mL，0.8mL，1.0mL（相当于氨基酸 0μg，40μg，80μg，120μg，160μg，200μg）分别置于 25mL 刻度试管中，加水补充至 4mL，然后各加入 2%茚三酮溶液和磷酸盐缓冲溶液各 1mL，摇匀。置沸水浴中加热 15min，取出冷却至室温，加水至刻度，摇匀。静置 15min，用分光光度计在 570nm 波长下以水作参比，用 1cm 比色皿测定试液的吸光度，绘制吸光度对氨基酸含量（μg）的标准曲线。

（2）样品前处理

准确称取样品约 5g（准确至 0.001g）于试管，加入 6mol/L 盐酸溶液约 10～20mL 于沸水浴中水解约 6h（对乳化体可先将试样置于沸水浴中破乳 1～2h）。加入约 1～2g 蜡块，约 30min 后，取出试管冷却。去除蜡块，将溶液移至 100mL 烧杯中，在酸度计上用碱液调节 pH 至 7.5～8.0，再将溶液移入 100mL 容量瓶中并加水稀释至刻度，摇匀待用。

（3）测定

移取试液“4（2）”1～4mL 置于 25mL 刻度试管中，以下按“4(1）”测定步骤进行。测得吸光度，通过标准曲线计算氨基酸的含量，同时做一空白样。

5. 结果表示

样品中氨基酸含量（%）（以白氨酸计）按式(6-6）进行计算：

$$\text{氨基酸含量}(\%)=\frac{(C_1-C_0)\times 100/V}{m\times 10^6}\times 100 \tag{6-6}$$

式中　C_1——从标准曲线上查得样品的氨基酸的量，μg；

C_0——从标准曲线上查得空白样的数值，μg；

V——移取样品溶液的量，mL；

m——样品量，g。

所得结果用两位小数表示。两次平行测定结果之差不大于其平均值的 10%。

6.3 常用防腐剂的检验

化妆品中的防腐剂是在化妆品生产、使用和保存过程中，为了防止细菌污染而加入的添加剂。针对不同的化妆品，所使用的防腐剂也是不同的。

应用于化妆品中的防腐剂通常是一些酸类、醇类、酚类、醛类、酯类以及它们的盐类等有机化合物，无机化合物只占极少的一部分，如硼酸、汞化合物和碘酸钠等，如表 6-6 所示。

表 6-6　化妆品准用防腐剂

防腐剂种类	代表物
醇类防腐剂	苯甲醇、三氯叔丁醇、苯氧基乙醇等
甲醛供体和醛类防腐剂	5-溴-5-硝基-1,3-二恶烷、DMDM 乙丙酰脲、甲醛、咪唑烷基脲
苯甲酸及其衍生物类防腐剂	苯甲酸、苯甲酸钠、水杨酸、对羟基苯甲酸酯类等
其他有机化合物防腐剂	卡松、脱氢乙酸、山梨酸、十一烯酸及其衍生物

随着生产技术的不断改进和提高，防腐剂的种类也越来越多。据不完全统计，世界各国用的化妆品防腐剂至少超过 200 种。

除洗护发类外，化妆品中使用最多的防腐剂是对羟基苯甲酸酯类（尼泊金酯），尤其在洗面奶、护肤产品、眼霜中的检出率很高，其中对羟基苯甲酸甲酯的使用频率最高，其次是对羟基苯甲酸丙酯，而且多为混合使用以增加防腐效果。洗护发产品等用后冲洗掉的化妆品中使用最多的防腐剂是卡松。

我国《化妆品安全技术规范》（2015 年版）规定了 51 种化妆品准用防腐剂及每种防腐剂的最大允许使用浓度、使用范围和限制条件以及标签上必须标印的注意事项。

化妆品用防腐剂的检测项目一般为外观、气味、比旋光本领、pH、灼烧残渣含量、干燥失重、重金属含量等，化妆品中常用的几种防腐剂质量指标举例见表 6-7。

表 6-7　化妆品常用防腐剂质量指标

项目	指标		
	杰马 A	卡松	对羟基苯甲酸丙酯
性状	白色流动性粉末，略带特征气味	无色至浅黄色澄清透明液体，略带特征气味	白色结晶粉末，无臭或有轻微的特殊香气
质量分数/%	—	—	99.0～100.5
相对密度(20°C)	—	1.17～1.21	—
pH	6.0～8.0	1.5～5.0	10.5～12.0
活性物组成比例		MCI∶MI 为 2.6∶1～3.4∶1	
硫酸盐/%	—	—	≤0.024
干燥失重/%	≤3.0	—	≤0.50

续表

项目	指标		
	杰马 A	卡松	对羟基苯甲酸丙酯
灼烧残渣/%	≤3.0	—	≤0.05
汞/(mg/kg)	≤1	≤1	—
砷/(mg/kg)	≤2	≤2	≤1
铅/(mg/kg)	≤10	≤10	≤10

6.3.1　化妆品中对羟基苯甲酸酯类防腐剂的检验

对羟基苯甲酸酯类，又称尼泊金酯，是化妆品中应用最为广泛的防腐剂。通常为无色细小晶体或白色结晶粉末。《化妆品安全技术规范》(2015 年版) 规定其限量：单一酯的最大允许使用浓度为 0.4%，混合酯为 0.8%，且其丙酯及其盐类、丁酯及其盐类之和分别不得超过 0.14%。化妆品中对羟基苯甲酸酯类防剂的测定方法有反相高效液相色谱法、高效液相色谱法、毛细管电泳法等。本节重点介绍高效液相色谱法。

1. 测定原理

溶解在甲醇溶液中的对羟基苯甲酸酯电解氧化后，用电化学检测器-高效液相色谱测定。

本方法适用于各类化妆品中的对羟基苯甲酸的定性定量。最低检测限为 50～150pg。

2. 试剂

① 对羟基苯甲酸酯混合标准储备溶液：

精确称取对羟基苯甲酸甲酯、对羟基苯甲酸乙酯、对羟基苯甲酸丙酯、对羟基苯甲酸丁酯、对羟基苯甲酸异丙酯标准品各 10.0mg。用甲醇溶解后移入 100mL 容量瓶中定容至刻度。

② 水杨酸酯内标溶液：

精确称取水杨酸酯 10.0mg，用甲醇溶解，移入 100mL 容量瓶中并定容至刻度。

③ 甲醇：色谱纯。

④ 其他试剂：优级纯。

3. 仪器

① 高效液相色谱仪。

② 电化学检测器。

③ 色谱柱 100mm×4.6mm (i. d.) 的玻璃填充柱。

④ 循环伏特安培计。

⑤ 高速离心机。

⑥ 分析天平。

⑦ 微孔滤膜 0.4μm。

⑧ 量筒、吸液管等。

4. 检测步骤

（1）样品的预处理

称取样品约50mg，加1mL水、1mL甲醇，超声波均质后，3000r/min离心3min。取上清液，用0.4μm滤膜过滤，1mL滤液加适宜浓度的0.2mL内标溶液。

（2）色谱条件

色谱柱：chen Cosorb 5-ODS-H（5μm）[100m×4.6mm（i.d.）]。

流动相：甲醇-0.05mmol/L乙酸及乙酸钠缓冲溶液-吡啶（75＋25＋0.5）混合溶液中含有20mmol/L的高氯酸钠。

电化学检测器设定电位：＋1.2V。

（3）测定

① 吸取对羟基苯甲酸酯混合标准储备液，用甲醇稀释，配制成每毫升含0.1～100ng浓度标准系列，分别取1.0mL，加0.2mL适宜浓度的内标溶液。分别取2μL注入HPLC，记录保留时间，测量各种酯及内标物的峰高（或峰面积），求出二者比值。以浓度为横坐标，比值为纵坐标，绘制标准曲线。

② 吸取样品溶液2μL，与标准同样操作，以保留时间定性。由标准曲线查出对应的各种酯的含量A。

5. 结果计算

$$w=\frac{AV}{m\times 10^{9}}\times 100\% \tag{6-7}$$

式中 w——样品中对羟基苯甲酸酯的质量分数；

A——从标准曲线上查出的样品溶液中对羟基苯甲酸酯的含量，ng/mL；

V——样品溶液稀释的总体积，mL；

m——样品质量，g。

6.3.2 化妆品中24种防腐剂的检验方法高效液相色谱法

1. 测定原理

以甲醇为溶剂，超声提取、离心，0.45μm的滤膜过滤，溶液注入配有二极管阵列检测器（DAD）的液相色谱仪检测，外标法定量。

24种防腐剂的测定低限如表6-8所示。

表 6-8　24 种防腐剂的测定低限　　单位：μg/g

序号	防腐剂	测定低限	序号	防腐剂	测定低限
1	对羟基苯甲酸甲酯	2	13	山梨酸	0.5
2	对羟基苯甲酸乙酯	1	14	苯甲醇	11.5
3	对羟基苯甲酸丙酯	0.75	15	苯甲酸	0.4
4	对羟基苯甲酸异丙酯	0.884	16	苯氧乙醇	3.102
5	对羟基苯甲酸丁酯	1	17	苯甲酸甲酯	4.48
6	对羟基苯甲酸异丁酯	1	18	苯甲酸乙酯	4.784
7	2-甲基-4-异噻唑啉-3-酮	0.125	19	苯甲酸苯酯	3
8	5-氯-2-甲基-4-异噻唑啉-3-酮	0.5	20	邻苯基苯酚	0.51
9	溴硝醇	3.06	21	4-氯-3-甲苯酚	2
10	水杨酸	0.5	22	4-氯-3,5-二甲酚	2.5
11	三氯卡班	0.5	23	2,4-二氯-3,5-二甲酚	3.12
12	三氯生	1.53	24	2-苄基-4-氯酚	2.5

2. 试剂

除另有规定外，试剂均为分析纯。

① 甲醇：色谱纯。

② 防腐剂标准品：对羟基苯甲酸甲酯、对羟基苯甲酸乙酯、对羟基苯甲酸丙酯、对羟基苯甲酸异丙酯、对羟基苯甲酸丁酯、对羟基苯甲酸异丁酯、水杨酸、2-甲基-4-异噻唑啉-3-酮、5-氯-2-甲基-4-异噻唑啉-3-酮、苯甲醇、苯氧乙醇、三氯卡班、苯甲酸、苯甲酸甲酯、苯甲酸乙酯、苯甲酸苯酯、2,4-二氯-3,5-二甲酚、2-苄基-4-氯酚、山梨酸，纯度均≥99.0%；4-氯-3-甲苯酚、4-氯-3,5-二甲酚、溴硝醇、邻苯基苯酚，纯度均≥98.0%；三氯生，纯度≥97.0%。

③ 防腐剂标准储备液：准确称取各防腐剂标准品 0.1g，精确到 0.1mg，于 50mL 烧杯中，加适量甲醇溶解，移入 100mL 容量瓶中，用甲醇稀释至刻度，混匀。分别移取一定体积的上述标准储备液至 100mL 容量瓶中，用甲醇定容至刻度，配成混合标准储备液。

④ 防腐剂标准溶液：用甲醇将上述储备液分别配成一系列浓度的标准溶液，在冰箱冷藏保存，可使用一周。

⑤ 0.025mol/L 磷酸二氢钠溶液（pH=3.80）。

3. 仪器

① 液相色谱仪：配有二极管阵列检测器。

② 微量进样器：10μL。

③ 超声波清洗器。

④ 离心机：大于 5000r/min。

⑤ 微孔滤膜：0.45μm。

⑥ 分析天平。

⑦ 烧杯、容量瓶、具塞锥形瓶、比色管、量筒等。

4. 检测步骤

（1）样品处理

称取化妆品试样约 0.2g，精确到 1mg，于 50mL 具塞锥形瓶中，加入约 8mL 甲醇，在超声波清洗器中超声振荡 30min，将溶液移入 10mL 比色管中，用甲醇稀释至刻度，混匀。取部分溶液放入离心试管中，在离心机上于 5000r/min 离心 20min，离心后的上清液经 0.45μm 滤膜过滤，滤液供测定用。

（2）色谱条件

色谱柱：Kromasil C_{18} 柱，250mm×4.6mm（i. d.），5μm，或等效色谱柱。

流动相：甲醇-0.025mol/L 磷酸二氢钠溶液（pH=3.80），0～10min，甲醇 45%；20min，甲醇 70%；30min，甲醇 85%。均为体积分数。

流速：1.0mL/min。

检测波长：程序可变波长在 0～6.00min 为 280nm；在 6.01～37min 为 254nm。

柱温：25℃。

进样量：10μL。

（3）测定

① 标准曲线绘制。分别移取 10μL 一系列浓度梯度的标准混合溶液，按色谱条件进行测定，以色谱峰的峰面积为纵坐标，对应的溶液浓度为横坐标作图，绘制标准曲线。

② 试样测定。用微量进样器准确吸取 10μL 试样溶液注入液相色谱仪，按色谱条件进行测定，记录色谱峰的保留时间和峰面积，由色谱峰的峰面积可从标准曲线上求出相应的防腐剂浓度。样品溶液中的被测防腐剂的响应值均应在仪器测定的线性范围之内。被测防腐剂含量高的试样可取适量试样溶液用流动相稀释后进行测定。

③ 定性测定。液相色谱仪对样品进行定性测定，如果检出被测防腐剂的色谱峰的保留时间与标准品相一致，并且在扣除背景后的样品色谱图中，该物质的紫外吸收图谱与标准品的紫外吸收图谱相一致，则可初步确认样品中存在被测防腐剂。

④ 平行试验。按以上步骤，对同一试样进行平行试验测定。

⑤ 空白试验。除不称取试样外，均按上述步骤进行。

5. 结果计算

结果按式(6-8) 计算（计算结果应扣除空白值）：

$$X_i=\frac{\rho_i V_i}{m} \tag{6-8}$$

式中　X_i——样品中某一防腐剂的质量分数，mg/kg；

ρ_i——标准曲线查得某一防腐剂的质量浓度，μg/mL；

V_i——样品稀释后的总体积，mL；

m——样品质量，g。

6.3.3　防腐剂效力的检测方法

在化妆品防腐剂检验实验中，分为对单一防腐剂防腐效果的检测和对加入化妆品的防腐体系的检测。在一种新开发或已应用的单一或复配的防腐剂应用之前，应对其防腐效果进行检测，检验其效果并确定其用量。选定使用防腐剂种类和复配组合后，可进行化妆品中防腐剂体系效果的检测，进一步对整个化妆品体系的防腐效果的评定。化妆品中防腐剂效力的检测方法主要有以下几种。

（1）抑菌圈试验

抑菌圈试验是评判一种防腐剂抑菌作用的最简单的方法。试验细菌或霉菌在适合的培养基上，经培养后能旺盛生长，若培养基平板中央放有经防腐剂处理的滤纸圆片，防腐剂向四周渗透，可形成抑菌圈。量出抑菌圈直径的大小，可以判断出防腐剂的效力。纸片法抑菌圈直径≥10mm为有效。

M6-2　抑菌圈

（2）最低抑菌浓度（MIC）试验

常见的MIC测定方法为琼脂稀释法和营养肉汤稀释法。

琼脂稀释法的操作方法为：将不同浓度的抑菌剂混合溶解在琼脂培养基中，然后点种受试菌，通过菌落的生长与否，确定抗（抑）菌物质抑制受试菌生长的最低浓度，即最低抑菌浓度。本方法适用于不溶性抗（抑）菌产品。

营养肉汤稀释法的操作方法为：将不同浓度的抑菌剂混合溶解于营养肉汤培养基中，然后接种受试菌，通过菌落的生长与否，确定最低抑菌浓度。本方法适用于可溶性抑菌产品。

（3）D值检验法

D值表示微生物数量每减少一个对数周期所需的时间，例如活的微生物从10^6减少到10^5所需的时间。

6.4 植物提取物的检验

崇尚绿色、回归自然是当今时代人们的追求，“无添加”“植物护肤”等名词能够很好地抓住消费者的心理，因此，含植物提取物的化妆品成为化妆品中的宠儿，在市场上占有的份额越来越高。早在我国古代就已将植物作为护肤、美容用品，《神农本草经》《肘后备急方》和《黄帝内经》等历代古书中都有关于植物调理肌肤、美容的记载。我国植物资源丰富，目前许多化妆品中都添加了植物提取物，在《已使用化妆品原料名称目录》（2015 年版）中花类植物有 232 种，药食妆同源植物有 87 种，海洋和藻类植物有 65 种。

植物提取物的安全性相对来说比较高，但并不是所有的植物原料都是绝对安全的。在可用于化妆品的植物资源中，中药占很大一部分，但在其保存和制备中，原料及提取物中的农药残留、重金属和溶剂残留等都会带来安全风险。同时，有些植物及提取物不能作为化妆品原料使用。《化妆品安全技术规范》（2015 年版）中规定了 92 种禁用植物组分，如补骨脂、商陆、半夏、白芷等。除此之外，因为有些植物原料虽然具有很好的功效，但含有一些有害（光敏性、刺激性等）成分，或者因为自身具有毒性，被禁止添加于化妆品中。

植物提取物中因为含有多糖、黄酮、蛋白质、原花青素、多酚等有效成分才发挥了美白、保湿、防晒、抗衰老等功效。一般化妆品植物提取物的检验包括外观、气味、活性成分含量、重金属含量、微生物指标等。表 6-9～表 6-11 分别为光果甘草根提取物（QB/T 4951—2016）、山茶花提取物（T/CAFFCI 15—2018）和枸杞多糖（QB/T 5176—2017）的质量指标举例。

表 6-9　光果甘草根提取物质量指标

项目		指标	
		Glabridin-40	Glabridin-90
理化指标	外观	棕黄色至棕红色粉末	类白色粉末
	光甘草定(Glabridin)含量/%	37.0～43.0	90.0～93.0
	黄酮试验	阳性	
卫生指标	汞(Hg)/(mg/kg)	≤1	
	铅(Pb)/(mg/kg)	≤40	
	砷(As)/(mg/kg)	≤10	
	甲醇/(mg/kg)	≤2000	
	菌落总数/(CFU/g)	≤100	
	霉菌和酵母菌/(CFU/g)	≤100	

表 6-10 山茶花提取物质量指标

项目		指标
理化指标	外观	黄色至棕黄色澄清液体
	气味	有特征气味
	总多酚/(mg/mL)	≥2.0
卫生指标	汞(Hg)/(mg/kg)	符合《化妆品安全技术规范》(2015 年版)的规定
	铅(Pb)/(mg/kg)	
	砷(As)/(mg/kg)	
	镉(Cd)/(mg/kg)	
	菌落总数/(CFU/g 或 CFU/mL)	
	霉菌和酵母菌总数/(CFU/g 或 CFU/mL)	
	金黄色葡萄球菌/g(或 mL)	
	耐热大肠杆菌群/g(或 mL)	
	铜绿假单胞菌/g(或 mL)	

表 6-11 枸杞多糖质量指标

项目		指标
理化指标	外观	黄色至深褐色粉末,可有结块
	气味	具有枸杞多糖的气味
	多糖含量(以葡聚糖计)/%	≥45
卫生指标	重金属/%	符合要求
	菌落总数/(CFU/g)	≤1000
	大肠菌群/(MPN/g)	<3.0
	霉菌/(CFU/g)	≤50

6.4.1 光甘草定含量测定

光甘草定是一种黄酮类物质，因为其强大的美白作用被人们誉称为“美白黄金”，可消除自由基与基底层黑色素，经常被添加在美白、抗衰老功效的化妆品中。

1. 测定原理

采用高效液相色谱法对光果甘草根提取物中光甘草定的含量进行测定。

2. 试剂和仪器

① 高效液相色谱仪。

② 色谱柱：ODS，C_{18} 150mm×4.6mm（i.d.），5μm。

③ 电子天平：感量 0.0001g。

④ 100mL、500mL 烧杯。

⑤ 50mL、100mL 容量瓶。

⑥ 500mL 量筒。

⑦ 2mL、10mL、20mL 移液管。

⑧ 光甘草定标样：西格玛试剂含量不小于 98.0%。

⑨ 乙腈：色谱纯。

⑩ 无水乙醇。

⑪ 2%乙酸：称取 2.01g 乙酸（以 99.5%含量计），加水至 100g，溶解摇匀。

3. 测定步骤

（1）色谱条件

流动相：乙腈∶2%乙酸＝1∶1（V/V）。

紫外检测器波长：282nm。

流量：1.8mL/min。

进样浓度：1.0mg/mL。

进样量：5μL。

运行时间：12min。

（2）校正用标准溶液制备

称取 0.125g（精确至 0.0001g）光甘草定标样于 50mL 容量瓶中，用无水乙醇稀释至刻度，混匀作为溶液 A，浓度为 2.5mg/mL。

用移液管分别移取溶液 A 2mL、10mL、20mL 于 50mL 容量瓶中，用无水乙醇稀释至刻度，混匀备用。

（3）样品制备

称取 0.05g（精确至 0.0001g）光果甘草根提取物样品于 50mL 容量瓶中，无水乙醇稀释至刻度混匀。

（4）测定

按照“（1）”中的测定条件分别进样标准溶液及溶液 A 5μL，得四级校正表。当相关系数小于 0.990 时重新配制标准溶液。按同样的条件测定样品溶液。

4. 结果计算

$$光甘草定含量=\frac{c}{m}\times 100\% \tag{6-9}$$

式中　c——样品在标准曲线上查得的质量，g；

m——样品的称样量，g。

取两次平行测定结果的算术平均值为测定结果，两次平行测定结果之差不大于0.5%。

6.4.2　总多酚含量的测定

自然界中很多植物都富含多酚，其出色的抗氧化功效可以帮助预防多种慢性病，在化妆品中添加富含多酚的植物提取物可以起到清除自由基、抗衰老的作用。

1. 测定原理

采用Folin-Ciocalteu法测定总多酚的含量。福林酚（Folin-Ciocalteu）试剂氧化多酚中—OH基团并显蓝色，最大吸收波长为760nm，用没食子酸作校正标定标准定量多酚。

2. 试剂和仪器

本方法所用水均为三级水。除特殊规定外，所用试剂为分析纯。

① 没食子酸标准品。

② 福林酚试剂：参照《中华人民共和国药典》2015版第四部试剂8002福林酚试剂B配制。

③ 无水碳酸钠（Na_2CO_3）。

④ 7%碳酸钠溶液：取无水碳酸钠7g，加水使溶解成100mL。

⑤ 电子天平：感量0.0001g。

⑥ 紫外-可见分光光度计。

⑦ 没食子酸标准品溶液：称取没食子酸标准品0.010g（精确到0.0001g）至10mL容量瓶中，加水适量溶解，摇匀，加水定容至刻度，再用移液管移取5mL该溶液，加水摇匀定容至100mL，即得浓度为0.05mg/mL的没食子酸标准品溶液。

⑧ 供试品溶液的制备：精密移取待测样品溶液1.0mL至100mL容量瓶中，加水稀释至刻度，摇匀，即得稀释液，再精密移取稀释液1.0mL至10mL比色管中，依次加入4mL稀释10倍的福林酚试剂，混匀后在室温下放置5min，再加入4mL 7%碳酸钠溶液，加水定容至刻度，室温条件下于暗处反应90min，即得。

3. 测定步骤

（1）标准曲线的制备

依次移取没食子酸标准品溶液 0.0mL、0.2mL、0.4mL、0.6mL、0.8mL、1.0mL 至 10mL 比色管中，依次加入 4mL 稀释 10 倍的福林酚试剂，混匀后在室温下放置 5min，再加入 4mL 7%碳酸钠溶液，加水定容至刻度，室温条件下于暗处反应 90min，以试剂空白（即移取没食子酸标准品溶液 0.0mL 时）为参比，在 760nm 处测定其吸光度值。以没食子酸标准品浓度（定容后没食子酸浓度）为横坐标，测定的吸光度值为纵坐标，线性拟合绘制标准曲线。

（2）样品测定

取上述已显色的供试品溶液，以试剂空白为参比（即移取没食子酸标准品溶液 0.0mL 时），在 760nm 处测定其吸光度值。

4. 结果计算

根据标准曲线拟合方程计算出样品中总多酚含量。

以重复性条件下获得的两次独立测定结果的算术平均值表示，两次独立测定的绝对差值不得超过算术平均值的 10%。

6.4.3 多糖含量的测定

植物多糖具有免疫调节、抗病毒、抗癌、降血糖等生理功能，应用于化妆品中有保湿、抗衰老的功效，不管是在医药、食品还是化妆品领域都是不可多得的原料。

1. 测定原理

多糖类成分在硫酸作用下先水解成单糖，并迅速脱水生成糠醛衍生物，然后和苯酚缩合成有色化合物，用分光光度法于适当波长处测定其多糖含量。

2. 仪器和试剂

① 分光光度计。

② 浓硫酸。

③ 标准物质：D-无水葡萄糖。

④ 苯酚溶液：苯酚使用重蒸苯酚，称取重蒸苯酚 10g，加水 150mL，置于棕色瓶中即得。

3. 测定步骤

（1）标准曲线的绘制

准确称取 105℃干燥恒重的 D-无水葡萄糖 0.1g（精确到 0.0001g），加水溶解并定容至 1000mL，准确吸取此标准溶液 0.1mL、0.2mL、0.4mL、0.6mL、0.8mL、1.0mL 分置于 25mL 具塞试管中，各加水至 2.0mL，再各加苯酚溶液 1.0mL，迅速滴加浓硫酸 5.0mL，摇匀后放置 5min，置沸水浴中加热 15min，取出冷却至室温；另以 2mL 水加苯酚和浓硫酸，同上操作为空白对照，于 490nm 处测定吸光度，绘制标准曲线。

(2) 样品溶液的制备及测定

称取一定量试样（精确至 0.0001g），加适量水溶解，必要时可过滤，得到样品溶液。准确吸取适量样品溶液，按标准曲线绘制的方法测定吸光度，根据标准曲线查出吸取的待测液中葡萄糖的质量。

4. 结果计算

样品中的多糖含量按式(6-10) 计算，数值以%表示：

$$w=\frac{m_1 \times V_1}{m_2 \times V_2} \times 0.9 \times 10^{-4} \tag{6-10}$$

式中 w——样品中的多糖含量，%；

m_1——从标准曲线上查得样品测定液中多糖含量，μg；

V_1——样品定容体积，mL；

m_2——样品质量，g；

V_2——比色测定时所移取样品测定液的体积，mL；

0.9——葡萄糖换算成葡聚糖的校正系数。

计算结果保留至小数点后两位。每个试样取两个平行样进行测定，以其算术平均值为测定结果，在重复条件下两次独立测定结果的绝对差值不应超过算术平均值的 10%。

6.4.4 植物提取物中微生物的检验

植物提取物中微生物的检验详细测定原理和测定步骤参见本书第 8 章 8.5 节。

6.5 聚合物的检验

在化妆品配方里，聚合物有多种用途：用作发型固定剂、指甲油和化妆品保色剂的成膜组分；用于化妆品的乳化或悬浮体系中，可提高其稳定性；用作乳状液、蜜类、凝胶、洗涤类半流体、头发色料的流变性调节剂；用作化妆水、防晒制品和头发颜料的乳化剂；用作调理剂、保湿剂、稳泡剂、分散剂、黏合剂和防水剂等。

化妆品中的聚合物一般分为天然高分子化合物、有机半合成高分子化合物、有机合成高分子化合物和无机高分子化合物，见表 6-12。

表 6-12　化妆品中聚合物的分类

类别		种类	
有机物	天然高分子化合物	动物性成分	明胶、水解蛋白等
		植物性成分	淀粉类、黄蓍胶、阿拉伯树胶等
		聚多糖类	透明质酸、汉生胶等
	半合成高分子化合物	纤维素衍生物	甲基纤维素、乙基纤维素、羧甲基纤维素、羟乙基纤维素、羟丙基纤维素和阳离子纤维素等
	合成高分子化合物	乙烯类	聚乙烯、聚乙烯基甲基醚及乙烯基甲基醚与马来酸酐的共聚物、聚乙烯吡咯烷酮、聚氧乙烯等
		丙烯酸衍生物和甲基丙烯酸衍生物类	聚丙烯酸钠、羧基乙烯聚合物等
无机物		膨润土、硅酸铝镁等	

作为化妆品原料，聚合物的常见检测是：外观、气味、pH、黏度、干燥失重、灼烧残渣微生物含量等。表 6-13～表 6-16 分别为化妆品中常用的聚合物卡波姆、黄原胶、透明质酸钠、纤维素的质量指标举例。

表 6-13　卡波姆的质量指标

项目	指标
外观	白色疏松粉末
气味	有特征性微臭
pH	2.5～3.5
黏度/(Pa·s)	A 型:4～11;B 型:25～45;C 型:40～60
丙烯酸/%	≤0.25
干燥失重/%	≤2.0
灼烧残渣/%	≤2.0
重金属/(mg/kg)	≤20

表 6-14　黄原胶的质量指标

项目	指标
外观	类白色或浅黄色粉末
气味	微臭、无味
黏度/(Pa·s)	≤0.6
丙酮酸/%	≥1.5
干燥失重/%	≤15
灼烧残渣/%	≤16
重金属/(mg/kg)	≤20
砷盐/(mg/kg)	≤3

表 6-15　透明质酸钠的质量指标

项目	指标
外观	白色至淡黄色粉末状颗粒
气味	无臭
pH	5.0～8.5
干燥失重/%	≤10
重金属/(mg/kg)	≤20
菌落总数/(CFU/g)	≤100
霉菌和酵母菌/(CFU/g)	≤50
金黄色葡萄球菌/g	不得检出
铜绿假单胞菌/g	不得检出

表 6-16　纤维素的质量指标

项目	指标	
	甲基纤维素	乙基纤维素
外观	白色或类白色纤维状或颗粒状粉末	白色或类白色的颗粒或粉末
气味	无臭、无味	无臭、无味
pH	5.0～8.0	6.0～8.5
干燥失重/%	≤5.0	≤3.0
灼烧残渣/%	≤1.0	≤0.4
重金属/(mg/kg)	—	≤20
砷(As)/(mg/kg)	≤2	≤3

练习题

1. 化妆品中常用的多元醇有哪些？分别有什么作用？
2. 多元醇有哪些常见的检测项目？
3. 氨基酸在化妆品中的作用是什么？
4. 氨基酸有哪些常见的检测项目？
5. 化妆品中的防腐剂有哪几类？常用的检测方法是什么？
6. 植物提取物中常见的活性成分包括哪些？这些活性成分如何检测？
7. 化妆品中的聚合物如何分类？
8. 聚合物有哪些常见的检测项目？

实训14　多元醇折射率的测定

一、实训目的

① 了解测定折射率的原理及阿贝折射仪的基本构造，掌握折射仪的使用方法。

② 掌握多元醇折射率的测定方法。

二、实训原理

光在两个不同介质中的传播速度是不同的。当光线从一个介质A进入另一个介质时，如果它的传播方向与两个界面不垂直时，则在界面处的传播方向发生改变。这种现象称为光的折射现象。

根据折射定律，波长一定的单色光线，在确定的外界条件（如温度、压力等）下，折射率是光线入射角 α 的正弦与折射角 β 的正弦之比，即：

$$n=\frac{\sin\alpha}{\sin\beta}$$

物质的折射率与它的结构和光线波长有关，而且也受温度、压力等因素的影响。折射率常用 n_{D}^{T} 表示，其中D是以钠灯的D线（589.3nm）作光源，T 是与折射率相对应的温度。由于通常大气压的变化，对折射率的影响不显著，所以只在很精密的工作中才考虑压力的影响。

当光由介质A进入介质B时，如果介质A对于介质B是光疏物质，则折射角 β 必小于入射角 α，当入射角为90°时，$\sin\alpha=1$，这时折射角达到最大，称为临界角，用 β_0 表示。很明显，在一定条件下，β_0 也是一个常数，它与折射率的关系是：

$$n=1/\sin\beta_0$$

可见通过测定临界角 β_0，就可以得到折射率，这就是通常所用阿贝折射仪的基本光学原理。

三、实训仪器

阿贝折射仪器。

四、实训试剂

丙酮（A.R）、多元醇（甘油、丙二醇、丁二醇）。

五、实训重点

阿贝折射仪的使用方法。

六、实训难点

① 阿贝折射仪的调节。

② 读数时明暗临界线的判断。

七、实训步骤

① 将折射仪置于靠近窗户的桌子上或普通照明灯前但不能曝于直照的日光中。

② 用乳胶管把测量棱镜和辅助棱镜上保温套的进出水口与恒温槽串接起来，装上温度计，恒温温度以折射仪上温度计读数为准。

③ 旋开棱镜锁紧扳手，开启辅助棱镜，用镜头纸蘸少量丙酮轻轻擦洗上下镜面，风干。滴加数滴待测液于毛镜面上，迅速闭合辅助棱镜，旋紧棱镜锁紧扳手。若试样易挥发，则从加液槽中加入被测试样。

④ 调节反射镜，使入射光进入棱镜组，调节测量目镜，从测量望远镜中观察，使视场最亮、最清晰。旋转棱镜转动手轮，使刻度盘标尺的示值最小。

⑤ 旋转棱镜转动手轮，使刻度盘标尺上的示值逐渐增大，直至观察到视场中出现彩色光带或黑白临界线为止。

⑥ 旋转色散棱镜手轮，使视场中呈现一清晰的明暗临界线。若临界线不在叉形准线交点上，则同时旋转棱镜转动手轮，使临界线明暗清晰且位于叉形准线交点上，如图 1 所示。

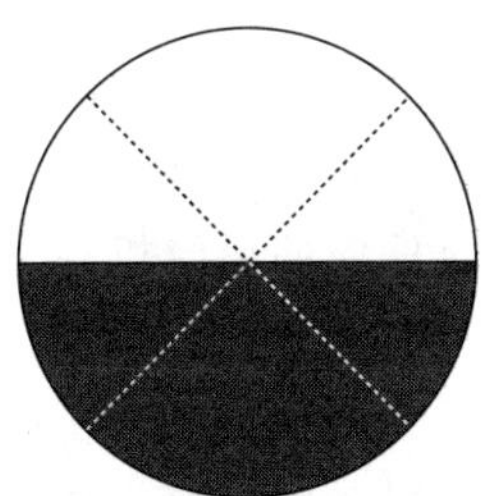

图 1　临界线示意图

⑦ 记下刻度盘数值即为待测物质折射率。重复 2～3 次，取其平均值。并记下阿贝折射仪温度计的读数作为被测液体的温度。

⑧ 按操作③擦洗上下镜面，并用干净软布擦净折射仪，妥善复原。

八、实训记录

样品	折射率 n_D^T			
	第一次	第二次	第三次	平均值
甘油				
丙二醇				
丁二醇				

九、实训思考

1. 如何对阿贝折射仪进行校正？
2. 测定液体有机化合物折射率的意义是什么？
3. 如何将室温下的折射率换算成20℃下的折射率？

实训15　氨基酸旋光本领的测定

一、实训目的

① 了解旋光仪测定旋光度的基本原理；
② 掌握用旋光仪测定溶液或液体物质的旋光度的方法；
③ 测定氨基酸的旋光度。

二、实训原理

只在一个平面上振动的光叫做平面偏振光，简称偏振光。物质能使偏振光的振动平面旋转的性质，称为旋光性或光学活性。具有旋光性的物质，叫做旋光性物质或光学活性物质。旋光性物质使偏振光的振动平面旋转的角度叫做旋光角。许多有机化合物，尤其是来自生物体内的大部分天然产物，如氨基酸、生物碱和碳水化合物等，都具有旋光性。这是由于它们的分子结构具有手性所造成的。因此，旋光度的测定对于研究这些有机化合物的分子结构具有重要的作用，此外，旋光度的测定对于确定某些有机反应的反应机理也是很有意义的。

普通旋光计是由两个尼科尔棱镜构成，第一个用于产生偏振光，称为起偏器；第二个用于检验偏振光振动平面被旋光性物质旋转的角度称检偏器。当偏振光振动平面与检偏器光轴成平行时，则偏振光通过检偏器，视野明亮；当偏振光振动平面与检偏器光轴互相垂直时，偏振光通不过检偏器，则视野黑暗。若在光路上放入旋光质，则偏振光振动平面被旋光质旋转了一个角度，与检偏器光轴互成一定角度，结果视野变暗。若把检偏器旋转一定角度使视野复明，则所旋转角度即为旋光质的旋光角。

旋光度的大小除与物质的结构有关外，还与待测液的浓度、样品管的长度、测定时的温度、光源波长以及溶剂的性质有关。通常用比旋光度表示物质的旋光度，计算公式如下：

$$[\alpha]_{D}^{20}=\frac{100\alpha}{lc}$$

式中　α——测得的旋光度；

D——钠光源 D 线的波长；

20——测定时温度，℃；

l——样品管长度，dm；

c——样品浓度，g/mL。

右旋用“+”表示，左旋用“−”表示。

三、实训仪器

WXG-4 型旋光仪。

四、实训试剂

丝氨酸、2mol/L 盐酸。

五、实训重点

旋光仪的使用方法。

六、实训难点

① 旋光仪的校准；

② 旋光仪的读数。

七、实训步骤

1. 样品制备

称取 1g 的丝氨酸于广口瓶中，用量筒量取 2mol/L 的盐酸倒入广口瓶中，配制成 0.1g/mL 的溶液。

2. 样品管的清洗及填充

将样品管一端的螺帽旋下，取下玻璃盖片，用去离子水清洗样品管；然后用样品溶液润洗样品管两次；用滴管注入 2mol/L 盐酸至管口，并使溶液的液面凸出管口。小心将玻璃盖片沿管口方向盖上，把多余的溶液挤压溢出，使管内不留气泡，盖上螺帽。管内如有气泡存在，需重新装填。装好后，将样品管外部拭净，以免沾污仪器的样品室。

3. 仪器零点的校正

接通电源并打开光源开关，5～10min 后，钠光灯发光正常（黄光），才能开始测定。通常在正式测定前，均需校正仪器的零点，即将充满蒸馏水或待测样品溶剂的样品管放入样品室，旋转粗调钮和微调钮至目镜视野中三分视场的明暗程度完全一致（较暗），再按游标尺原理记下读数，如此重复测定三次，取其平均值即为仪器的零点值。

上述校正零点过程中，三分视场的明暗程度（较暗）完全一致的位置，即是仪器的半暗位置。通过零点的校正，要学会正确识别和判断仪器的半暗位置，并以此为准，进行样品旋光度的测定。

4. 样品旋光角的测定

调节检偏器，使视场最暗；当放入待测溶液后由于旋光性，视场由暗变亮。旋转检偏器，使视场重新变暗，所转过的角度就是旋转角。

八、实训记录

样品	旋光角 α			
	第一次	第二次	第三次	平均值
2mol/L 盐酸				
丝氨酸溶液				

根据比旋度公式计算出丝氨酸的比旋光本领 $[\alpha]_D^T=$______

九、注意事项

① 物质的旋光度与入射角和温度有关，通常用钠光谱 D 线（$\lambda=589.3$nm，黄色）为光源，以 $T=20$℃或 25℃时的测定值表示。

② 将样品液体或校正用液体装入旋光管时要仔细小心，勿产生气泡。

③ 光学活性物质的旋光度不仅大小不同，旋转方向有时也不同。所以，记录测得的旋光角 α 时要标明旋光方向，顺时针转动检偏器时，称为右旋，计作“＋”或“R”；反之，称为左旋，计作“－”或“L”。

实训16 对羟基苯甲酸甲酯含量测定

一、实训目的

① 了解高效液相色谱外标法定量定性分析方法；

② 掌握高效液相色谱检测化妆品中防腐剂的方法。

二、实训原理

与第 6 章 6.3.1 所述一致。

三、实训仪器

与第 6 章 6.3.1 所述一致。

四、实训试剂

与第 6 章 6.3.1 所述一致。

五、实训重点

高效液相色谱仪的操作。

六、实训难点

① 样品的前处理；

② 色谱图的分析。

七、实训步骤

与第 6 章 6.3.1 所述一致。

八、结果计算

与第 6 章 6.3.1 所述一致。

在重复性条件下获得的两次独立测定结果的绝对差值不得超过算术平均值的 10%。

九、实训思考

还有什么方法可以测定化妆品中对羟基苯甲酸甲酯的含量?

实训17　植物提取物固形物含量的测定

一、实训目的

① 了解植物提取物固形物含量的测定原理；

② 掌握固形物含量的测定方法。

二、实训原理

植物提取物固形物含量的测定原理是使试样在一定温度下加热一定时间后再烘干至恒重，得到的固体残渣即为溶剂固形物。

三、实训仪器

① 分析天平：感量为 0.001g。

② 数显电热恒温鼓风干燥箱：温度控制±1℃。

③ 干燥器：装有变色硅胶的干燥器。

④ 瓷蒸发皿。

四、实训重点

固形物含量的测定方法。

五、实训难点

① 蒸发皿的干燥恒重以及样品的测定；

② 固形物含量结果的计算。

六、实训步骤

① 将洗净的蒸发皿置于105～110℃电热恒温鼓风干燥箱中烘干2h，取出移入干燥器中冷却，40min后称重。再继续烘40min，取出移入干燥器中冷却，40min后称量。重复操作直至质量恒定。

② 按要求称取试样，置于已在试验温度恒重并称量过的容器中，放入已按试验温度调好的数显电热鼓风干燥箱内加热，加热150min后取出试样，放入干燥器中冷却至室温，称其质量并记录，再一次放入干燥箱加热30min，之后再次干燥称重，两次质量之差小于1mg视为恒重，否则，重复上一次操作。

七、结果计算

$$X=\frac{m_1}{m}\times 100\%$$

式中　X——固形物含量，%；

m_1——加热干燥后试样的质量，g；

m——加热干燥前试样的质量，g。

试验结果取两次平行试验的平均值，试验结果保留一位小数。

	第一次	第二次	平均值
固形物含量/%			

八、实训思考

1. 在测定样品固形物含量之前为什么要将蒸发皿干燥至恒重？
2. 还有什么方法可以测定植物提取物的固形物含量？

实训18　植物提取物电导率的测定

一、实训目的

① 了解电导率的测定原理；

② 掌握电导率仪的测定方法；

③ 掌握植物提取物电导率的测定。

二、实训原理

电解质溶液的导电能力通常用电导G来表示。电导是电阻的倒数，即：$G=1/R$。电导率的单位是西门子（S）。

根据欧姆定律，电解质溶液的电阻 R 与测量电极之间的距离 l 成正比，与两个电极的正对截面 A 成反比。

$$R=\rho\frac{l}{A}$$

式中，ρ 为电阻率。

上式如用电导表示，可写为：

$$G=\frac{1}{R}=\frac{1}{\rho}\times\frac{A}{l}=\kappa\frac{A}{l}$$

定义 $\frac{1}{\rho}=\kappa$，κ 称为电导率，

则
$$\kappa=\frac{1}{\rho}=G\frac{l}{A}=\frac{1}{R}\times\frac{l}{A}$$

κ 的单位为 S/m，实际中常用 mS/cm 或 μS/cm。

对于某一给定的复合电极而言，l/A 是一定值，称为电极常数，也叫电导池常数。因此，可用电导率的数值表示溶液导电能力的大小。

三、实训仪器及试剂

① DDS-307 电导率仪；

② 去离子水；

③ KCl 标准溶液；

④ 植物提取物。

四、实训重点

电导率仪的使用。

五、实训难点

① 电导率仪的校准；

② 电极常数的选择。

六、实训步骤

① 连接电源线，打开仪器开关，仪器进入测量状态，仪器预热 30min 后，可进行测量。

② 在测量状态下，按“温度”键设置当前的温度值；按“电极常数”和“常数调节”键进行电极常数的设置。

③ 用去离子水冲洗电极，然后将电极浸入标准溶液中进行校准。

④ 用去离子水冲洗电极，将电极浸入植物提取物溶液中进行测定。

⑤ 测量完毕，取出电极，用去离子水洗干净后放回电极盒内，切断电源，擦干净仪器放回仪器箱中。

七、实训记录

测量次序	电导率/(mS/m)	温度/℃
第一次		
第二次		
第三次		
平均值		

八、实训思考

1. 使用铂黑电极有哪些注意事项?
2. 对电导率进行温度补偿有哪几种方法?
3. 电导率仪的测量参数 DDS 代表什么含义?

第7章 洗衣皂与香皂的检验

知识目标

- (1) 了解洗衣皂与香皂的类型、功能和对产品质量的要求。
- (2) 熟悉洗衣皂与香皂理化检验项目。
- (3) 掌握洗衣皂与香皂理化检验项目的常规检验方法。

能力目标

- (1) 能进行洗衣皂与香皂检验样品的制备。
- (2) 能进行相关溶液的配制。
- (3) 能根据洗衣皂与香皂的种类和检验项目选择合适的检验方法。
- (4) 能按照标准方法对洗衣皂与香皂相关项目进行检验，给出正确结果。

案例导入

如果你是一名香皂生产企业的检验人员，公司生产了一批香皂，你如何判定该批香皂是否合格?

课前思考题

(1) 洗衣皂与香皂的主要有效成分是什么?

(2) 脂肪酸皂中的碳链越长，起泡性能越差吗?

洗涤剂用品发展最早始于肥皂，皮肤清洁剂使用量最大的也是各种肥皂和香皂。随着人们生活水平的不断提高，对肥皂的功能要求也越来越高，仅具有清洁功能的普通肥皂迅速向护肤、保湿、杀菌等功能化香皂方向发展。

传统的洗衣皂和香皂以脂肪酸盐为主要成分，现在的洗衣皂和香皂除了以脂肪酸皂为主要成分外，有的还以氨基酸类表面活性剂为主要成分，有的做成透明状，有的则是不透明的。

7.1 质量指标及检验规则

7.1.1 洗衣皂的质量标准及检验规则

洗衣皂是指洗涤衣物的肥皂，是块状硬皂，主要成分是脂肪酸的钠盐，同时含有助洗剂、填充料等。洗衣皂按干钠皂含量分为Ⅰ型（干皂含量≥54%，标记为“QB/T 2486 Ⅰ型”）和Ⅱ型（43%≤干钠皂含量<54%，标记为“QB/T 2486 Ⅱ型”）两类。

1. 洗衣皂的感官指标

① 包装外观：包装整洁、端正、不歪斜；包装物商标、图案、字迹应清楚。

② 皂体外观：图案、字迹清晰，皂形端正，色泽均匀，无明显杂质和污迹。

③ 气味：无油脂酸败等不良异味。

包装外观和皂体的外观凭感官目测检验，气味的检验凭嗅觉进行鉴别。

2. 洗衣皂的理化指标

根据QB/T 2486—2008《洗衣皂》，洗衣皂的理化指标（以包装上标明的净含量计）应符合表7-1的规定。

表7-1 洗衣皂的理化指标

项目名称	指标	
	Ⅰ型	Ⅱ型
干钠皂含量/%	≥54	43～54
氯化物含量(以NaCl计)/%	≤1.0	
游离苛性碱含量(以NaOH计)/%	≤0.3	
乙醇不溶物/%	≤15	—
发泡力(5min)/mL	≥400	≥300

续表

项目名称	指标	
	Ⅰ型	Ⅱ型
总五氧化二磷①/%	≤1.1	
透明度②[(6.50±0.15)mm 切片]/%	≥25	

① 仅对标注无磷产品要求。

② 仅对本标准规定的透明型产品。

3. 干钠皂

(1) 仲裁法

按 QB/T 2623.3—2003 测定，干钠皂的报告结果（%）以算术平均值表示至整数个位，按式(7-1) 进行折算。

$$报告结果(\%)=\frac{测得结果\times测得皂的实际净含量}{包装上标注的净含量}\times100\% \qquad (7\text{-}1)$$

(2) 简化法

按 QB/T 2485—2008 中附录 B 测定。干钠皂的报告结果（%）以算术平均值表示至整数个位，按公式(7-1) 折算。

7.1.2　香皂的质量标准及检验规则

与洗衣皂一样，香皂也是块状硬皂。除脂肪酸钠盐外，根据其应用功能的不同，香皂中还添加有各种添加剂，如：香精、抗氧化剂、杀菌剂、除臭剂、富脂剂、着色剂、荧光增白剂等。香皂按成分分为皂基型（以Ⅰ型表示）和复合型（以Ⅱ型表示）两类。皂基型指仅含脂肪酸钠和助剂的香皂，标记为“QB/T 2485 Ⅰ型”；复合型是指含脂肪酸钠和（或）其他表面活性剂、功能性添加剂、助剂的产品，标记为“QB/T 2485 Ⅱ型”。

1. 香皂的感官指标

① 包装外观：包装整洁、端正、不歪斜；包装物商标、图案、字迹应清楚。

② 皂体外观：图案、字迹清晰，皂形端正，色泽均匀，光滑细腻、无明显杂质和污迹；特殊外观要求产品除外（如带彩纹、带彩色粒子等）。

③ 气味：有稳定的香气，无油脂酸败等不良异味。

包装外观和皂体的外观凭感官目测检验，气味的检验凭嗅觉进行鉴别。

2. 香皂的理化指标

根据 QB/T 2485—2008《香皂》，各类香皂的理化指标（以包装上的净含量计）应符合表 7-2 规定。

表 7-2　香皂的理化指标

项目名称	指标	
	皂基型(Ⅰ)	复合型(Ⅱ)
干钠皂含量/%	≥83	—
总有效物含量/%	—	≥53
水分和挥发物/%	≤15	≤30
总游离碱(以 NaOH 计)/%	≤0.10	≤0.30
游离苛性碱(以 NaOH 计)/%	≤0.10	
氯化物含量(以 NaCl 计)/%	≤1.0	
总五氧化二磷①/%	≤1.1	
透明度②[(6.50±0.15)mm 切片]/%	≥25	

① 仅对标注无磷产品要求。

② 仅对本标准规定的透明型产品。

7.1.3　特种香皂的质量标准

特种香皂（special-toilets）：添加了抗菌剂、抑菌剂成分，具有清洁及抗菌、抑菌功能的香皂。

广谱抑菌香皂（broad-spectrum restrain-bacterium special-toilets）：能完全抑制金黄色葡萄球菌（ATCC 6538）、大肠杆菌（8099 或 ATCC 25922）、白色念珠菌（ATCC 10231）生长的特种香皂。

普通抑菌香皂（common restrain-bacterium special-toilets）：能完全抑制金黄色葡萄球菌（ATCC 6538）生长的特种香皂。

特种香皂感官及理化指标应符合 QB/T 2485—2008《香皂》的规定，卫生指标应符合 GB 19877.3—2005《特种香皂》规定，其卫生指标见表 7-3。

表 7-3　特种香皂的卫生指标

项目	指标	
	普通型	广谱型
抑菌试验(0.1%溶液,37℃,48h)	对金黄色葡萄球菌(ATCC 6538)无生长	对金黄色葡萄球菌(ATCC 6538)、大肠杆菌(8099 或 ATCC 25922)、白色念珠菌(ATCC 10231)均无生长

洗衣皂与香皂的理化指标检验

7.2.1　干钠皂含量的测定

干钠皂是指总脂肪物的钠盐表示形式。

1. 测定原理

皂样经酸化生成脂肪酸，与皂中的其他无机添加物分离，测出脂肪酸的质量和脂肪酸的分子量即可计算出干钠皂含量（脂肪酸钠的含量）。

测定结果包括皂中的脂肪物、平均分子量、不皂化物、未皂化油脂和不溶于水的其他有机物。

2. 试剂

① 95%乙醇：用碱中和至对酚酞指示液呈中性。

② 硫酸标准溶液：$c_{\frac{1}{2}H_2SO_4}=1mol/L$。

③ 甲基橙指示液：1g/L。

④ 酚酞指示液：10g/L。

⑤ 氢氧化钠标准溶液：$c_{NaOH}=1mol/L$。

⑥ 蜂蜡。

⑦ 半精炼石蜡：60 号。

⑧ 蜡块：按约 10∶4∶1 的质量比依次取蒸馏水和半精炼石蜡、蜂蜡于铝锅中，置于电炉上加热，微沸，蜡块熔融混匀后倒入磁盘成饼状，冷却，取出蜡块并晾干，划块，使每块大小约 7g。

3. 仪器

① 分析天平。

② 烘箱。

③ 水浴锅。

4. 测定步骤

（1）总脂肪酸的测定

分别称取约 10g 皂样和自制蜡块（称准至 0.001g），将样品放于 250mL 烧杯中，并插入一支玻璃棒。烧杯中加入热蒸馏水约 200mL，置于水浴锅上溶解。

样品溶解完全后，取 10mL 硫酸标准溶液，沿烧杯壁缓慢加入，搅拌均匀，计时，待脂肪酸澄清后加入已知重量的蜡块，1h后取出，放入水槽中冷却（若脂肪酸内有气泡应再加热溶解，直至赶走气泡）。

取出混合蜡块，将混合蜡块用滤纸吸出水分，并用小刀将烧杯壁及玻璃棒上的混合蜡刮下，放置天平上称重（称准至0.001g）。

总脂肪酸含量 x，以质量分数标识，按式(7-2) 计算。

$$x=\frac{m_2-m_1}{m_0}\times 100+A \tag{7-2}$$

式中 x——总脂肪酸含量，%；

m_0——试验份的质量，g；

m_1——蜡块的质量，g；

m_2——混合蜡块的质量，g；

A——校正值（一般不大于0.5%）。

（2）平均分子量的测定

称取约20g皂样于250mL的烧杯中，再加入约200mL的热蒸馏水置于水浴锅中溶解。

溶解完毕加入过量的硫酸酸化，加入甲基橙指示液，搅拌均匀，待脂肪酸澄清后从水浴锅上取下烧杯，冷却，脂肪酸凝固后，弃去脂肪酸下层的酸性水溶液。

向盛有脂肪酸的烧杯中再加入热蒸馏水，使脂肪酸溶解、冷却，脂肪酸凝固后，弃去脂肪酸下层的酸性水溶液。

重复上述操作，直至脂肪酸下层的水溶液对甲基橙指示液呈中性（黄色）。

将洗净的脂肪酸倒入放有滤纸的50mL小烧杯中，然后放入（103±2）℃烘箱中过滤、脱水约30min，取出稍放冷，趁其未凝固时称重。

精确称取制得的脂肪酸约1g（精确至0.001g）于250mL三角烧瓶中，加入中性乙醇70mL，加热溶解，加入酚酞指示液2滴，用氢氧化钠标准滴定溶液滴定至溶液呈粉红色（30s内不褪色），记录读数 V。

脂肪酸平均分子量（Y），以克每摩尔（g/mol）表示，按式(7-3) 计算。

$$Y=\frac{m\times 1000}{c\times V} \tag{7-3}$$

式中 Y——脂肪酸平均分子量，g/mol；

m——称取脂肪酸的质量，g；

c——氢氧化钠标准滴定溶液的摩尔浓度，mol/L；

V——滴定消耗的氢氧化钠标准溶液的体积，mL。

4. 结果计算

干钠皂含量 Z，以质量分数表示，按式(7-4) 计算。

$$Z=x\times\frac{Y+22}{Y} \tag{7-4}$$

式中　Z——干钠皂含量，%；

x——式(7-2) 所得的计算结果；

Y——式(7-3) 所得的计算结果；

22——试验中以克表示的钠、氢原子的摩尔质量之差（23－1），g/mol。

以两次平行测定结果的算术平均值表示至整数个位作为测定结果。

在重复性条件下获得的两次独立测定结果的绝对差值不大于 0.3%，以大于 0.3%的情况不超过 5%为前提。

7.2.2　游离苛性碱含量的测定

一般游离苛性碱对钠皂而言是指氢氧化钠，对于钾皂而言是指氢氧化钾。游离苛性碱的测量方法有乙醇法、氯化钡法等。但因洗衣皂和香皂中一般含有未皂化的中性脂肪，在溶解洗衣皂和香皂样品时，中性脂肪或多或少被存在的碱所皂化。因此，目前尚无一种较完善的方法测定洗衣皂和香皂中游离的苛性碱。在此，仅介绍我国轻工行业标准方法——无水乙醇法，参照 QB/T 2623.1—2020《肥皂试验方法　肥皂中游离苛性碱含量的测定》。

1. 测定原理

将试样皂溶于中性乙醇中，然后用盐酸乙醇标准溶液滴定游离苛性碱。

2. 试剂

① 无水乙醇。

② 氢氧化钾乙醇溶液：$c_{KOH}=0.1mol/L$。

③ 酚酞指示液：10g/L，1g 酚酞溶于 100mL 95%乙醇中。

④ 盐酸乙醇标准溶液：$c_{HCl}=0.1mol/L$，量取浓盐酸 9mL，注入到 1000mL 95%的乙醇中，摇匀。

标定：称取于 270～300℃灼烧至恒重的无水碳酸钠 0.15～0.18g（精确至 0.0001g），溶于 50mL 水中，加溴甲酚绿-甲基红混合指示剂 10 滴，用配制好的盐酸溶液滴定，使溶液由绿色变为酒红色，煮沸 2min，冷却后继续滴定至溶液再呈酒红色为终点。同时做空白试验。

盐酸乙醇标准溶液浓度 c_{HCl}按式(7-5) 计算：

$$c_{HCl}=\frac{m}{(V_1-V_2)\times0.05299} \tag{7-5}$$

式中　V_1——盐酸乙醇标准溶液的用量，mL；

V_2——空白试验盐酸乙醇标准溶液用量，mL；

c_{HCl}——盐酸乙醇标准溶液的浓度，mol/L；

0.05299——与 1.00mL c_{HCl}=1.000mol/L 盐酸乙醇标准溶液相当的，以克表示的无水碳酸钠的质量；

m——无水碳酸钠质量，g。

⑤ 溴甲酚绿-甲基红混合指示剂：称取 0.1g 溴甲酚绿，溶于 95%乙醇，用 95%乙醇稀释至 100mL，此为 0.1%溴甲酚绿。称取 0.1g 甲基红，溶于 95%乙醇，用 95%乙醇稀释至 50mL，此为 0.2%甲基红。取 30mL 0.1%溴甲酚绿、10mL 0.2%甲基红，混匀，即为溴甲酚绿-甲基红的混合指示剂。

3. 仪器

① 锥形烧瓶：250mL，配备有回流冷凝管。

② 封闭电炉：配有温度调节器。

③ 回流冷凝器：6 个球。

4. 测定步骤

（1）试样的制备和保存

将供试验用的洗衣皂或香皂样品，通过每块的中间互相垂直切三刀分成八份，取斜对角的两份切成薄片，捣碎，充分混合，装入洁净、干燥、密封的容器内备用。

称取制备好的试样约 5g（精确至 0.001g），于锥形烧瓶（A 瓶）中。

（2）测定

在一空锥形烧瓶（B 瓶）中，加入无水乙醇 150mL，连接回流冷凝器。加热至微沸，并保持 5min，驱赶二氧化碳。移去冷凝管，使其冷却至 70℃。加入酚酞指示液 2 滴，用氢氧化钾乙醇溶液滴定至溶液呈淡粉色。

将上述处理好的乙醇溶液倾入盛有洗衣皂或香皂试样的锥形烧瓶（A 瓶）中，连接回流冷凝器。缓缓煮沸至洗衣皂或香皂完全溶解，使其冷却至 70℃。用盐酸乙醇标准溶液滴定至溶液呈淡粉色，维持 30s 不褪色即为终点。

5. 结果计算

洗衣皂或香皂中游离苛性碱的质量分数，用氢氧化钠的质量分数（NaOH,%）表示，按式(7-6) 计算。

$$游离苛性碱(\mathrm{NaOH},\%)=\frac{0.040\times V\times c}{m}\times 100 \tag{7-6}$$

式中 V——耗用盐酸乙醇标准溶液的体积，mL；

c——盐酸乙醇标准溶液的浓度，mol/L；

m——洗衣皂或香皂样品的质量，g；

0.040——氢氧化钠的摩尔质量，kg/mol。

6. 注意事项

① 本方法仅适用于普通脂肪酸钠皂（NaOH 计），不适用于钾皂，也不适用

于复合皂。

② 在重复性条件下，获得的两次独立测定结果的绝对差值不大于0.04%，以大于0.04%的情况不超过5%为前提。

7.2.3 总游离碱含量的测定

总游离碱是指游离苛性碱和游离碳酸盐类碱的总和。其结果一般对钠皂用氢氧化钠的质量分数表示，对钾皂用氢氧化钾的质量分数表示。

1. 测定原理

溶解洗衣皂或香皂于乙醇溶液中，用已知过量的酸溶液中和游离碱，然后用氢氧化钾乙醇溶液回滴过量的酸。

2. 试剂

① 95%乙醇：新煮沸后冷却，用碱中和至对酚酞呈现淡粉色。

② 硫酸标准滴定溶液：$c_{\frac{1}{2}H_2SO_4}=0.3mol/L$。

③ 氢氧化钾乙醇标准滴定溶液：$c_{KOH}=0.1mol/L$。

④ 酚酞指示液：$\rho_{酚酞}=10g/L$。

⑤ 百里酚蓝指示液：$\rho_{百里酚蓝}=1g/L$。

3. 仪器

① 锥形瓶：250mL，具有锥形磨口。

② 回流冷凝管：水冷式，下部带有锥形磨砂接头。

③ 微量滴定管：10mL。

4. 测定步骤

称取制备好的试样约5g（精确至0.001g）置于锥形瓶中，加入体积分数为95%的乙醇100mL，连接回流冷凝器，徐徐加热至洗衣皂或香皂完全溶解。然后，精确加入硫酸标准滴定溶液10.0mL（对有些游离碱含量高的皂样，硫酸标准滴定溶液用量可适当增加），并微沸至少10min。稍冷后，趁热加入酚酞指示液2滴，用氢氧化钾乙醇标准滴定溶液滴定至呈现淡粉色，维持30s不褪色即为滴定终点。

5. 结果计算

① 对于钠皂，总游离碱用氢氧化钠的质量分数 w_{NaOH} 按式(7-7)计算。

$$w_{NaOH}=\frac{0.040\times(V_0c_0-V_1c_1)}{m}\times100 \tag{7-7}$$

② 对于钾皂，总游离碱用氢氧化钾的质量分数 w_{KOH} 按式(7-8)计算。

$$w_{KOH}=\frac{0.056\times(V_0c_0-V_1c_1)}{m}\times100 \tag{7-8}$$

式中 V_0——测定中加入的硫酸标准溶液的体积，mL；

c_0——硫酸标准溶液的浓度，mol/L；

V_1——耗用氢氧化钾乙醇标准滴定溶液的体积，mL；

c_1——氢氧化钾乙醇标准滴定溶液的浓度，mol/L；

m——洗衣皂或香皂样品的质量，g；

0.040——氢氧化钠的毫摩尔质量，g/mmol；

0.056——氢氧化钾的毫摩尔质量，g/mmol。

6. 注意事项

① 本方法适用于普通性质的香皂、洗衣皂，不适用于复合皂，也不适用于含有按实验步骤会被硫酸分解的添加剂（碱性硅酸盐等）的肥皂。

② 如试样是带色皂，带色皂的颜色会干扰酚酞指示液的终点，可用百里酚蓝指示液。

③ 在重复性条件下，获得的两次独立测定结果的绝对差值不大于0.05%，以大于0.05%的情况不超过5%为前提。

7.2.4 总碱量、总脂肪物含量的测定

总碱量是指在规定条件下，可滴定出的所有存在于洗衣皂和香皂中的各种硅酸盐、碱金属的碳酸盐、氢氧化物，以及与脂肪酸和树脂酸相结合成皂的碱量的总和。

总脂肪物是指在规定条件下，用无机酸分解洗衣皂和香皂所得水不溶物。总脂肪物除脂肪酸外，还包括洗衣皂和香皂中不皂化物、甘油酯和一些树脂酸。

1. 测定原理

用已知体积的标准无机酸分解皂样，用石油醚萃取分离析出的脂肪物，用氢氧化钠标准溶液滴定水溶液中过量的酸，测定总碱量。蒸出萃取液中的石油醚后，将残余物溶于乙醇中，再用氢氧化钾标准滴定溶液中和脂肪酸。蒸出乙醇，称量所形成的皂来测定总脂肪物含量。

2. 试剂

① 丙酮。

② 石油醚：沸程30～60℃，无残余物。

③ 95%乙醇：新煮沸冷却后，用碱中和至对酚酞呈中性。

④ 硫酸或盐酸标准滴定溶液：$c_{\frac{1}{2}H_2SO_4}=1\text{mol/L}$ 或 $c_{HCl}=1\text{mol/L}$ 标准滴定溶液。

⑤ 氢氧化钠标准滴定溶液：$c_{NaOH}=1\text{mol/L}$。

⑥ 甲基橙指示液：$\rho_{甲基橙}=1\text{g/L}$。

⑦ 酚酞指示液：$\rho_{酚酞}=10g/L$。

⑧ 百里酚蓝指示液：$\rho_{百里酚蓝}=1g/L$。

3. 仪器

① 分液漏斗：500mL 或 250mL。

② 萃取量筒：配有磨口玻璃塞，ϕ39mm，高 350mm，250mL。

③ 水浴：可控制温度。

④ 烘箱：可控制在 (103±2)℃。

⑤ 索氏抽提器。

⑥ 烧杯：高型，100mL。

4. 测定步骤

(1) 萃取分离

称取已制备好的洗衣皂试样 5g 或香皂 4.2g（精确至 0.001g），溶解于 80mL 热水中。用玻璃棒搅拌使试样完全溶解后，趁热移入分液漏斗或萃取量筒中，用少量热水洗涤烧杯，洗涤水加到分液漏斗或萃取量筒中。加入几滴甲基橙溶液，然后一边摇动分液漏斗或萃取量筒，一边从滴定管准确加入一定体积的硫酸或盐酸标准滴定溶液，使过量约 5mL。冷却分液漏斗或萃取量筒中物料至 30～40℃，加入石油醚 50mL，盖好塞子，握紧塞子慢慢地倒转分液漏斗或萃取量筒，逐渐打开分液漏斗的旋塞或萃取量筒的塞子以泄放压力，然后关住，轻轻摇动，再泄压。重复摇动直到水层透明，静置分层。

在使用分液漏斗时：

将下面的水层放入第二只分液漏斗中，用石油醚 30mL 萃取。重复上述操作三次。将水层收集在锥形瓶中，将三次石油醚萃取液合并到第一只分液漏斗中。

在使用萃取量筒时：

利用虹吸作用将石油醚层尽可能完全地抽至分液漏斗中。用石油醚 50mL 重复萃取两次，将三次石油醚萃取液合并于分液漏斗中。将水层尽可能完全地转移到锥形瓶中，用少量水洗涤萃取量筒，洗涤水加到锥形瓶中。

加 25mL 水摇动洗涤石油醚萃取液多次，直至洗涤液对甲基橙溶液呈中性，一般洗涤三次即可。

将石油醚萃取液的洗涤液定量地收集到已盛有水层液的锥形瓶中。

(2) 总碱量的测定

用甲基橙溶液作指示剂，用氢氧化钠标准滴定溶液滴定酸水层和洗涤水的混合液。

(3) 总脂肪物含量的测定

将水洗过的石油醚溶液仔细地转移入已烘干恒重的平底烧瓶中，必要时用干滤纸过滤，用少量的石油醚洗涤分液漏斗 2～3 次，将洗涤液过滤到烧瓶中，注意防止过滤操作时石油醚的挥发，用石油醚彻底洗净滤纸。将洗涤液收集到烧瓶中。

在水浴上，用索氏抽提器几乎抽提掉全部石油醚。将残余物溶解在 10mL 乙醇中，加酚酞溶液 2 滴，用氢氧化钾乙醇标准滴定溶液滴定至稳定的淡粉红色为终点，记下所耗用的体积，如带色皂的颜色会干扰酚酞指示剂的终点，可采用百里酚蓝指示剂。

在水浴上蒸出乙醇，当乙醇快蒸干时，转动烧瓶使钾皂在瓶壁上形成一薄层。

转动烧瓶，加入丙酮约 5mL，在水浴上缓缓转动蒸出丙酮，再重复操作 1～2 次，直至烧瓶口处已无明显的湿痕出现为止，使钾皂预干燥。然后，在(103±2)℃烘箱中加热至恒重，即第一次加热 4h，以后每次 1h，于干燥器内冷却后，称量，直至连续两次称量质量差不大于 0.003g。

5. 结果计算

(1) 总碱量计算

① 对于钠皂，总碱量以氢氧化钠的质量分数 w_{NaOH} 按式(7-9) 计算。

$$w_{NaOH}=\frac{0.040\times(V_0c_0-V_1c_1)}{m}\times100 \tag{7-9}$$

② 对于钾皂，总碱量以氢氧化钾的质量分数 w_{KOH} 按式(7-10) 计算。

$$w_{KOH}=\frac{0.056\times(V_0c_0-V_1c_1)}{m}\times100 \tag{7-10}$$

式中 V_0——在测定中加入的酸（硫酸或盐酸）标准溶液的体积，mL；

c_0——所用酸标准溶液的浓度，mol/L；

V_1——耗用氢氧化钠标准滴定溶液的体积，mL；

c_1——所用氢氧化钠标准滴定溶液的浓度，mol/L；

m——肥皂试样的质量，g；

0.040——氢氧化钠的毫摩尔质量，g/mmol；

0.056——氢氧化钾的毫摩尔质量，g/mmol。

(2) 总脂肪物含量计算

① 肥皂中总脂肪物含量以质量分数 w_1 按式(7-11) 计算。

$$w_1=[m_1-(V\times c\times0.038)]\times\frac{100}{m_0} \tag{7-11}$$

② 肥皂中干钠皂含量的质量分数 w_2 按式(7-12) 计算。

$$w_2=[m_1-(V\times c\times0.016)]\times\frac{100}{m_0} \tag{7-12}$$

式中 m_0——肥皂试样的质量，g；

m_1——干钠皂的质量，g；

V——中和时耗用的氢氧化钾乙醇标准滴定溶液的体积，mL；

c——所用氢氧化钾乙醇标准滴定溶液的浓度，mol/L；

0.038——钾、氢原子毫摩尔质量之差（0.039－0.001），g/mmol；

0.016——钾、钠原子毫摩尔质量之差（0.039－0.023），g/mmol。

6. 注意事项

① 本方法适用于以脂肪酸盐为活性成分的皂，不适用于带色皂和复合皂。

② 用水洗涤石油醚萃取液时，每次洗涤后至少静置5min，等两液层间有明显分界面才能放出水层。最后一次洗涤水放出后，将分液漏斗急剧转动，但不倒转，使内容物发生旋动，以除去壁上附着的水滴。

③ 用氢氧化钾乙醇标准滴定溶液滴定脂肪酸时，带色皂的颜色会干扰酚酞指示剂的终点，可采用百里酚蓝指示剂。

④ 在重复性条件下，获得的两次独立测定结果的绝对差值不大于0.2%，以大于0.2%的情况不超过5%为前提。

7.2.5　水分和挥发物含量的测定

含水多的洗衣皂和香皂，容易发生收缩变形，硬度偏低，洗涤时不耐擦。因此，水分和挥发物含量是洗衣皂和香皂的重要理化指标。

洗衣皂和香皂中水分和挥发物含量的测定方法很多，有干燥减重法、红外线法、共沸蒸馏法、卡尔·费休法等。轻工行业标准方法采用干燥减重法，具体测定原理和测定步骤见本书第2章。

7.2.6　乙醇不溶物含量的测定

乙醇不溶物是指加入洗衣皂和香皂中的难溶于95%乙醇的添加物或外来物，以及在配方中所有的物质，例如难溶于95%乙醇的碳酸盐和氯化物。外来物质可能是无机物（如：碳酸盐、硼酸盐、过硼酸盐、氯化物、硫酸盐、硅酸盐、磷酸盐、氧化铁等）或有机物（如：淀粉、糊精、酪朊、蔗糖、纤维素衍生物、藻朊酸盐等）。

1. 测定原理

先将洗衣皂或香皂溶于乙醇中，过滤和称量不溶解残留物。

2. 试剂和仪器

① 95%乙醇。

② 锥形瓶：具塞磨口锥形瓶，250mL。

③ 回形冷凝器：水冷式，底部具有锥形磨砂玻璃接头与锥形瓶适配。

④ 烘箱：可控制在（103±2）℃。

⑤ 定量滤纸：快速。

⑥ 水浴。

3. 测定步骤

称取制备好的试样约 5g（精确至 0.01g）于锥形瓶中，加入 95%乙醇 150mL，连接回流冷凝器。加热至微沸，旋动锥形瓶，尽量避免物料黏附于瓶底。

将用于过滤乙醇不溶物的滤纸置于(103±2)℃的烘箱中烘干 1h。在干燥器中冷却至室温，称量（精确至 0.001g），再把它放置于另一锥形瓶上部的漏斗中。

当试样完全溶解后，将上层清液倾析到滤纸上，用预先加热近沸的乙醇倾泻洗涤锥形瓶中的不溶物。再借助少量热乙醇将不溶物转移到滤纸上。用热乙醇洗涤滤纸和残留物。直至滤纸上无明显的蜡状物。

过滤操作时最好把锥形瓶连同漏斗放在水浴上，以保持滤液微沸。也可以使用单独的保温漏斗。同时用表面皿盖住漏斗，以避免洗液的冷却，且使乙醇蒸气冷凝至表面皿上再回滴至滤纸上起到对滤纸的洗涤作用。先在空气中晾干滤纸，再放入（103±2）℃的烘箱中，烘干 1h 后，取出滤纸放在干燥器中，冷却至室温后称量。重复操作，直至两次相继称量间的质量差小于 0.001g，记录最后质量。

4. 结果计算

肥皂中乙醇不溶物含量 X，以质量分数表示，按式(7-13）计算：

$$X = m/m_0 \tag{7-13}$$

式中 m——残留物的质量，g；

m_0——试样的质量，g。

5. 注意事项

① 最终洗涤液在蒸发至干后应无可见的残留物显现。

② 可用石棉坩埚真空抽滤，但石棉滤层要铺置合适，不允许穿滤。

③ 某些皂，特别是含硅酸盐的皂，不溶物不能从锥形瓶底完全脱离，此时可用热乙醇充分洗涤残留物后，将滤纸与锥形瓶一同置于（103±2）℃的烘箱中干燥至恒重，但锥形瓶要预先恒重。

④ 在重复性条件下，获得的两次独立测定结果的绝对差值不大于 5%，以大于 5%的情况不超过 5%为前提。

7.2.7 氯化物含量的测定

在皂化过程中常以氯化钠作盐析剂，在使用的碱中也常含有一定量的氯化钠。因此，洗衣皂和香皂中总不可避免地含有一定量的氯化物。但氯化物含量的多少对洗衣皂和香皂的组织结构影响很大，如果氯化物含量过高，会使组织粗松，开裂度增大。

洗衣皂和香皂中氯化物含量测定方法有滴定法和电位滴定法。本节仅介绍我国轻工行业标准方法——滴定法。

1. 测定原理

用酸分解试样皂后，加入过量的 $AgNO_3$ 溶液，使氯化物全部生成 AgCl 沉淀。过滤分离脂肪酸及 AgCl。用硫氰酸铵滴定剩余的 Ag^+，稍过量的硫氰酸铵与 Fe^{3+} 作用生成红色络合物指示终点。根据硫氰酸铵溶液的消耗量，可求出肥皂中氯化物的含量。

有关反应式如下：

$$Ag^+ + Cl^- \longrightarrow AgCl\downarrow$$

$$Ag^+ + SCN^- \longrightarrow AgSCN$$

$$Fe^{3+} + SCN^- \longrightarrow Fe(SCN)_3 \text{（深红色）}$$

2. 试剂

① 硝酸：如硝酸变黄，应煮沸至无色。

② 硫酸铁（Ⅲ）铵指示液：$\rho_{NH_4Fe(SO_4)_2}=80g/L$。

③ 硫氰酸铵标准滴定溶液：$c_{NH_4SCN}=0.1mol/L$。

④ 硝酸银标准滴定溶液：$c_{AgNO_3}=0.1mol/L$。

3. 仪器

① 单刻度容量瓶：250mL。

② 沸水浴。

③ 快速定性滤纸。

④ 烧杯：高型，100mL。

⑤ 移液管：100mL。

4. 测定步骤

称取制备好的试样约 5g（精确至 0.01g）于烧杯中，用 50mL 热水溶解试样。

将此溶液定量地转移至单刻度容量瓶中，加入硝酸 5mL 及硝酸银标准滴定溶液 25.0mL。置容量瓶于沸水浴中，直至脂肪酸完全分离且生成的氯化银已大量聚集。用自来水冷却单刻度容量瓶及内容物至室温，并以水稀释至刻度，摇动混匀。

通过干燥折叠滤纸过滤，弃去最初的 10mL，然后收集滤液至少 110mL。用移液管移取滤液 100.0mL 至锥形瓶中，加入硫酸铁（Ⅲ）铵指示液 2～3mL。在剧烈摇动下，用硫氰酸铵标准滴定溶液滴定至呈现红棕色，30s 不变色即为终点。

5. 结果计算

（1）对钠皂而言，氯化物含量用氯化钠的质量分数 w_{NaCl} 表示，按式(7-14)计算。

$$w_{NaCl}=0.0585\times(25\times c_1-2\times V\times c_2)\times\frac{100}{m} \tag{7-14}$$

（2）对钾皂而言，氯化物含量用氯化钾的质量分数 w_{KCl} 表示，按式(7-15)计算。

$$w_{KCl}=0.0746\times(25\times c_1-2\times V\times c_2)\times\frac{100}{m} \tag{7-15}$$

式中　c_1——硝酸银标准滴定溶液浓度，mol/L；

c_2——硫氰酸铵标准滴定溶液浓度，mol/L；

V——耗用硫氰酸铵标准滴定溶液体积，mL；

m——试样的质量，g；

0.0585——氯化钠的毫摩尔质量，g/mmol；

0.0746——氯化钾的毫摩尔质量，g/mmol。

6. 注意事项

① 本方法适用于洗衣皂或香皂中氯化物含量（以 NaCl 质量分数计）等于或大于 0.1%的产品。

② 在重复性条件下，获得的两次独立测定结果的绝对差值不大于 0.05%，以大于 0.05%的情况不超过 5%为前提。

7.2.8 发泡力的测定

发泡力是指洗涤剂溶液产生泡沫的能力。虽然泡沫的多少与去污能力无固定的关系，但泡沫的形成有助于携污作用。所以，发泡力也是洗涤剂的一项性能指标。测定发泡力的标准方法是罗氏泡沫仪法。

称取制备好的洗衣皂或香皂样品 2.5g，用 150mg/L 硬水溶解，转移至 1000mL 容量瓶中，并稀释到刻度，摇匀，再将溶液置（40±0.5）℃恒温水浴中陈化，从加水溶解开始总时间为 30min。然后，用罗氏泡沫仪测定。具体测定原理和测定步骤与第 5 章 5.1.1 所述测定方法一致。

150mg/L 硬水的配制：称取 0.0999g 氯化钙，0.148g 硫酸镁，用蒸馏水溶解于 1000mL 容量瓶中，并稀释至刻度，摇匀。

7.2.9 透明皂透明度的测定

1. 方法原理

在指定的条件下，测定试样带白板衬的内在光反射因数和带黑背衬的光反射因数之差与带白板衬的内在光反射因数的百分比。

2. 仪器和设备

（1）标准白板

标准白板的制备选用 GSB A67001《氧化镁白度实物标准》或 GSB A67006《硫酸钡白度实物标准》，经国家计量标准测试部门给定数据的标准粉末，在有效期内用压样器按 GB/T 9087 规定的步骤压成标准白板，用于校准仪器。

（2）工作白板

为了测定方便，可用表面平整、无刻痕、无裂纹的白色陶瓷作为日常测定白度的工作白板，工作白板应每月用标准白板自行标定。工作白板应置于干燥器中在避光处保存，如有污染，须用绒布或脱脂棉蘸无水乙醇擦净。然后置于干燥箱中在 105～110℃ 烘 30min，取出，置于干燥器中冷至室温，用标准白板标定，或按白度计操作说明书上的规定进行处理。

（3）对白度计的要求

能够测定样品透明度的白度计。仪器的光学几何条件为漫射/垂直（d/o）或垂直/漫射（o/d）；仪器的光源为 D_{65} 光源；仪器的读数精确要求达到小数点后一位；仪器的稳定性，在开机预热后，每隔 30min 读数漂移不大于 0.5；仪器的准确度应符合白度计检定规程分级标准中二级或二级以上的要求。

注：DN-B 型白度仪适用。

3. 测试步骤

（1）试验皂片的制备

将试样切成厚度为（6.50±0.15）mm 的切片，并嵌入压模具中，准备测定。

冬季监测透明度出现异常时，可将皂样放置恢复室温（≥18℃）24h 后放置 25℃恒温箱内 2h 后进行测试和判定。

（2）测定

按仪器使用说明书开启、预热和调整仪器。测定、记录每个试验皂片的 R_0、R_∞ 值。

注：若仪器配有微机的打印器，则可直接打印 R_0、R_∞ 及 T 值。

4. 结果与计算

透明皂的透明度 T 按公式(7-16) 进行计算。

$$T=(1-R_0/R_\infty)\times100 \tag{7-16}$$

式中　T——试样透明度，%；

R_0——试样底衬黑背衬时光反射因数；

R_∞——试样底衬白板衬时内在光反射因数。

5. 精密度

在重复性条件下获得的两次独立测定结果的绝对差值不大于 2%，以大于

2%的情况不超过5%为前提。

7.2.10 特种香皂的抑菌试验

1. 试样制备

先用分度值不低于0.1g的天平称量每块质量，测得其平均实际净含量，然后通过每块的中间互相垂直切三刀分成八份，取斜对角的两份切成薄片或捣碎，充分混合，装入洁净、干燥和密封的容器内备用。

2. 卫生指标的测定

(1) 细菌培养

在胰蛋白酶分解的大豆酪蛋白琼脂斜面培养基（或类似的培养基）上培养菌株，保存在6～10℃的冰箱中，转接培养体间隔时间不得超过14天。为做细菌生长抑制试验，在装有胰蛋白酶分解的大豆酪蛋白肉汁培养基的试管中，保持37℃，进行3次24h菌株继代培养，使用最后一次的继代培养株做抑制试验。

(2) 培养皿的准备

取一层每毫升含0.001g特种香皂的胰蛋白胨葡萄糖琼脂液于试验培养皿中，另取一层每毫升含0.001g非特种香皂的胰蛋白胨葡萄糖琼脂液于对照培养皿中，加热溶液不超过50℃，将培养皿在37℃下保持48h，弃去被杂菌污染的培养皿。

(3) 抑制试验

在2个消毒的试验培养皿和2个消毒的对照培养皿中接种0.1mL菌株，与特种香皂的试验对照，每一菌株分别试验，在37℃下保持48h，试验培养皿中不应有细菌生长，而对照培养皿中细菌的生长表明了培养的存活力。

练习题

1. 香皂和肥皂的质量标准有何区别?
2. 香皂和洗衣皂中的氯化物主要来源是什么? 如何测定?
3. 什么是总碱量、总脂肪物、干钠皂、干钾皂? 游离碱量、总游离碱量、总碱量有什么区别?
4. 称取香皂样品4.205g，经水溶解后再加酸溶液，反应后用石油醚萃取。萃取液用索氏抽提器除掉石油醚，残余物溶解于10mL中性乙醇中，加2滴酚酞，用c（KOH）= 0.7020mol/L的KOH乙醇标准溶液滴定，消耗16.50mL。然后蒸干乙醇，使钾皂预干燥后送入烘箱中烘干至恒重，称得其质量为3.759g。根据以上条件求香皂中总脂肪物的含量，并以干钠皂表示含量。

实训19 肥皂氯化物含量的测定

一、实训目的

① 掌握肥皂氯化物含量的测定原理；

② 测定肥皂氯化物含量。

二、实训原理

具体测定原理见 7.2.7 节。

三、实训仪器

具体测定仪器见 7.2.7 节。

四、实训试剂

具体测定试剂见 7.2.7 节。

五、实训重点

① $AgNO_3$ 标准溶液的配制和标定；

② 滴定的原理、方法和实验操作。

六、实训难点

① 过滤操作；

② 用硫氰酸铵标准溶液滴定时操作及终点判断。

七、实训步骤

具体测定步骤见 7.2.7 节。

八、实训记录与数据处理

样品	质量/g	滴定前读数/mL	滴定后读数/mL	消耗的量/mL	氯化物的质量分数/%
样品 1					
样品 2					

对钠皂而言，氯化物含量按式(7-14) 进行计算；对钾皂而言，氯化物含量按式(7-15) 进行计算。

九、实训思考

滤纸过滤时，为何弃去最初的 10mL?

实训20　透明香皂透明度的测定

一、实训目的

① 掌握透明度的测量原理；

② 测定透明香皂的透明度。

二、实训原理

具体测定原理见 7.2.9 节。

三、实训仪器

具体测定仪器见 7.2.9 节。

四、实训试剂

无。

五、实训重点

① 试验皂片的制备；

② 白度计的使用。

M7-1　白度仪使用说明书

六、实训难点

① 切皂时需保持切面的光滑；

② 重复性条件下两次独立测定结果绝对差值不大于 2%。

七、实训步骤

具体测定步骤见 7.2.9 节。

八、实训记录与数据处理

样品	R_0 值	R_∞ 值	透明度 T/%	透明度 T 平均值/%
试验皂片 1				
试验皂片 2				
试验皂片 3				

透明度 T 按式(7-16) 进行计算。

九、实训思考

1. 温度是否对检测结果有影响？是否需要在制定温度下测量？

2. 试验皂片厚度是否对检测结果有影响？为什么？

第8章

化妆品的检验

知识目标

- (1) 了解化妆品的类型、功能和对产品质量的要求。
- (2) 熟悉化妆品理化检验项目。
- (3) 掌握化妆品理化检验项目的常规检验方法。

能力目标

- (1) 能进行化妆品检验样品的制备。
- (2) 能进行相关溶液的配制。
- (3) 能根据化妆品的种类和检验项目选择合适的分析方法。
- (4) 能按照标准方法对化妆品相关项目进行检验，给出正确结果。

案例导入

如果你是一名化妆品生产企业的检验人员，公司生产了一批化妆品，你如何判定该批化妆品是否合格？

课前思考题

(1) 化妆品有哪些剂型？

(2) 化妆品对微生物有要求吗？哪些生产环节会带来微生物污染？

化妆品是指以涂抹、喷洒或其他类似方法，施于人体表面（表皮、毛发、指甲、口唇等），对使用部位具有缓和作用，并起清洁、保养、美化或消除不良气味作用的物质。一般来讲，化妆品可分为护肤化妆品、美容化妆品、发用化妆品和专用化妆品等。

作为一种特殊的商品，化妆品的消费与一般的商品不同，它具有强烈的品牌效应，消费者注重化妆品生产企业的形象，更注重化妆品产品的质量。具体来讲，化妆品的质量特征离不开产品的安全性（确保长期使用的安全）、稳定性（确保长期的稳定）、有效性（有助于保持皮肤正常的生理功能和容光焕发的效果）和使用性（使用舒适，使人乐于使用），甚至还包括消费者的偏爱性。其中最重要的安全性和稳定性必须通过微生物学和生物化学的理论及方法来保证。

8.1 化妆品检验规则及化妆品安全通用要求

8.1.1 化妆品检验规则

《化妆品检验规则》（GB/T 37625—2019）规定了化妆品检验的术语、检验分类、组批规则和抽样方案、抽样方法、判定和复检规则、转移规则、暂停和恢复、检验方法的选择，适用于各类化妆品的定型检验、出厂检验和型式检验。

引用文件包括：

GB/T 2828.1—2012《计数抽样检验程序　第1部分：按接收质量限（AQL）检索的逐批检验抽样计划》

GB/T 8051—2008《计数序贯抽样检验方案》

QB/T 1685—2006《化妆品产品包装外观要求》

1. 基本术语

（1）定型检验

新化妆品在上市前对其感官、理化性能、卫生指标以及可靠性、毒理学等方面的检验。

注：检验的目的主要是考核试制阶段中试制样品是否已达到产品标准或技术条件的全部内容。定型检验报告可以作为提请鉴定定型的条件之一。

（2）常规检验

针对每批化妆品检验对其感官、理化性能指标（耐热和耐寒除外）、净含量、包装外观要求和卫生指标中的菌落总数、霉菌和酵母菌总数进行检验的项目。

（3）非常规检验

针对每批化妆品检验对其理化性能中的耐热性能和耐寒性能以及除菌落总数、霉菌和酵母菌总数以外的其他卫生指标进行检验的项目。

（4）适当处理

在不破坏销售包装的前提下，从整批化妆品中剔除个别不符合包装外观要求的产品的挑拣过程。

（5）单位产品

以瓶、支、袋、盒为基本单位的化妆品。

2. 检验分类

（1）定型检验

产品设计完成后进行一次性检验。如果产品的性能和安全可靠时可不再检验。

（2）出厂检验

化妆品出厂前应由生产企业的检验人员按化妆品产品标准的要求逐批进行检验，检验合格方可出厂。

出厂检验项目为常规检验项目。

经过风险评估，并在一定周期内开展适当频次的检验、试验、验证、确认等活动，若积累的相关数据能够证明其适用性，出厂检验时可豁免部分常规检验项目（菌落总数、霉菌和酵母菌总数除外）。

（3）型式检验

每年同一配方的产品不得少于一次的型式检验。有下列情形之一时，也应进行型式检验。

① 当原料、工艺、配方有重大改变时。

② 化妆品首次投产或停产 6 个月以上恢复生产时。

③ 生产场所改变时。

④ 主管部门提出进行型式检验要求时。

型式检验的项目包括常规检验项目和非常规检验项目。

3. 抽样

工艺条件、品种、生产日期相同的产品为一批。收货方也可按一次交货产品为一批。

（1）抽样方案

包装外观检验项目的抽样按 GB/T 2828.1—2012《计数抽样检验程序》的二次抽样方案抽样。其中不合格（缺陷）分类、检验水平、接收质量限见表 8-1。

表 8-1 不合格分类和检验水平及接收质量限

不合格分类	检验水平	接收质量限
B类(重)不合格	一般检验水平Ⅱ	2.5
C类(轻)不合格	一般检验水平Ⅱ	10.0

喷液不畅等破坏性检验项目采用 GB/T 2828.1—2012《计数抽样检验程序》中的特殊检验水平 S-3，不合格品百分数的接收质量限为 2.5 的一次抽样方案。

包装外观检验项目和不合格分类见表 8-2。

表 8-2 包装外观检验项目和不合格分类

<table>
<tr><th>检验项目</th><th>B类不合格</th><th>C类不合格</th></tr>
<tr><td>瓶</td><td>冷爆、裂痕、泄漏、瓶与盖滑牙和松脱、毛刺(毛口)</td><td rowspan="7">除 B 类不合格外的外观缺陷</td></tr>
<tr><td>盖</td><td>破碎、裂纹、铰链断裂、漏放内盖</td></tr>
<tr><td>袋</td><td>封口开口、漏液、穿孔</td></tr>
<tr><td>盒</td><td>毛口、开启松紧不宜、镜面和内容物与盒粘接脱落、严重瘪听</td></tr>
<tr><td>软管</td><td>封口开口、漏液、盖与软管滑牙和松脱</td></tr>
<tr><td>喷雾罐</td><td>罐体不平整、裂纹</td></tr>
<tr><td>锭管</td><td>松紧不当、旋出或推出不灵活</td></tr>
<tr><td>化妆笔</td><td>笔杆开胶①、漆膜开裂①、笔套配合不当</td><td>表面不光滑、不清洁</td></tr>
<tr><td>外盒</td><td>错装、漏装、倒装</td><td rowspan="2">除 B 类不合格外的外观缺陷</td></tr>
<tr><td>商标、说明书、盒头(贴)、合格证</td><td>字迹模糊、漏贴、倒贴、错贴</td></tr>
</table>

① 该项目为破坏性试验。

(2) 抽样方法

感官、理化性能指标、净含量、卫生指标检验的样本应是从批中随机抽取足够用于各项指标检验和留样的单位产品，并贴好写明生产日期和保质期或生产批号和限期使用日期、取样日期、取样人的标签。

包装外观要求检验的样本要以能代表批质量的方法抽取单位产品。当检验批由若干层组成时，应以分层方法抽取单位产品。允许将检验后完好无损的单位产品放回原批中。

型式检验时，非常规检验项目可从任一批产品中随机抽取 2～4 单位产品，按产品标准规定的方法检验。

在进行型式检验时，常规检验项目以出厂检验结果为准，对留样进行型式检验，不再重复抽取样本。

4. 判定和复检规则

① 感官、理化性能指标、净含量、卫生指标的检验结果按产品标准判定合

格与否。如果检验结果有指标出现不合格项时，允许交收双方共同按 GB/T 37625—2019 第 6 章的规定再次抽样，并对该指标进行复检（微生物指标除外）。如果复检结果仍不合格，则判该批产品不合格。

② 包装外观要求的检验结果按 GB/T 2828.1 的判定方法判定合格与否。当出现 B 类不合格的批产品时，允许生产企业经适当处理该批产品后再次提交检验。再次提交检验按加严检验二次抽样方案进行抽样检验。当出现 C 类不合格批产品时，允许生产企业经适当处理该批产品后再次提交检验。再次提交检验按加严检验二次抽样方案进行抽样检验或由交收双方协商处理。

③ 如果交收双方因检验结果不同，不能达成一致意见时，可申请按产品标准和 GB/T 37625—2019 进行仲裁检验，仲裁检验的结果为最后判定依据。

5. 转移规则

① 除非另有规定，在检验开始时应使用正常检验。

② 从正常检验到加严检验。当正常检验时，若在连续 5 批或少于 5 批中有 2 批经初次检验（不包括再次提交检验批）不接收，则从下一批转到加严检验。

③ 从加严检验到正常检验。当进行加严检验时，若连续 5 批经初次检验（不包括再次提交检验批）接收，则从下一批检验转入正常检验。

6. 检查的暂停和恢复

如果在初次加严检验的一系列连续批中不接收批的累计数达到 5 批，应暂时停止检验。直到供方为改进所提供产品或服务的质量已采取行动，且负责部门认为此行动可能有效时，才能恢复本部分的检验程序。恢复检验应按转移规则②，从使用加严检验开始。

7. 质量（容量）允差

（1）质量允差

随机取样 10 瓶，用分析天平分别称得质量 m_1、m_2、$m_3 \cdots m_{10}$，则总质量为：

$$m_{总}=m_1+m_2+m_3+\cdots+m_{10} \tag{8-1}$$

然后将以上样品全部倒出，洗净、烘干，分析天平分别称得空瓶质量 m'_1、m'_2、$m'_3 \cdots m'_{10}$，则空瓶总质量为：

$$m_{空}=m'_1+m'_2+m'_3+\cdots+m'_{10} \tag{8-2}$$

则样品的平均质量（g）为

$$m=(m_{总}-m_{空})/10 \tag{8-3}$$

检查 m 是否在允差范围内。

（2）容量允差

随机取样 10 瓶，用量筒分别加入 V_1 mL、V_2 mL、V_3 mL…V_{10} mL 至瓶满为止，则装满 10 瓶样品所需蒸馏水体积为：

$$V=V_1+V_2+V_3+\cdots+V_{10} \tag{8-4}$$

然后将以上样品全部到出，洗净、阴干，用量筒分别加入 V_1' mL、V_2' mL、V_3' mL…V_{10}' mL 的蒸馏水，则装满 10 瓶空样品瓶所需蒸馏水体积为：

$$V=V_1'+V_2'+V_3'+\cdots+V_{10}' \tag{8-5}$$

则样品的平均容量（mL）为：

$$V_x=(V'-V)/10 \tag{8-6}$$

检查 V_x 是否在允差范围内。

质量（容量）不合格批和 B 类不合格批，允许生产厂经适当处理后再次提交检查。再次提交按加严抽样方案进行检查。

C 类不合格批，生产方经适当处理后再次提交检查，按加严抽样方案进行检查或由供需双方协商处理。

8.1.2 化妆品安全通用要求

1. 一般要求

① 化妆品应经安全性风险评估，确保在正常、合理及可预见的使用条件下，不得对人体健康产生危害。

② 化妆品生产应符合化妆品生产规范的要求。化妆品的生产过程应科学合理，保证产品安全。

③ 化妆品上市前应进行必要的检验，检验方法包括相关理化检验方法、微生物检验方法、毒理学试验方法和人体安全试验方法等。

④ 化妆品应符合产品质量安全有关要求，经检验合格后方可出厂。

2. 配方要求

① 化妆品配方不得使用《化妆品安全技术规范》（2015 年版）第二章表 1和表 2 所列的化妆品禁用组分。若技术上无法避免禁用物质作为杂质带入化妆品时，国家有限量规定的应符合其规定；未规定限量的，应进行安全性风险评估，确保在正常、合理及可预见的适用条件下不得对人体健康产生危害。

② 化妆品配方中的原料如属于《化妆品安全技术规范》（2015 年版）第二章表 3 化妆品限用组分中所列的物质，使用要求应符合表中规定。

③ 化妆品配方中所用防腐剂、防晒剂、着色剂、染发剂，必须是对应的《化妆品安全技术规范》（2015 年版）第三章表 4 至表 7 中所列的物质，使用要求应符合表中规定。

M8-1 《化妆品安全技术规范》简介

3. 微生物学指标要求

化妆品中微生物指标应符合表 8-3 中规定的限值。

表 8-3　化妆品中微生物指标限值

微生物指标	限值	备注
菌落总数/(CFU/g 或 CFU/mL)	≤500 ≤1000	眼部化妆品、口唇化妆品、儿童化妆品 其他化妆品
霉菌和酵母菌总数/(CFU/g 或 CFU/mL)	≤100	
耐热大肠菌群/g(或 mL) 金黄色葡萄球菌/g(或 mL) 铜绿假单胞菌/g(或 mL)	不得检出 不得检出 不得检出	

4. 有害物质限值要求

化妆品中有害物质不得超过表 8-4 中规定的限值。

表 8-4　化妆品中有害物质限值

有害物质	限值/(mg/kg)	备注
汞	1	含有机汞防腐剂的眼部化妆品除外
铅	10	
砷	2	
镉	5	
甲醇	2000	
二噁烷	30	
石棉	不得检出	

5. 包装材料要求

直接接触化妆品的包装材料应当安全，不得与化妆品发生化学反应，不得迁移或释放对人体产生危害的有毒有害物质。

6. 标签要求

① 凡化妆品中所用原料按照《化妆品安全技术规范》(2015 年版) 需在标签上标印使用条件和注意事项的，应按相应要求标注。

② 其他要求应符合国家有关法律法规和规章标准要求。

7. 儿童用化妆品要求

① 儿童用化妆品在原料、配方、生产过程、标签、使用方式和质量安全控制等方面除满足正常的化妆品安全性要求外，还应满足相关特定的要求，以保证产品的安全性。

② 儿童用化妆品应在标签中明确适用对象。

8. 原料要求

① 化妆品原料应经安全性风险评估，确保在正常、合理及可预见的使用条件下，不得对人体健康产生危害。

② 化妆品原料质量安全要求应符合国家相应规定，并与生产工艺和检测技术所达到的水平相适应。

③ 原料技术要求内容包括化妆品原料名称、登记号（CAS 号和/或 EINECS 号、INCI 名称、拉丁学名等）、使用目的、适用范围、规格、检测方法、可能存在的安全性风险物质及其控制措施等内容。

④ 化妆品原料的包装、储运、使用等过程，均不得对化妆品原料造成污染。

直接接触化妆品原料的包装材料应当安全，不得与原料发生化学反应，不得迁移或释放对人体产生危害的有毒有害物质。

对有温度、相对湿度或其他特殊要求的化妆品原料应按规定条件储存。

⑤ 化妆品原料应能通过标签追溯到原料的基本信息（包括但不限于原料标准中文名称、INCI 名称、CAS 号和/或 EINECS 号）、生产商名称、纯度或含量、生产批号或生产日期、保质期等中文标识。

属于危险化学品的化妆品原料，其标识应符合国家有关部门的规定。

⑥ 动植物来源的化妆品原料应明确其来源、使用部位等信息。

动物脏器组织及血液制品或提取物的化妆品原料，应明确其来源、质量规格，不得使用未在原产国获准使用的此类原料。

⑦ 使用化妆品新原料应符合国家有关规定。

8.2 化妆品理化检验方法

8.2.1 化妆品稳定性的测定

M8-2 化妆品理化检验报告模板

为了保持产品在储存、使用过程中性能稳定，不发生物理化学变化，不出现渗油、析水、粗粒、破乳等现象，化妆品在配方设计时已经考虑到高温、低温贮存稳定性。在化妆品的稳定性的测定中，尽可能模拟产品实际环境条件，依据试验的结果确定原料的稳定性和配方的合理性。观察项目有外观变化（色调差别，变褪色，条纹颜色不均，混入异物，伤痕，浮游物，分离，沉淀，发汗，浮起，麻点，疏松，龟裂，胶化，透明性，结块，光泽，陷塌，裂缝，气孔，气泡混入，真菌生长等）、气味变化（直接气味，容器的气味混入，使用时的气味）等。

1. 耐热试验

耐热试验是膏霜、乳液和液状化妆品重要的稳定性试验项目，如发乳、唇膏、润肤乳液、护发素、染发乳液、洗发膏、沐浴液、洗面奶、发用摩丝、雪花膏、香脂等产品均需进行耐热试验。

因为各类化妆品的外观形态各不相同，所以各类产品的耐热要求和试验操作方法略有不同。但试验的基本方法相近，即：先将电热恒温培养箱调节到(40±1)℃，然后取两份样品，将其中一份置于电热恒温培养箱内保持24h后，取出，恢复室温后与另一份样品进行比较，观察其是否有变稀、变色、分层及硬度变化等现象，以此判断产品的耐热性能。

2. 耐寒试验

同耐热试验一样，耐寒试验也是膏霜、乳液和液状产品的重要稳定性试验项目。

同样，因为各类化妆品的外观形态各不相同，所以各类产品的耐寒要求和试验操作方法略有不同。但试验的基本原理相近，即：先将冰箱调节到－5～－15℃±1℃，然后取两份样品，将其中一份置于冰箱内保持24h后，取出，恢复室温后与另一份样品进行比较，观察其是否有变稀、变色、分层及硬度变化等现象，以判断产品的耐寒性能。

3. 离心试验

离心试验是检验乳液类化妆品货架寿命的试验，是加速分离试验的必要检验法，如洗面奶、润肤乳液、染发乳液等均需做离心试验。其方法是：将样品置于离心机中，以2000～4000r/min的转速试验30min后，观察产品的分离、分层状况。

4. 色泽稳定性试验

色泽稳定性试验是检验有颜色化妆品色泽是否稳定的试验。由于各类化妆品的组成、性状等各不相同，所以其检验方法也各不相同。如发乳的色泽稳定性试验采用紫外线照射法，香水、花露水的色泽稳定性试验采用干燥箱加热法。

色泽是化妆品的一项重要性能指标，色泽的稳定性则是化妆品的主要性能指标之一。色泽稳定度测定的方法主要是目测法。

（1）基本原理

比较试样加热一定温度后颜色的变化。

（2）测定步骤

取试样两份分别倾入两支ϕ2cm×13cm的试管中，试样高度约为试管长的2/3，塞上软木塞，把其中一支放入预先调节到（48±1)℃的恒温箱内，1h后打开塞子，然后塞好，继续放入恒温箱内，经24h取出和另一份试样进行比较。

（3）结果表示

在规定温度时，试样仍维持原有色泽不变，则该试样检验结果为色泽稳定，不变色。

8.2.2 pH 值的测定

人体皮肤的 pH 值一般都在 4.5～6.5，偏酸性，这是由于皮肤表面和汗液中含有乳酸、游离氨基酸、尿酸和脂肪酸等酸性物质。根据皮肤这一生理特点，制成的膏霜类和乳液类化妆品应有不同的 pH 值，以满足不同的需要。因此，pH 值是化妆品一项重要的性能指标。测定方法如下。

1. 样品处理

（1）稀释法

称取试样一份（精确至 0.1g），分数次加入蒸馏水 9 份，加热至 40℃，并不断搅拌至均匀，使其完全溶解，冷却至规定温度，待用。

如为含油量较高的产品可加热至 70～80℃，冷却后去掉油块待用；粉状产品可沉淀过滤后待用。

（2）直测法

直测法不适用于粉类、油基类及油包水型乳化体化妆品。将适量包装容器中的样品放入烧杯中待用或将小包装去盖后，调节到规定温度，直接将电极插入其中。

2. 测定

① 电极活化　复合电极或玻璃电极在使用前应放入水中浸泡 24h 以上。

② 校准仪器　按仪器出厂说明书，在温度补偿条件下进行校准。

③ 样品测定　用水洗涤电极，用滤纸吸干后，将电极插入被测样品中，启动搅拌器，待酸度计读数稳定 1min 后，停搅拌器，直接从仪器上读出 pH 值。测试两次，误差范围±0.1，取其平均读数值。测定完毕后，将电极用水冲洗干净，其中玻璃电极浸在水中备用。

pH 测定的问题

【问题】 某企业人员在测定皂基沐浴液的 pH 时，使用 pH 分别为 4.01 和 6.86 的标准缓冲溶液进行定位和调斜率，结果测定的皂基沐浴液的 pH 为 8.54。

【讨论】 作为专业检验人员，你认为他的操作存在什么问题？

8.2.3 黏度的测定

流体受外力作用流动时，在其分子间呈现的阻力称为黏度（黏性）。黏度是流体的一个重要的物理特性，是乳化类和液洗类化妆品的重要质量指标之一。黏度一般用旋转黏度计测定，具体测定原理和测定步骤见本书第 2 章 2.10 节。

M8-3　pH 计的校准与读数

黏度测定的问题

【问题】 某企业检验人员在进行香波生产在线质量控制的黏度测定时，为了省事，未将香波样品冷却到规定的温度，直接在40℃测定样品的黏度，测定结果表明黏度偏小，于是通知生产部加入增稠剂，最后生产出来的香波明显比上一批次的黏稠得多。

【讨论】 作为专业人员，你认为他的操作存在什么问题？

8.2.4　浊度的测定

香水、发用水类和化妆水类制品由于静止陈化时间不够，部分不溶解的沉淀物尚未析出完全，或由于香精中不溶物如浸胶和净油的含蜡量度过高，都易使产品变混浊，混浊是这些化妆品的主要质量问题之一。浊度的测定主要用目测法。

1. 基本原理

目测试样在水浴或其他冷冻剂中的清晰度。

2. 试剂

冰块或冰水，或其他低于测定温度5℃的适当冷冻剂。

3. 测定步骤

在烧杯中放入冰块或冰水，或其他低于测定温度5℃的适当冷冻剂。

取试样两份，分别倒入两支预先烘干的ϕ2cm×13cm玻璃试管中，样品高度为试管长度的1/3。将其中一份用串联温度计的塞子塞紧试管口，使温度计的水银球位于样品中间部分。试管外部套上另一支ϕ3cm×15cm的试管，使装有样品的试管位于套管的中间，注意不使两支试管的底部相接触。将试管置于加有冷冻剂的烧杯中冷却，使试样温度逐步下降，观察到达规定温度时的试样是否清晰。观察时用另一份样品作对照。

重复测定一次，两次结果应一致。

4. 结果的表示

在规定温度时，试样仍与原样的清晰程度相等，则该试样检验结果为清晰，不混浊。

5. 注意事项

① 本方法适用于香水、发用水类和化妆水类制品的浊度测定。

② 不同的样品规定的指标温度不同，例：香水5℃、花露水10℃。

8.2.5 相对密度的测定

相对密度是指一定体积的物料质量与同体积水的质量之比。它是液状化妆品的一项重要性能指标。相对密度的测定方法常用密度计法，具体测定原理和测定步骤见本书第 2 章 2.1 节。

8.3 化妆品产品质量检验

8.3.1 膏霜和乳液类化妆品的质量检验

膏霜和乳液类化妆品包括雪花膏、冷霜、奶液和香粉蜜、润肤霜、清洁霜等。这些产品主要是由水和水溶性物质、脂质（油脂和蜡）、乳化剂三类物质组成的乳化体。乳化体的乳化类型主要是水包油型（O/W）和油包水型（W/O），也有油包水包油型（O/W/O）、水包油包水型（W/O/W）等多重乳化体系。

1. 润肤膏霜的质量检验

润肤膏霜有水包油型（O/W 型）和油包水型（W/O 型）两种类型，为适用于人体皮肤的具有一定稠度的乳化型膏霜，润肤膏霜的质量检验参照 QB/T 1857—2013《润肤膏霜》，其感官指标及理化指标见表 8-5。

表 8-5 润肤膏霜感官指标及理化指标

<table>
<tr><th colspan="2" rowspan="2">指标名称</th><th colspan="2">指标要求</th></tr>
<tr><th>O/W 型</th><th>W/O 型</th></tr>
<tr><td rowspan="2">感官指标</td><td>香气</td><td colspan="2">符合规定香型</td></tr>
<tr><td>外观</td><td colspan="2">膏体细腻，均匀一致（添加不溶性颗粒或不溶粉末的产品除外）</td></tr>
<tr><td rowspan="3">理化指标</td><td>pH 值(25℃)</td><td>4.0～8.5(pH 值不在上述范围内的产品按企业标准执行)</td><td>—</td></tr>
<tr><td>耐热</td><td>(40±1)℃保持 24h，恢复室温后膏体无油水分离现象</td><td>(40±1)℃保持 24h，恢复室温后，渗油率≤3%</td></tr>
<tr><td>耐寒</td><td colspan="2">(−8±2)℃保持 24h，恢复室温后与试验前无明显差异</td></tr>
</table>

以上指标中，pH 值、耐寒、耐热等项目已在本章 8.2 节中进行了介绍，在此仅介绍感官检验、渗油率和乳化体类型检验。

(1) 感官指标检验

外观取试样在室温和非阳光直射下目测观察。香气凭嗅觉鉴定。

(2) 渗油率的检验

预先将恒温箱调节至 (40±1)℃，在已称量的培养皿中称取样品约 10g（约占培养皿面积 1/4），刮平，再精密称量，斜放在烘箱内的 15°角架上保持 24h 后取出，放入干燥器中冷却后再称重。如有油渗出，则将渗油部分小心揩去，留下膏体部分，然后将培养皿连同剩余的膏体部分进行称量。试样的渗油率 w，数值以%表示，按式(8-8) 计算。

$$w=\frac{m_1-m_2}{m}\times 100\% \tag{8-7}$$

式中　m——样品质量，g；

m_1——24h 失水后样品和培养皿的质量，g；

m_2——渗油部分揩去后，培养皿和膏体的质量，g。

(3) 乳化体类型检验

对膏霜、乳液等乳化状化妆品，必须进行乳化体类型检验。检验方法有：染色法、稀释法、电导法等。

① 染色法。原理：乳化体外相相似相溶。

测定步骤：

称取水溶性染料（如胭脂红、亮蓝）1 份，加入实验室用水 9 份，搅拌至均匀，待用。称取 1g 膏体在表面皿上，连续 2 次用 1mL 滴管吸取染料水溶液，缓慢滴在膏体表面，等待 2min，使用肉眼观察膏体是否被染色。

结果判定：

如试样表面被染料染色，即为水包油型，反之则为油包水型。

② 稀释法。原理：乳化体外相相似相溶。

测定步骤：

取少量产品试样滴入水中，用搅拌棒搅拌观察试样能否在水中稀释分散（如遇到黏度很高的水包油型体系比较难在水中分散，可适当提高水的温度或搅拌时间）。

结果判定：

如试样能在水中稀释分散即为水包油型，反之则为油包水型。

③ 电导法。原理：水包油型产品导电性强于油包水型。

测定步骤：

使用电导率仪对产品测定电导率。测试前按仪器说明书的要求对仪器进行校正，选择合适的量程（>10μS/cm），将电极插入试样中，观察是否导电。

结果判定：

如有电导率显示为水包油型，反之则为油包水型。

2. 护肤乳液质量检验

护肤乳液是具有流动性的水包油型化妆品，主要用于滋润人体皮肤。根据乳液的色泽、香型、包装形式的不同，可分为多种规格。护肤乳液的质量检验参照GB/T 29665—2013《护肤乳液》，感官指标及理化指标见表8-6。

表8-6　护肤乳液感官指标及理化指标

指标名称		指标要求	
		水包油型（Ⅰ）	油包水型（Ⅱ）
感官指标	香气	符合企业规定	
	外观	均匀一致（添加不溶性颗粒或不溶粉末的产品除外）	
理化指标	pH值（25℃）	4.5～8.5（含α-羟基酸，β-羟基酸的产品可按企业标准执行）	—
	耐热	（40±1）℃保持24h，恢复室温后无分层现象	
	耐寒	（−8±2）℃保持24h，恢复室温后无分层现象	
	离心试验	2000r/min，30min不分层（添加不溶颗粒或不溶粉末的除外）	

以上指标中，pH值、耐寒、耐热等项目已在8.2节中进行了介绍，在此仅介绍感官指标检验及离心试验。

（1）感官指标检验

香气：取试样用嗅觉进行鉴别。

外观：取试样在室温和非阳光直射下目测观察。

（2）离心试验

在离心管中注入试样约2/3高度并装实，用软木塞塞好。然后，放入调节至38℃的电热恒温培养箱内，保温1h后，立即移入离心机中，并将离心机调整到2000r/min，30min后观察现象。

3. 洗面奶、洗面膏质量检验

洗面奶、洗面膏是用于清洁面部皮肤，具有去除表皮污物、油脂等功能的产品。两者皆分为乳化型（Ⅰ型）和非乳化型（Ⅱ型）。洗面奶、洗面膏的质量检验参照GB/T 29680—2013《洗面奶、洗面膏》，感官指标及理化指标见表8-7。

表8-7　洗面奶、洗面膏感官指标及理化指标

指标名称		指标要求	
		乳化型（Ⅰ型）	非乳化型（Ⅱ型）
感官指标	色泽	符合规定色泽	
	香气	符合规定香型	
	质感	均匀一致（含颗粒或罐装成特定外观的产品除外）	

续表

指标名称		指标要求	
		乳化型(Ⅰ型)	非乳化型(Ⅱ型)
理化指标	pH值(25℃)	4.0～8.5(含α-羟基酸、β-羟基酸产品可按企业标准执行)	4.0～11.0(含α-羟基酸、β-羟基酸产品可按企业标准执行)
	耐热	(40±1)℃保持24h,恢复至室温无分层现象	
	耐寒	(−8±2)℃保持24h,恢复至室温无分层、泛粗、变色现象	
	离心试验	2000r/min,30min无油水分离(颗粒沉淀除外)	—

以上指标中，pH值、耐热、耐寒、离心试验等项目的测定方法在前文中已经介绍，在此仅介绍感官指标检验。

① 色泽：取试样在室温和非阳光直射下目测观察。

② 香气：取试样用嗅觉进行鉴别。

③ 质感：取试样适量，在室温下涂于手背或双臂内侧观察。

8.3.2 液体洗涤类化妆品的质量分析

液体洗涤类化妆品主要包括洗发产品、沐浴液等。对液体洗涤类化妆品的基本要求是必须具有去污能力、起泡能力，并具有一定护理（护发、护肤）能力。

洗发产品是液体洗涤类化妆品的主要代表，以表面活性剂为主要活性成分复配而成具有清洁人的头皮和头发，并保持其美观作用，主要包括洗发液和洗发膏。参照GB/T 29679—2013《洗发液、洗发膏》，洗发液、洗发膏的感官及理化指标见表8-8。

案例讨论 微生物引起的质量问题分析

【问题】 某化妆品企业出现的生产事故：2003年8月25日发现一批在市场流通的香波有部分出现变酸臭的质量问题，而且颜色由原来的白色变为淡黄色。

【讨论】 作为专业人员，你应该判断可能是微生物超标引起的质量问题。那么如何来验证你的判断呢？

表8-8 洗发液、洗发膏的感官及理化指标

指标名称		指标要求	
		洗发液	洗发膏
感官指标	外观	无异物	
	色泽	符合规定色泽	
	香气	符合规定香型	

续表

指标名称		指标要求	
		洗发液	洗发膏
理化指标	pH 值 (25℃)	成人产品:4.0～9.0(含 α-羟基酸、β-羟基酸产品可按企标执行) 儿童产品:4.0～8.0	4.0～10.0 (含 α-羟基酸、β-羟基酸产品可按企业标准执行)
	有效物含量/%	成人产品≥10.0 儿童产品≥8.0	—
	活性物含量/%(以 100% 月桂醇硫酸酯钠计)	—	≥8.0
	泡沫力(40℃)/mm	透明型≥100 非透明性≥50 儿童产品≥40	
	耐热	(40±1)℃保持 24h, 恢复室温后无分层现象	(40±1)℃保持 24h,恢复室温后无分离析水现象
	耐寒	(−8±2)℃保持 24h, 恢复室温后无分层现象	(−8±2)℃保持 24h,恢复室温后无分离析水现象

以上指标中，pH 值、耐热、耐寒等项目的测定方法在本章 8.2 节中已经介绍，在此仅介绍感官检验、洗发液的泡沫力和有效物含量的测定。

1. 感官指标检验

① 外观、色泽：取试样在室温和非阳光直射下目测观察。

② 香气：取试样用嗅觉进行鉴别。

2. 洗发液泡沫力的测定

(1) 方法原理

将洗发液样品用一定硬度的水配制成一定浓度的试验溶液。在一定温度条件下，将 200mL 试液从 90cm 高度流到刻度量筒底部 50mL 相同试液的表面后，测量得到的泡沫高度作为该样品的发泡力。

案例讨论　**泡沫测定问题讨论**

【问题】 某企业检验人员在进行表面活性剂的泡沫测定时，为了省事，直接用纯净水来配制样品溶液。

【讨论】

1. 你认为他的操作存在什么问题？

2. 有关标准规定，应用什么样的水来配制样品溶液？

(2) 仪器设备

① 罗氏泡沫仪：由滴液管、刻度量管组成。

M8-4 罗氏泡沫仪标准操作规程

a. 滴液管：见图 8-1。由壁厚均匀耐化学腐蚀的玻璃管制成，管外径（45±1.5)mm，两端为半球形封头，焊接梗管。上梗管外径 8mm，带有直孔标准锥形玻璃旋塞，塞孔直径 2mm。下梗管外径（7±0.5)mm，从球部接点起，包括其端点焊接的注流孔管长度为（60±2)mm，注流孔管内径（2.9±0.02)mm，外径与下梗管一致，是从精密孔管切下一段，研磨使两端面与轴线垂直，并使长度为（10±0.05)mm，然后用喷灯狭窄火焰牢固地焊接至下梗管端，校准滴液管使其 20℃时的容积为（200±0.2)mL，校准标记应在上梗管旋塞体下至少 15mm，且环绕梗管一整周。

b. 刻度量管：见图 8-2。由壁厚均匀耐化学腐蚀的玻璃管制成，管内径（50±0.8)mm，下端收缩成半球形，并焊接一梗管直径为 12mm 的直孔标准锥形旋塞，塞孔直径 6mm。量管上刻 3 个环线刻度：第 1 个刻度应在 50mL（关闭旋塞测量的容积）处，但不应在收缩的曲线部位；第 2 个刻度应在 250mL 处；第 3 个刻度在距离 50mL 刻度上面（90±0.5)cm 处。在此 90cm 内，以 250mL 刻度为零点向上下刻 1mm 标尺。刻度量管安装在一壁厚均匀的水夹套玻璃管内，水夹套管的外径不小于 70mm，带有进水管和出水管。水夹套管与刻度量管在顶和底可用橡皮塞连接或焊接，但底部的密封应尽量接近旋塞。

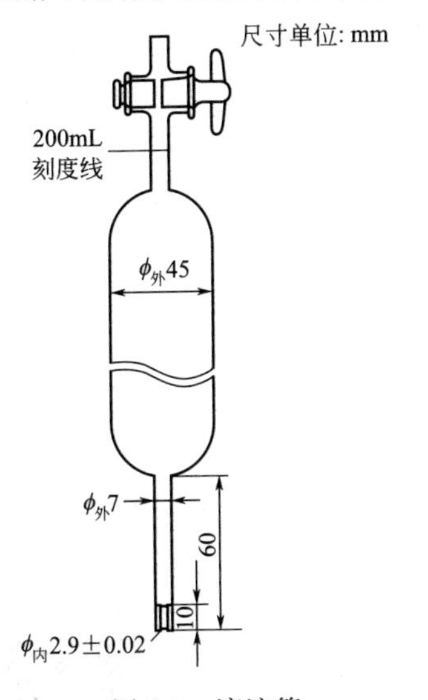

图 8-1 滴液管

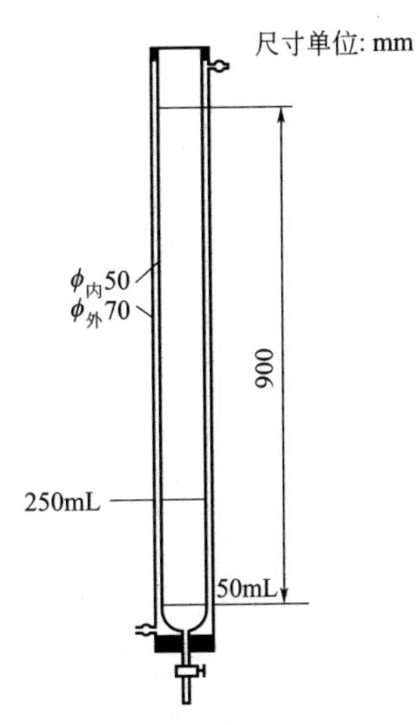

图 8-2 刻度量管

c. 将组装好的刻度量管和夹套管牢固地安装于合适的支架上，使刻度量管呈垂直状态。将夹套管的进水管、出水管用橡皮管连接至超级恒温器的出水管和回水管。用可调式活动夹或用与滴液管及刻度量管管口相配的木质或塑料塞座将滴液管固定在刻度量管管口，使滴液管梗管下端与刻度量管上部 90cm 刻度齐平并严格地对准刻度量管的中心（即滴液管流出的溶液正好落到刻度量管的中心）。

② 超级恒温水浴箱：可控制水温（40±1)℃。

③ 秒表。

④ 温度计：量程 0～100℃。

⑤ 容量瓶：1000mL。

(3) 试剂

① 氯化钙（$CaCl_2$）。

② 硫酸镁（$MgSO_4 \cdot 7H_2O$）。

(4) 检验步骤

① 1500mg/kg 硬水的配制　称取 5g 无水氯化钙，3.7g 无水硫酸镁，充分溶解于 5000mL 蒸馏水中。

② 试验溶液的配制　称取洗涤剂样品 2.5g，用 900mL 蒸馏水溶解，加入 100mL 1500mg/kg 硬水，摇匀，加热至（40±1)℃，待用。

③ 测定　在试液陈化时，即启动水泵使循环水通过刻度管夹套，并使水温稳定在（40±1)℃。刻度管内壁预先用铬酸硫酸洗液浸泡过夜，用蒸馏水冲洗至无酸。试验时先用蒸馏水冲洗刻度量管内壁，然后用试液冲洗刻度量管内壁，冲洗应完全，但在内壁不应留有泡沫。

自刻度量管底部注入试液至 50mL 刻度线以上，关闭刻度量管旋塞，静止 5min，调节旋塞，使液面恰好在 50mL 刻度处。将滴液管用抽吸法注满 200mL 试液，按要求安放到刻度量管上口，打开滴液管的旋塞，使溶液流下，当滴液管中的溶液流完时，立即开启秒表并读取起始泡沫高度（取泡沫边缘与顶点的平均高度），在 5min 末再读取第二次读数。用新的试液重复以上试验 2～3 次，每次试验前必须用试液将管壁洗净。

以上规定的水硬度、试液浓度、测定温度可按产品标准的要求予以改变，但应在试验报告中说明。

(5) 结果表示

固定漏斗中心位置，放完试液，立即记下泡沫高度，取两次误差在允许范围内的结果平均值作为最后结果，结果保留至整数位。在重复性条件下获得的两次独立试验结果之间的绝对值不大于 5mm。

3. 有效物含量的测定

表面活性剂是洗发液的主要成分，它的含量决定洗发香波的质量。有效物含量的测定方法主要是乙醇溶解法。该方法的原理是利用洗发液中的表面活性剂能溶解于乙醇中，从而与不溶解物分离，但其中氯化物也能随之溶解，因此，应测出乙醇

M8-5　有效物测定报告模板

溶液溶解的氯化物，然后由总量减去乙醇不溶物、氯化物和水分及挥发物等成分的含量，余下的量即是有效物的含量。详细测定方法如下。

（1）方法原理

用乙醇萃取试样，过滤分离后，定量乙醇溶解物及乙醇溶解物中的氯化钠，产品中总活性物含量用乙醇溶解物含量减去乙醇溶解物中的氯化钠量计算得到。

（2）仪器设备

① 吸滤瓶：250mL、500mL或1000mL。

② 古氏坩埚：25～30mL，铺石棉滤层。先在坩埚底与多孔瓷板之间铺一层快速定性滤纸圆片，然后倒满经在水中浸泡24h，浮选分出的较粗的酸洗石棉稀淤浆，沉降后抽滤干，如此再铺两层较细酸洗石棉，于(105±2)℃烘箱内干燥后备用。

③ 沸水浴。

④ 烘箱：能控制温度于(105±2)℃。

⑤ 干燥器：内盛变色硅胶或其他干燥剂。

⑥ 量筒：25mL、100mL。

⑦ 烧杯：150mL、300mL。

⑧ 三角瓶：250mL。

⑨ 玻璃坩埚：孔径16～30μm，约30mL。

（3）试剂

① 95%乙醇：新煮沸后冷却，用碱中和至对酚酞呈中性。

② 无水乙醇：新煮沸后冷却。

③ 硝酸银标准溶液：$c_{AgNO_3}=0.1mol/L$。

④ 铬酸钾溶液：$\rho_{KCrO_4}=50g/L$。

⑤ 酚酞乙醇溶液：$\rho_{酚酞}=10g/L$。

⑥ 硝酸溶液：$c_{HNO_3}=0.5mol/L$。

⑦ 氢氧化钠溶液：$c_{NaOH}=0.5mol/L$。

（4）检验步骤

① 乙醇溶解物含量的测定　精确称取适量试样（粉、粒状样品约2g，液、膏体样品约5g），准确至0.001g，置于150mL烧杯中，加入5mL蒸馏水，用玻璃棒不断搅拌，以分散固体颗粒和破碎团块，直到没有明显的颗粒状物。加入5mL无水乙醇，继续用玻璃棒搅拌，使样品溶解呈糊状，然后边搅拌边缓缓加入90mL无水乙醇，继续搅拌一会儿以促进溶解。静置片刻至溶液澄清，用倾泻法通过古氏坩埚进行过滤（用吸滤瓶吸滤）。将清液尽量排干，不溶物尽可能留在烧杯中，再以同样方法，每次用95%的热乙醇25mL重复萃取、过滤，操作4次。

将吸滤瓶中的乙醇萃取液小心地转移至已称量的300mL烧杯中，用95%的热乙醇冲洗吸滤瓶3次，滤液和洗涤液合并于300mL烧杯中（此为乙醇萃取液）。

将盛有乙醇萃取液的烧杯置于沸腾水浴中，使乙醇蒸发至尽，再将烧杯外壁擦干，置于（105±2）℃烘箱内干燥1h，移入干燥器中，冷却30min并称量（m_1）。

② 乙醇溶解物中氯化钠含量的测定　将已称量的烧杯中的乙醇萃取物分别用100mL蒸馏水、20mL 95%乙醇溶解洗涤至250mL三角烧瓶中，加入酚酞指示液3滴，如呈红色，则以0.5mol/L硝酸溶液中和至红色刚好褪去，如不呈红色，则以0.5mol/L氢氧化钠溶液中和至微红色，再以0.5mol/L硝酸溶液回滴至微红色刚好褪去。然后加入1mL铬酸钾指示液，用0.1mol/L的硝酸银标准溶液滴定至溶液由黄色变为橙色为止。

(5) 结果计算

① 乙醇溶解物中氯化钠的质量 m_2 按式(8-8) 计算。

$$m_2=c\times V\times 58.5/1000 \tag{8-8}$$

式中　c——硝酸银标准滴定液的实际浓度，mol/L；

V——硝酸银标准滴定溶液的体积，mL；

58.5——氯化钠的摩尔质量，g/mol。

② 样品中总活性物含量的质量分数 X_1 按式(8-9) 计算

$$X_1=\frac{m_1-m_2}{m}\times 100\% \tag{8-9}$$

式中　m_1——乙醇溶解物的质量，g；

m_2——乙醇溶解物中氯化钠的质量，g；

m——试样的质量，g。

在重复性条件下获得的两次独立测定结果的相对差值不大于0.3%，以大于0.3%的情况不超过5%为前提。

8.3.3 指甲油的质量分析

指甲是由上皮细胞角化后重叠堆积而成的一种半透明状的硬板，供保护手指尖用。指甲油是用来修饰和增加指甲美观的化妆用品，指甲油按产品基质不同，可分为两种：一是有机溶剂型指甲油（Ⅰ型），是以乙酸乙酯、丙酮等有机化合物为液体溶剂制成的指甲油；二是水性型指甲油（Ⅱ型），是以水代替有机溶剂制成的指甲油。参照QB/T 2287—2011《指甲油》，指甲油的感官及理化指标见表8-9。

表 8-9　指甲油感官及理化指标

项目		要求	
		（Ⅰ型）	（Ⅱ型）
感官指标	色泽	符合企业规定	
	外观	透明指甲油：清晰、透明。有色指甲油：符合企业规定	
理化指标	牢固度	无脱落	—
	干燥时间/min	≤8	

1. 牢固度的检验

（1）试剂和仪器

① 乙酸乙酯：化学纯。

② 温度计：分度值 0.5℃。

③ 载玻片：75.5mm×25.5mm×1.2mm。

④ 不锈钢尺。

⑤ 绣花针：9 号。

（2）检验步骤

在室温 (20±5)℃，用乙酸乙酯擦洗干净载玻片，等干燥后用笔刷蘸满指甲油试样涂刷一层在载玻片上，放置 24h 后，用绣花针划成横和竖交叉的五条线，每条间隔 1mm，观察，应无一方格脱落。

2. 干燥时间的检验

（1）试剂和仪器

① 乙酸乙酯：化学纯。

② 温度计：分度值 0.5℃。

③ 载玻片：75.5mm×25.5mm×1.2mm。

④ 秒表。

（2）检验步骤

室温 (20±5)℃，相对湿度≤80%条件下，用乙酸乙酯擦洗干净载玻片，等干燥后用笔刷蘸满指甲油试样一次性涂刷在载玻片上，立即按动秒表，8min 后用手触摸干燥与否。

8.3.4 染发剂的质量分析

目前市售染发剂大多是由合成染料制得，外观上多为乳状和膏状，染发产品按形态可分为染发膏、染发粉、染发水；按剂型可分为单剂型和两剂型；按染色原理可分为氧化型染发剂和非氧化型染发剂。根据染料分子能否进入毛发的内部，染发剂又可分为暂时性、半永久性及永久性染发剂。除染料外，在染发剂中还有表面活性剂、溶剂、分散剂、整理剂等。参照 QB/T 1978—2016《染发剂》，染发剂的感官、理化指标见表 8-10。

表 8-10　染发剂感官、理化指标

<table>
<tr><td colspan="2" rowspan="5">项目</td><td colspan="6">要求</td></tr>
<tr><td colspan="5">氧化型染发剂</td><td rowspan="4">非氧化型
染发剂</td></tr>
<tr><td colspan="3">染发粉</td><td rowspan="3">染发水</td><td rowspan="3">染发膏
（啫喱）</td></tr>
<tr><td rowspan="2">单剂型</td><td colspan="2">两剂型</td></tr>
<tr><td>粉-粉型</td><td>粉-水型</td></tr>
<tr><td colspan="2">外观</td><td colspan="6">符合规定要求</td></tr>
<tr><td colspan="2">气味</td><td colspan="6">符合规定香型</td></tr>
<tr><td rowspan="2">pH 值</td><td>染剂</td><td rowspan="2">7.0～11.5</td><td>4.0～9.0</td><td>7.0～11.0</td><td>8.0～11.0</td><td>7.0～11.0</td><td>2.5～9.5</td></tr>
<tr><td>氧化剂</td><td>8.0～12.0</td><td colspan="3">2.0～5.0</td><td>—</td></tr>
<tr><td colspan="2">染色能力</td><td colspan="6">能将头发染至明示的颜色</td></tr>
<tr><td colspan="2">氧化剂含量/%</td><td colspan="2">—</td><td colspan="3">≤12.0</td><td>—</td></tr>
<tr><td colspan="2">耐热</td><td colspan="4">—</td><td colspan="2">(40±1)℃保持 6h，恢复至室温后，与试验前相比无明显变化</td></tr>
<tr><td colspan="2">耐寒</td><td colspan="4">—</td><td colspan="2">(−8±2)℃保持 24h，恢复至室温后，与试验前相比无明显变化</td></tr>
</table>

1. 染色能力的测定

（1）试剂和仪器

① 烧杯：50mL。

② 量筒：10mL。

③ 玻璃平板：20cm×15cm。

④ 毛发：取未经染发剂染过的洗净晾干后的人的白发或黑发，或白羊毛一束，长度为 9～11cm，一端用线扎牢。以人的白发或黑发为仲裁。

（2）检验步骤

① 氧化型染发剂。按产品说明书中的使用方法执行。

② 非氧化型染发剂。按产品说明书中的使用方法，将放置在玻璃平板上的头发用试样涂抹均匀。然后按产品说明书中规定的方法和时间停留后，在非阳光直射的明亮处观察。如产品说明书中未规定等候时间，应停留 15min 后观察。

2. 氧化剂含量的测定

（1）试剂和仪器

① 天平：精度 0.1mg。

② 三角烧瓶：150mL。

③ 硫酸：体积分数1∶1。

④ 高锰酸钾标准溶液：0.1mol/L。

（2）检验步骤

准确称取试样0.5～1g（精确至0.1mg）于150mL三角烧瓶中，然后加10mL蒸馏水和体积分数为1∶1的硫酸10mL，摇匀。用0.1mol/L的高锰酸钾标准溶液滴定至粉红色出现，30s不褪色为终点。氧化剂含量，数值以%表示，按式(8-10) 计算。

$$\text{氧化剂含量}(\%)=\frac{V\times c\times 0.01701}{m}\times 100 \tag{8-10}$$

式中 c——高锰酸钾标准溶液的实际浓度，mol/L；

V——滴定所用高锰酸钾标准溶液的体积，mL；

0.01701——与1mL高锰酸钾标准溶液（$c_{\frac{1}{5}KMnO_4}$=1.000mol/L）相当的以克（g）表示的过氧化氢（H_2O_2）的质量，g/mmol；

m——试样的质量，g。

8.3.5 气雾和喷雾类化妆品的质量分析

气雾和喷雾类化妆品是近年来非常流行的化妆品，传统的产品有发用摩丝和定型发胶，新型的产品有气雾型护肤品、气雾型防晒产品等。传统产品已经有行业标准QB/T 1644—1998《定型发胶》和QB/T 1643—1998《发用摩丝》，新型产品目前主要是企业标准，如广州融汇化妆品有限公司发布的企业标准Q/GZRH 2—2019《气雾型护肤品》。发用摩丝和气雾型护肤品的感官、理化指标见表8-11和表8-12。

表8-11 发用摩丝的感官、理化指标

项目		指标要求
感官指标	外观	泡沫均匀，手感细腻，富有弹性
	香气	符合规定香型
理化指标	pH值	3.5～9.0
	喷出率/%	≥95
	泄漏试验	在50℃恒温水浴中试验不得有泄漏现象
	内压力/MPa	在25℃恒温水浴中试验应小于0.8
	耐热	40℃保持4h，恢复室温能正常使用
	耐寒	0～5℃保持24h，恢复室温能正常使用

表 8-12 气雾型护肤品的感官、理化指标

项目		指标要求	
		O/W 型	W/O 型
感官指标	外观	符合封样	
	香型	符合规定香型	
理化指标	pH 值	4.0～8.5(α-羟基酸、β-羟基酸类产品除外)	—
	喷出率/%	≥90.0	
	泄漏试验[(50±2)℃，恒温水浴]	合格	
	内压力(25℃)/MPa	在(25±1)℃恒温水浴中，应小于 0.8	
	耐热性能	(40±2)℃，24h 恢复至室温能正常使用	
	耐寒性能	(−5±2)℃，24h 恢复至室温能正常使用	

1. 泄漏试验

泄漏试验是检验气压式化妆品是否存在喷射剂外泄问题的。本试验适用于发用摩丝和定型发胶的泄漏试验。

预先将恒温水浴箱调节至 (50±2)℃，然后三罐试样摇匀，将脱去塑盖的试样直立放入水浴中，5min 内每罐试样冒出气泡不超过 5 个为合格。

2. 内压力试验

(1) 仪器和装置

① 压力表：量程 0MPa～1.5MPa，精度不低于 1.6 级，带专用接头。

② 计时器。

③ 恒温水浴：控温精度±1℃。

(2) 检验步骤

① 取三罐试样，按试样标示的喷射方法，排除充装操作时滞留在阀门和(或) 吸管中的推进剂或空气；

② 将试样拔出阀门促动器，置于 25℃的恒温水浴中，使水浸没罐身，恒温时间不少于 30min；

③ 戴厚皮手套，摇动试样六次，将压力表进口对准阀杆，产品正立放置，用力压紧，压力表指针稳定后，记下压力表读数，再重复②、③步骤两次，取平均值。依此方法测试第二、第三罐试样，三次测试结果平均值即为该产品的内压。

3. 喷出速率试验

(1) 仪器

① 秒表：精度 0.2s。

② 恒温水浴：控温精度±1℃，带金属架夹。

（2）检验步骤

① 取三罐试样，按试样标示的喷射方法，排除充装操作时滞留在阀门和（或）吸管中的推进剂或空气；

② 将试样置于所25℃的恒温水浴中，使水浸没罐身，恒温30min；

③ 戴厚皮手套，取出试样，擦干；

④ 称量得 m_1（准确至0.01g）；

⑤ 摇动试样六次，正确按下阀门（完全打开）促动器，净容量小于或等于400mL，按下阀门促动器5s；净容量大于400mL，按下阀门促动器10s。然后擦去试样表面沾上的液体，称量得 m_2（准确至0.01g）。喷出速率 X_1 按式(8-11)计算：

$$X_1=\frac{m_1-m_2}{t} \tag{8-11}$$

式中　m_1——喷出前试样的质量，g；

m_2——喷出后试样的质量，g；

t——实际喷射时间，s。

再重复②～⑤步骤两次，取平均值。

4. 起喷次数试验

本试验适用于检验定型发胶的起喷次数。

取三瓶泵式喷发胶，按动至开始喷出液体止，计算每瓶按动次数。每瓶的起喷次数不得超过5次。

8.3.6　化妆品粉块的质量分析

化妆品粉块包括胭脂、眼影和粉饼等，一般由颜料、粉体、胶合剂和香料等混合后经压制而成的粉饼状。参照QB/T 1976—2004《化妆粉块》，其感官、理化指标见表8-13。

表8-13　化妆品粉块感官、理化指标

指标名称		技术要求
理化指标	涂擦性能	油块面积≤1/4粉块面积
	跌落试验/份	破损≤1
	pH值	6.0～9.0
	疏水性	粉质浮在水面保持30min不下沉

续表

指标名称		技术要求
感官指标	外观	颜料和粉质分布均匀，无明显斑点
	香气	符合规定香型
	块型	表面应完整，无缺角、裂缝等缺陷

1. 涂擦性能

（1）仪器

恒温培养箱：温控精度±1℃。

（2）操作程序

预先将恒温培养箱调节到（50±1)℃，将试样盒打开，置于恒温培养箱内，24h后取出，恢复室温后，用所附粉扑或粉刷在块面不断轻擦，随时吹去擦下的粉粒。每擦拭10次除去粉扑或粉刷上附着的粉，继续擦拭，共擦拭100次，观察块面的油块大小。

2. 疏水性

（1）仪器

① 筛子：80目。

② 烧杯：150mL。

（2）操作程序

从粉块表面将粉轻轻刮下，用筛子过筛，称取0.1g过筛物于100mL水中，观察30min，应无下沉物。

3. 跌落试验

（1）材料

表面光滑平整的正方形木板，厚度1.5cm，宽度30cm。

（2）操作程序

取试样5份。依次将粉盒从花盒里取出，打开粉盒，再取出盒内的附件，如刷子等，然后合上粉盒。将粉盒置于50cm高度，粉盒底部朝下，水平地自由跌落到正方形木板中央。打开粉盒观察。

（3）结果判定

依次逐份记录粉盒、镜子等的破碎、脱落情况（简装粉块除外）、粉块碎裂情况。当出现破损不大于1份时则为合格。

8.3.7 烫发剂的质量分析

烫发剂按其剂型分为水剂型（水溶液型）、乳（膏）剂型和啫喱型，按其是否由专业人员操作可分为一般用和专业用，本节介绍的烫发剂是以巯基乙酸及其盐类为还原剂，以过氧化氢或溴酸钠为氧化剂，添加各种辅料配制而成的美发用化学产品。参照GB/T 29678—2013《烫发剂》，烫发剂由烫卷剂（烫直剂）和定型剂两部分组成，烫卷剂（烫直剂）和定型剂的感官、理化指标分别见表8-14和表8-15。

表 8-14 烫卷剂（烫直剂）感官、理化指标

指标名称	指标要求			
	受损发质(敏感发质)		其他发质	
	一般用	专业用	一般用	专业用
外观	水剂型(水溶液型)：均一无杂质液体(允许微有沉淀) 乳(膏)剂型：乳状或膏状体(允许乳状或膏状体表面轻微析水) 啫喱型：透明或半透明凝胶状			
气味	符合规定气味			
pH 值	7.0～9.5			
巯基乙酸含量/%	2～8		4～8	4～11

表 8-15 定型剂感官、理化指标

指标名称		指标要求
过氧化氢型	外观	水剂型(水溶液型)：均一无杂质液体(允许微有沉淀) 乳(膏)剂型：乳状或膏状体(允许乳状或膏状体表面轻微析水) 啫喱型：透明或半透明凝胶状
	过氧化氢含量/%	1.0～4.0(使用浓度)
	pH 值	1.5～4.0
溴酸钠型	外观	水剂型(水溶液型)：均一无杂质液体(允许微有沉淀) 乳(膏)剂型：乳状或膏状体(允许乳状或膏状体表面轻微析水) 啫喱型：透明或半透明凝胶状
	溴酸钠含量/%	≥6
	pH 值	4.0～8.0

1. 巯基乙酸含量的测定

(1) 基本原理

含有巯基乙酸及其盐类的化妆品经预处理后，用碘标准溶液滴定定量，其反应方程式如下：

$$2HSCH_2COOH + I_2 \longrightarrow HOOCH_2C—S—CH_2COOH + 2HI$$

M8-6 巯基乙酸含量测定报告模板

(2) 试剂

① 10%盐酸：优级纯，取盐酸（$\rho = 1.19g/mL$）10mL，加入90mL水中，混匀。

② 三氯甲烷：优级纯。

③ 淀粉溶液：10g/L，称可溶性淀粉 1g 溶于 100mL 煮沸水中，加水杨酸 0.1g 或氯化锌 0.4g 防腐。

④ 碘标准溶液：0.1mol/L。

（3）仪器

① 酸式滴定管。

② 电磁搅拌器：搅棒外层不要包裹塑料套。

③ 电子天平：精度 0.0001g。

（4）操作程序

准确称取样品 2g（精确至 0.0001g）于锥形瓶中，加 10%盐酸 20mL 及水 50mL 缓慢加热至沸腾，冷却后加三氯甲烷 5mL，用电磁搅拌器搅拌 5min 作为待测液备用。

用淀粉溶液作为指示剂，用 0.1mol/L 的碘标准溶液滴定待测液，至溶液呈稳定的蓝色即为终点。

（5）结果计算

巯基乙酸及其盐类的含量 X_1（以巯基乙酸计），以%表示，按式(8-12)计算：

$$X_1=\frac{92.1\times c\left(\frac{1}{2}I_2\right)\times V}{m\times 1000}\times 100\% \tag{8-12}$$

式中 m——样品取样量，g；

$c\left(\frac{1}{2}I_2\right)$——碘标准溶液的实际浓度，mol/L；

92.1——巯基乙酸的摩尔质量，g/mol；

V——滴定后碘标准溶液的消耗量，mL。

所得结果表示至整数位。

2. 过氧化氢含量的测定

（1）试剂

① 5%碘化钾溶液：称取 5g 碘化钾，溶于 100mL 水中。

② 3%钼酸铵溶液：称取 3g 钼酸铵，溶于 100mL 水中。

③ 淀粉指示剂：$\rho_{淀粉}=10g/L$，称可溶性淀粉 1g 溶于 100mL 煮沸水中，加水杨酸 0.1g 或氯化锌 0.4g 防腐。

M8-7 过氧化氢含量测定报告模板

④ 硫酸溶液（2mol/L）：量取 56mL 市售浓硫酸，缓慢加入适量水中，冷却后，稀释至 500mL。

⑤ 硫代硫酸钠标准溶液：$c_{Na_2S_2O_3}=0.1mol/L$。

（2）仪器

① 酸式滴定管。

② 电子天平：精度 0.0001g。

（3）操作程序

准确称取定型剂 10g（精确至 0.0001g）于烧杯中用水溶解，转于 100mL 容量瓶中稀释至刻度，取上述溶液 10mL 放入锥形瓶中，加水 80mL，2mol/L 硫酸 20mL 酸化，再加入 5%碘化钾溶液 20mL，加 3%钼酸铵溶液 3 滴，用 0.1mol/L 硫代硫酸钠标准溶液滴定，近终点时加入淀粉指示剂 2mL，滴至无色为终点。

（4）结果计算

过氧化氢的含量 X_2，以%表示，按式(8-13) 计算：

$$X_2 = V \times c \times 0.01701 \times \frac{10}{m} \times 100\% \tag{8-13}$$

式中　m——样品取样量，g；

c——硫代硫酸钠标准溶液的实际浓度，mol/L；

0.01701——与 1.00mL 硫代硫酸钠标准溶液（$c_{Na_2S_2O_3}=1.000$mol/L）相当的过氧化氢的质量，g；

V——硫代硫酸钠标准溶液的用量，mL。

所得结果表示至一位小数。

3. 溴酸钠含量的测定

M8-8　溴酸钠含量测定报告模板

（1）试剂

① 碘化钾。

② 硫代硫酸钠标准溶液：$c_{Na_2S_2O_3}=0.1$mol/L。

③ 淀粉指示剂：$\rho_{淀粉}=10$g/L，称可溶性淀粉 1g 溶于 100mL 煮沸水中，加水杨酸 0.1g 或氯化锌 0.4g 防腐。

④ 稀硫酸溶液：体积分数，1+10。

（2）仪器

① 酸式滴定管。

② 电子天平：精度 0.0001g。

（3）操作程序

准确称取定型剂 10g（精确至 0.0001g）于烧杯中用水溶解，转于 100mL 容量瓶中稀释至刻度，再用移液管吸取 10mL 于 300mL 碘量瓶中，加入去离子水 40mL、稀硫酸 15mL 及碘化钾 3g，盖好瓶盖后于冷暗处放置 5min 加淀粉指示剂 3mL，用 0.1mol/L 硫代硫酸钠标准溶液滴定至无色，并做空白试验。

（4）结果计算

溴酸钠的含量 X_3，以%表示，按式(8-14) 计算：

$$X_3 = c \times (V_A - V_B) \times 0.02515 \times \frac{10}{m} \times 100\% \quad (8\text{-}14)$$

式中 m——样品取样量，g；

c——硫代硫酸钠标准溶液的实际浓度，mol/L；

0.02515——与 1.00mL 硫代硫酸钠标准溶液（$c_{Na_2S_2O_3}=1.000mol/L$）相当的溴酸钠的质量，g；

V_A——试样所消耗硫代硫酸钠标准溶液的体积，mL；

V_B——空白所消耗硫代硫酸钠标准溶液的体积，mL。

所得结果表示至整数位。

8.3.8 香水类化妆品的质量分析

香水类化妆品包括香水、古龙水和花露水，其主要作用是散发香气，它们之间只是香精的香型和用量、酒精的浓度等不同而已，主要成分都是香精、酒精和水等。参照 QB/T 1858—2004《香水、古龙水》和 QB/T 1858.1—2006《花露水》，香水、古龙水和花露水的感官指标、理化指标见表 8-16。

表 8-16 香水、古龙水和花露水的感官指标、理化指标

项目		要求	
		香水、古龙水	花露水
感官指标	色泽	符合规定色泽	
	香气	符合规定香气	
	清晰度	水质清晰，不应有明显杂质和黑点	
理化指标	相对密度(20℃/20℃)	规定值±0.02	0.84～0.94
	浊度	5℃时水质清晰，不浑浊	10℃时水质清晰，不浑浊
	色泽稳定性	(48±1)℃保持 24h，维持原有色泽不变	

以上指标中，密度、浊度和色泽稳定性已在本章 8.2 中介绍，在此仅介绍感官检验。

（1）色泽

取样于 25mL 比色管内，在室温和非阳光直射下目测。

（2）香气

先将等量的试样和规定试样分别放在相同的容器内，用宽 0.5～1.0cm，长 10～15cm 的吸水纸作为评香纸，分别蘸取试样和规定试样 1～2cm（两者应接近），用嗅觉鉴定。

（3）清晰度

原瓶在室温和非阳光直射下，距观察者 30cm 处观察。

8.3.9 香粉（蜜粉）、爽身粉和祛痱粉的质量分析

香粉（蜜粉）是由粉体基质、着色剂、护肤和香精等原料混合而成，用于人面部的粉状护肤美容品，具有护肤、遮蔽面部瑕疵、芳肌等作用。爽身粉是由粉体基质、吸汗剂和香精等原料配制而成，用于人体肌肤的护肤卫生品，具有吸汗、爽肤、芳肌等作用。祛痱粉是由粉体基质、吸汗剂和杀菌剂等原料配制而成，用于人体肌肤的护肤卫生品，具有防痱、祛痱等功能。

在此，介绍适用于以粉体原料为基质，添加其他辅料成分配制而成的香粉、爽身粉和祛痱粉检验的技术要求、试验方法，参照 GB/T 29991—2013《香粉（蜜粉）》、QB/T 1859—2013《爽身粉、祛痱粉》，三种产品的感官指标和理化指标见表 8-17。

表 8-17 香粉、爽身粉和祛痱粉的感官指标和理化指标

指标名称		指标要求	
		香粉(蜜粉)	爽身粉、祛痱粉
感官指标	粉体	洁净，无明显杂质及黑点	
	色泽	符合规定色泽	
	香气	符合规定香型	
理化指标	pH 值	4.5～9.0	成人用产品 4.5～10.5； 儿童用产品 4.5～9.5
	细度(120 目)/%	≥97	≥95

1. 感官检验

（1）色泽

取试样置于白色衬物上，在室温和非阳光直射下目测观察。

（2）粉体

取试样置于白色衬物上，在室温和非阳光直射下目测观察。

（3）香气

取试样用嗅觉进行鉴别。

2. 细度测定

（1）香粉（蜜粉）

称取粉体约 5g（精确至 0.01g），置于 120 目标准筛内，称量粉体、筛子和软毛刷的总质量 m_1，用软毛刷刷落粉体，再次称取未过筛粉体、筛子和软毛刷总质量 m_2。测试结果取两次平行数据的算术平均值。粉体细度 X 按式(8-15)计算：

$$X=\frac{m_1-m_2}{m}\times 100\% \tag{8-15}$$

式中　m——试样的质量，g；

m_1——粉体、标准筛和软毛刷的质量，g；

m_2——未过筛粉体、标准筛和软毛刷的质量，g。

（2）爽身粉、祛痱粉

称取粉体约5g，置于120目标准筛内，用软毛刷刷落粉体，称取筛出物质量。测试两次，取平均值。粉体细度 X 以%表示，按式(8-16) 计算：

$$X=\frac{m_1}{m}\times 100 \tag{8-16}$$

式中　m——试样的质量，g；

m_1——筛出物质量，g。

8.3.10　特种洗手液

GB 19877.1—2005《特种洗手液》遵照国家卫生部有关抗菌、抑菌洗涤产品的规定，对具有抗菌、抑菌效果的洗手液提出了相应的质量要求。

特种洗手液的理化性能及微生物指标应符合表8-18规定。

表8-18　特种洗手液的理化性能及微生物指标

项目		指标	
		抗菌型	抑菌型
理化指标	总活性物含量/%	≥9.0	
	pH值(25℃,1∶10水溶液)	4.0～10.0	
	甲醇含量/(mg/kg)	≤2000	
	甲醛含量/(mg/kg)	≤500	
	砷含量(以As计)/(mg/kg)	≤10	
	重金属含量(以Pb计)/(mg/kg)	≤40	
	汞含量(以Hg计)/(mg/kg)	≤1	
微生物指标	杀菌率①(1∶1溶液,2min)/%	≥90	—
	抑菌率①(1∶1溶液,2min)/%	—	≥50
	菌落总数/(CFU/g)	≤200	≤200
	粪大肠菌群	不得检出	不得检出

① 指金黄色葡萄球菌（ATCC 6538）和大肠杆菌（8099或ATCC 25922）的抗菌率或抑菌率；如产品标明对真菌的作用，还需包括白色念珠菌（ATCC 10231）。产品标识为抗菌产品时，杀菌率应≥90%；产品标识为抑菌产品时，抑菌率应≥50%。

本节主要介绍特种洗手液的杀菌性能、抑菌性能，参照GB 15979—2002《一次性使用卫生用品卫生标准》执行。

1. 样品采集

为使样品具有良好的代表性，应于同一批号三个运输包装中至少随机抽取

20件最小销售包装样品，其中5件留样，5件做抑菌或杀菌性能测试，10件做稳定性测试。

2. 试验菌与菌液制备

① 细菌：金黄色葡萄球菌（ATCC 6538），大肠杆菌（8099或ATCC 25922）。

② 酵母菌：白色念珠菌（ATCC 10231）。

③ 菌液制备：取菌株第3～14代的营养琼脂培养基斜面新鲜培养物（18～24h），用5mL 0.03mol/L磷酸盐缓冲液（以下简称PBS）洗下菌苔，使菌悬浮均匀后用上述PBS稀释至所需浓度。

3. 杀菌性能试验方法

该试验取样部位，根据被试产品生产者的说明而确定。

M8-9　杀菌率的测定报告模板

（1）中和剂鉴定试验

进行杀菌性能测试必须通过以下中和剂鉴定试验。

① 试验分组

A. 染菌样片＋5mL PBS。

B. 染菌样片＋5mL中和剂。

C. 染菌对照片＋5mL中和剂。

D. 样片＋5mL中和剂＋染菌对照片。

E. 染菌对照片＋5mL PBS。

F. 同批次PBS。

G. 同批次中和剂。

H. 同批次培养基。

② 评价规定

A. A组无试验菌，或仅有极少数试验菌菌落生长。

B. B组有较A组为多，但较C、D、E组为少的试验菌落生长，并符合要求。

C. C、D、E组有相似量试验菌生长，并在$1\times10^4\sim9\times10^4$CFU/片之间，其组间菌落数误差率应不超过15%。

D. F～H组无菌生长。

E. 连续3次试验取得合格评价。

（2）杀菌试验

将试验菌24h斜面培养物用PBS洗下，制成菌悬液（要求的浓度为：用100μL滴于对照样片上，回收菌数为$1\times10^4\sim9\times10^4$CFU/片）。

取被试样片（2.0cm×3.0cm）和对照样片（与试样同质材料，同等大小，但不含抗菌材料，且经灭菌处理）各4片，分成4组置于4个灭菌平皿内。

取上述菌悬液，分别在每个被试样片和对照样片上滴加 100μL，均匀涂布，开始计时，作用 2min、5min、10min、20min，用无菌镊分别将样片投入含 5mL 相应中和剂的试管内，充分混匀，作适当稀释，然后取其中 2～3 个稀释度，分别吸取 0.5mL，置于两个平皿，用凉至 40～45℃的营养琼脂培养基（细菌）或沙氏琼脂培养基（酵母菌）15mL 作倾注，转动平皿，使其充分均匀，琼脂凝固后翻转平板，(35±2)℃培养 48h（细菌）或 72h（酵母菌），作活菌菌落计数。

试验重复 3 次，按式(8-17) 计算杀菌率：

$$X_3=\frac{A-B}{A}\times 100\% \tag{8-17}$$

式中　X_3——杀菌率，%；

A——对照样品平均菌落数；

B——被试样品平均菌落数。

4. 溶出性抗（抑）菌产品抑菌性能试验方法

将试验菌 24h 斜面培养物用 PBS 洗下，制成菌悬液（要求的浓度为：用 100μL 滴于对照样片上或 5mL 样液内，回收菌数为 1×10^4～9×10^4CFU/片或 mL）。取被试样片（2.0cm×3.0cm）或样液（5mL）和对照样片或样液（与试样同质材料，同等大小，但不含抗菌材料，且经灭菌处理）各 4 片（置于灭菌平皿内）或 4 管。

取上述菌悬液，分别在每个被试样片或样液和对照样片或样液上或内滴加 100μL，均匀涂布/混合。开始计时，作用 2min、5min、10min、20min，用无菌镊分别将样片或样液（0.5mL）投入含 5mL PBS 的试管内，充分混匀，作适当稀释，然后取其中 2～3 个稀释度，分别吸取 0.5mL，置于两个平皿，用凉至 40～45℃的营养琼脂培养基（细菌）或沙氏琼脂培养基（酵母菌）15mL 作倾注，转动平皿，使其充分均匀，琼脂凝固后翻转平板，(35±2)℃培养 48h（细菌）或 72h（酵母菌），作活菌菌落计数。

试验重复 3 次，按式(8-18) 计算抑菌率：

$$X_4=\frac{A-B}{A}\times 100\% \tag{8-18}$$

式中　X_4——抑菌率，%；

A——对照样品平均菌落数；

B——被试样品平均菌落数。

5. 非溶出性抗（抑）菌产品抑菌性能试验方法

称取被试样片（剪成 1.0cm×1.0cm 大小）0.75g 分装包好。

将 0.75g 样片放入一个 250mL 的三角烧瓶中，分别加入 70mL PBS 和 5mL 菌悬液，使菌悬液在 PBS 中的浓度为 1×10^4～9×10^4CFU/mL。

将三角烧瓶固定于振荡摇床上，以 300r/min 振摇 1h。

取 0.5mL 振摇后的样液，或用 PBS 做适当稀释后的样液，以琼脂倾注法接种平皿，进行菌落计数。

同时设对照样片组和不加样片组，对照样片组的对照样片与被试样片同样大小，但不含抗菌成分，其他操作程序均与被试样片组相同，不加样片组分别取 5mL 菌悬液和 70mL PBS 加入一个 250mL 三角烧瓶中，混匀，分别于 0h 和振荡 1h 后，各取 0.5mL 菌悬液与 PBS 的混合液做适当稀释，然后进行菌落计数。

试验重复 3 次，按式(8-19) 计算抑菌率：

$$X_5=\frac{A-B}{A}\times 100\% \tag{8-19}$$

式中 X_5——抑菌率，%；

A——被试样品振荡前平均菌落数；

B——被试样品振荡后平均菌落数。

8.3.11 特种沐浴液

GB 19877.2—2005《特种沐浴剂》是在 QB 1994 的基础上，对具有抗菌、抑菌效果的沐浴剂提出了相应的质量要求，此类产品与目前市场上大量流通的普通沐浴剂不同。

特种沐浴剂的感官及理化指标应符合 QB 19877.2—2005《特种沐浴剂》的要求，卫生指标应符合表 8-19 规定。

表 8-19 特种沐浴剂的卫生指标

项目	指标	
	抗菌型	抑菌型
杀菌率①(1∶1 溶液，2min)/%	≥90	—
抑菌率①(1∶1 溶液，2min)/%	—	≥50
菌落总数/(CFU/g)	≤200	≤200
粪大肠菌群	不得检出	不得检出

① 指金黄色葡萄球菌（ATCC 6538）和大肠杆菌（8099 或 ATCC 25922）的抗菌率或抑菌率；如产品标明对真菌的作用，还需包括白色念珠菌（ATCC 10231）。产品标识为抗菌产品时，杀菌率应≥90%；产品标识为抑菌产品时，抑菌率应≥50%。

特种沐浴剂的杀菌率、抑菌率的测定方法与特种洗手液一致。

8.3.12 面膜的质量分析

面膜是指涂或敷于人体皮肤表面，经一段时间后揭离、擦洗或保留，起到集中护理或清洁作用的产品。面膜根据产品形态可分为膏（乳）状面膜、啫喱面膜、面贴膜、粉状面膜四类。面贴膜按产品材质可分为纤维贴膜和胶状成形面膜。参照 QB/T 2872—2017《面膜》，面膜的感官、理化指标见表 8-20。

表 8-20　面膜感官、理化指标

项目		要求			
		膏(乳)状面膜	啫喱面膜	面贴膜	粉状面膜
感官指标	外观	均匀膏体或乳液	透明或半透明凝胶状	湿润的纤维贴膜或胶状成形贴膜	均匀粉末
	香气	符合规定香气			
理化指标	pH 值(25℃)	3.5～8.5			5.0～10.0
	耐热	(40±1)℃保持 24h,恢复至室温后与试验前无明显差异		—	—
	耐寒	−5～−10℃保持 24h,恢复至室温后与试验前无明显差异		—	—

1. pH 测定

(1) 膏（乳）状面膜、啫喱面膜、粉状面膜

按 GB/T 13531.1—2008《化妆品通用检验方法》中规定的方法（稀释法）测定。

(2) 面贴膜

① 纤维贴膜　将贴膜中的水或黏稠液挤出，按 GB/T 13531.1—2008《化妆品通用检验方法》中规定的方法（稀释法）测定。

② 胶状成形贴膜　称取剪碎成约 5mm×5mm 试样一份，加入经煮沸并冷却的实验室用水 10 份，于 25℃条件下搅拌 10min，取清液按 GB/T 13531.1—2008《化妆品通用检验方法》中规定的方法测定。

2. 耐热

(1) 非透明包装产品

将试样分别装入 2 支 20mm×120mm 的试管内，高度约 80mm，塞上干净的胶塞，将一支待检的试管置于预先调节至（40±1)℃的恒温培养箱内，24h 后取出，恢复至室温后与另一支试管的试样进行目测比较。

(2) 面贴膜和透明包装产品

取 2 袋（瓶）包装完整的试样，把一袋（瓶）试样置于预先调节至（40±1)℃的恒温培养箱内，24h 后取出，恢复至室温后，剪开面贴膜包装袋与另一袋试样进行目测比较，透明包装产品则直接与另一瓶试样进行目测比较。

8.3.13　啫喱的质量分析

啫喱产品包括护肤啫喱和发用啫喱（水），其配方中主要使用高分子聚合物

为凝胶剂。啫喱产品按产品形态分为发用啫喱和发用啫喱水两类。发用啫喱为黏稠状液体或凝胶状，发用啫喱水为水状液体产品。护肤啫喱是以护理人体皮肤为主要目的的产品。参照 QB/T 2873—2007《发用啫喱（水）》、QB/T 2874—2007《护肤啫喱》，发用啫喱和护肤啫喱的感官、理化指标分别列于表 8-21 和表 8-22。

表 8-21　发用啫喱（水）感官、理化指标

项目		要求	
		发用啫喱	发用啫喱水
感官指标	外观	凝胶状或黏稠状	水状均匀液体
	香气	符合规定香气	
理化指标	pH 值(25℃)	3.5～9.0	
	耐热	(40±1)℃保持 24h,恢复至室温后与试验前外观无明显差异	
	耐寒	−5℃～−10℃保持 24h,恢复至室温后与试验前外观无明显差异	
	起喷次数(泵式)/次	≤10	≤5

表 8-22　护肤啫喱感官、理化指标

项目		要求
感官指标	外观	透明或半透明凝胶状,无异物(允许添加起护肤或美化作用的粒子)
	香气	符合规定香气
理化指标	pH 值(25℃)	3.5～8.5
	耐热	(40±1)℃保持 24h,恢复至室温后与试验前外观无明显差异
	耐寒	−5℃～−10℃保持 24h,恢复至室温后与试验前外观无明显差异

8.4 化妆品中有害物质含量分析

《化妆品安全技术规范》对砷、汞、铅、甲醇、镉等有害物质的含量作了明确规定，在此主要介绍砷、汞、铅、镉的测定方法。

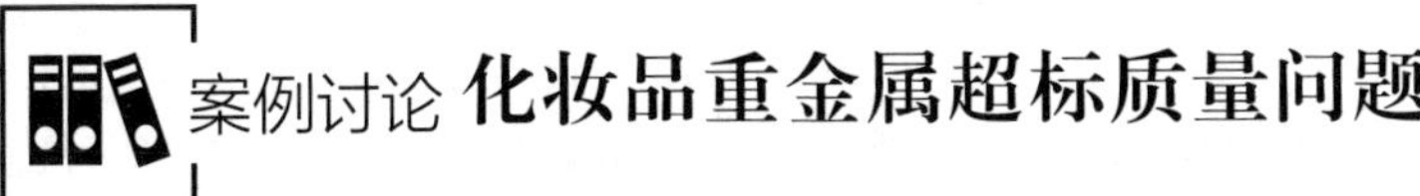

案例讨论 化妆品重金属超标质量问题

【问题】 诚信之窗 2006-12-20 报道：近日，黑龙江省工商局委托省日化产品质量监督检验站对全省流通领域的润肤膏、润肤霜进行了质量监测。结果表明，检测商品中，两成半汞含量超标。

此次监测抽样地点为哈尔滨、牡丹江、佳木斯、大庆、鸡西、七台河6个城市，共抽取了23家经销单位的样品40个批次，经检验，合格率为50%。此次监测主要检查了润肤类产品国家标准规定的重要指标，如外观、香气、耐热、耐寒、细菌总数、pH值、霉菌和酵母菌总数、粪大肠菌群、铅、汞、砷以及标识等。

监测结果显示，问题大多出现在润肤膏、润肤霜有毒物质限量方面。抽检样品中，9种商品存在汞超标，占润肤膏、润肤霜类总体抽样数的25%。出现有毒物质超标主要原因是部分生产企业对标准要求的指标控制不严。

【讨论题目】

(1) 化妆品标准规定，化妆品的检验指标有哪几种?

(2) 铅、汞、砷对人体有哪些危害?《化妆品安全技术规范》对这些物质有何规定?

(3) 作为一名专业的检验人员，你认为应该如何控制以上质量问题。

8.4.1 砷含量的测定

测定砷含量的方法有氢化物原子荧光光度法和氢化物发生原子吸收法等。在此仅介绍氢化物原子荧光光度法。

1. 测定原理

在酸性条件下，五价砷被硫脲-抗坏血酸还原为三价砷，然后与由硼氢化钠与酸作用产生的大量新生态氢反应，生成气态的砷化氢，被载气输入石英管炉中，受热后分解为原子态砷，在砷空心阴极灯发射光谱激发下，产生原子荧光，在一定浓度范围内，其荧光强度与砷含量成正比，与标准系列比较定量。

本方法对砷的检出限为4.0μg/L，定量下限为13.3μg/L。取样量为1g时，检出浓度为0.01μg/g，最低定量浓度为0.04μg/g。

2. 试剂

① 硝酸：优级纯。

② 硫酸：优级纯。

③ 氧化镁、无砷锌粒、氯仿、三乙醇胺。

④ 六水硝酸镁溶液（500g/L)：称取六水硝酸镁500g，加水溶解稀释至1L。

⑤ 盐酸（1+1)：体积比为1∶1，取优级纯盐酸100mL，加水100mL，混匀。

⑥ 过氧化氢：$\omega_{H_2O_2}=30\%$。

⑦ 硫脲-抗坏血酸混合溶液：称取硫脲 12.5g，加水约 80mL，加热溶解，待冷却后加入抗坏血酸 12.5g，稀释到 100mL，储存于棕色瓶中，可保存一个月。

⑧ 氢氧化钠溶液：称取氢氧化钠 100g 溶于水中，稀释至 1L。

⑨ 硫酸（1+9）：取硫酸 10mL，缓慢加入 90mL 水中。

⑩ 酚酞指示剂：1g/L 乙醇溶液，称取 0.1g 酚酞，溶于 50mL 95%乙醇，加水至 100mL。

⑪ 砷单元素溶液标准物质：$\rho_{As}=1000mg/L$，国家标准单元素储备溶液，应在有效期范围内。

⑫ 砷标准溶液Ⅰ：移取砷单元素溶液标准物质 1.00mL 于 100mL 容量瓶中，加水至刻度，混匀。

⑬ 砷标准溶液Ⅱ：临用时移取砷标准溶液Ⅰ 10.0mL 于 100mL 容量瓶中，加水至刻度，混匀。

3. 仪器

① 原子荧光光度计。

② 天平。

③ 具塞比色管：10mL、25mL。

④ 压力自控微波消解系统。

⑤ 水浴锅（或敞开式电热加热恒温炉）。

⑥ 坩埚：50mL。

4. 测定步骤

（1）标准系列溶液的制备

移取砷标准溶液Ⅱ 0mL、0.10mL、0.30mL、0.50mL、1.00mL、1.50mL、2.00mL 于 25mL 具塞比色管中，加水至 5mL，加入盐酸（1+1）溶液 5.0mL，再加入硫脲-抗坏血酸溶液 2.0mL，混匀，得相应浓度为 0μg/L、4μg/L、12μg/L、20μg/L、40μg/L、60μg/L、80μg/L 的砷标准系列溶液。

（2）样品预处理

样品预处理可任选下列一种处理方法。

① HNO_3-H_2SO_4 湿式消解法。

称取样品 1g（精确到 0.001g）于 150mL 锥形瓶中，同时做试剂空白。样品如含有乙醇等溶剂，则应预先使溶剂挥发（不得干涸）。加数颗玻璃珠，加入硝酸 10～20mL，放置片刻后，缓缓加热，反应开始后移去热源，稍冷后加入硫酸 2mL，继续加热消解，若消解过程中溶液出现棕色，可加少许硝酸消解。如此反复直至溶液澄清或微黄。放置冷却后加水 20mL，继续加热煮沸至产生白烟，将消解液定量转移至 25mL 具塞比色管中，加水定容至刻度，备用。

② 干灰化法。

称取样品 1g（精确到 0.001g）于 50mL 坩埚中，同时做试剂空白。加入氧化镁 1g、六水硝酸镁溶液 2mL，充分搅拌混匀，在水浴上蒸干水分后微火炭化至不冒烟，移入箱形电炉，在 550℃下灰化 4～6h，取出，向灰分加水少许使润湿，然后用体积比为 1∶1 的盐酸 20mL 分数次溶解灰分，加水定容至 25mL，备用。

③ 微波消解法。

准确称取混匀试样 0.5～1g（精确到 0.001g）于清洗好的聚四氟乙烯溶样杯内。含乙醇等挥发性原料的化妆品如香水、摩丝、沐浴液、染发剂、精华素、刮胡水、面膜等，先放入温度可调的 100℃恒温电加热器或水浴上挥发（不得蒸干）。蜡基类和粉类等干性物质，如唇膏、睫毛膏、眉笔、胭脂、唇线笔、粉饼、眼影、爽身粉、祛痱粉等，取样后先加水 0.5～1.0mL，润湿摇匀。

根据样品消解难易程度，样品或经预处理的样品，先加入硝酸 2.0～3.0mL，静置过夜，充分作用。然后再依次加入过氧化氢 1.0～2.0mL，将溶样杯晃动几次，使样品充分浸没。放入沸水浴或温度可调的恒温电加热设备中 100℃加热 20min 取下，冷却。如溶液的体积不到 3mL，则补充水。同时严格按照微波溶样系统操作手册进行操作。

把装有样品的溶样杯放进预先准备好的干净的高压密闭溶样罐中，拧上罐盖（注意：不要拧得过紧）。

表 8-23 为一般化妆品消解时压力-时间的程序。如果化妆品是油脂类、中草药类、洗涤类，可适当提高防爆系统灵敏度，以增加安全性。

根据样品消解难易程度可在 5～20min 内消解完毕，取出冷却，开罐，将消解好的含样品的溶样杯放入沸水浴或温度可调的 100℃电加热器中数分钟，驱除样品中多余的氮氧化物，以免干扰测定。

表 8-23　消解时压力-时间程序

压力档	压力/MPa	保压累加时间/min
1	0.5	1.5
2	1.0	3.0
3	1.5	5.0

将样品移至 10mL 具塞比色管中，用水洗涤溶样杯数次，合并洗涤液，用水定容至 10mL，备用。

（3）测定

① 仪器参考条件。灯电流：45mA；光电倍增管负高压：340V；原子化器高度：8.5mm；载气流量：500mLAr/min；屏蔽气流量：1000mLAr/min；测量方式：标准曲线法；读数时间：12s；硼氢化钾加液时间：8s；进样体积：2mL。

② 移取砷标准系列溶液 2.0mL，置于氢化物发生瓶中，加入一定量的硼氢

化钠溶液，测定其荧光强度，以标准系列溶液浓度为横坐标、荧光强度为纵坐标，绘制标准曲线。

取预处理样品溶液及试剂空白溶液 10.0mL 于 25mL 具塞比色管中，加入硫脲-抗坏血酸溶液 2.0mL，混匀，吸取 2.0mL，按绘制标准曲线的操作步骤测定样品荧光强度，由标准曲线查出测试溶液中砷的浓度。

5. 结果计算

样品中砷的质量分数 w 按式(8-20) 计算，单位为 μg/g。

$$w=\frac{(\rho_1-\rho_0)\times V}{m\times 1000} \tag{8-20}$$

式中 ρ_1——测试溶液中砷的质量分数，μg/g；

ρ_0——空白溶液中砷的质量分数，μg/g；

m——样品取样量，g；

V——样品消化液总体积，mL。

8.4.2 铅含量的测定

测定铅含量的方法有火焰原子吸收分光光度法、石墨炉原子吸收分光光度法、极谱法等。常用的有火焰原子吸收分光光度法和石墨炉原子吸收分光光度法，在此介绍火焰原子吸收分光光度法。

1. 测定原理

样品经预处理使铅以离子状态存在于样品溶液中，样品溶液中铅离子被原子化后，基态铅原子吸收来自铅空心阴极灯发出的共振线，其吸光度与样品中铅含量成正比。在其他条件不变的情况下，根据测量被吸收后的谱线强度，与标准系列比较进行定量。

本方法的检出限为 0.15mg/L，定量下限为 0.50mg/L。取样量为 1g 样品定容至 10mL 时，本方法的检出浓度为 1.5μg/g，最低定量浓度为 5μg/g。

2. 仪器

① 原子吸收分光光度计及其配件。

② 离心机。

③ 具塞比色管：10mL、25mL、50mL。

④ 压力自控微波消解系统。

⑤ 水浴锅（或敞开式电加热恒温炉）。

⑥ 天平。

3. 试剂

① 硝酸（$\rho_{20}=1.42$g/mL）：优级纯。

② 高氯酸［w_{HClO_4}=70%～72%］：优级纯。

③ 过氧化氢：$w_{H_2O_2}$=30%。

④ 硝酸（1+1）：取硝酸 100mL，加水 100mL，混匀。

⑤ 混合酸：硝酸和高氯酸按 3∶1 混合。

⑥ 辛醇。

⑦ 盐酸羟铵溶液（120g/L）：取盐酸羟铵 12.0g 和氯化钠 1.20g 溶于 100mL 水中。

⑧ 铅标准溶液

a. 铅单元素溶液标准物质（ρ_{Pb}=1000mg/L）：国家标准单元素储备液，应在有效期内。

b. 铅标准溶液Ⅰ：取铅标准储备溶液 10.0mL 置于 100mL 容量瓶中，加硝酸溶液 2mL，用水稀释至刻度。

c. 铅标准溶液Ⅱ：取铅标准溶液Ⅰ 10.0mL 置于 100mL 容量瓶中，加硝酸溶液 2mL，用水稀释至刻度。

⑨ 甲基异丁基酮（MIBK）。

⑩ 盐酸溶液（7mol/L）：取优级纯浓盐酸（ρ_{20}=1.19g/mL）30mL，加水至 50mL。

4. 测定步骤

（1）标准系列溶液的制备

移取铅标准溶液Ⅱ 0mL、0.50mL、1.00mL、2.00mL、4.00mL、6.00mL，分别置于 10mL 具塞比色管中，加水至刻度，得相应浓度为 0mg/L、0.50mg/L、1.00mg/L、2.00mg/L、4.00mg/L、6.00mg/L 的铅标准系列溶液。

（2）样品预处理

下列三种方法可任选一种方法。

① 湿式消解法。

准确称取混匀试样 1～2g（精确到 0.001g）置于消解管中，同时做试剂空白。样品如含有乙醇等有机溶剂，先在水浴或电热板上低温挥发。若为膏霜型样品，可预先在水浴中加热使瓶壁上样品熔化流入瓶的底部。加入数粒玻璃珠，然后加入硝酸 10mL，由低温至高温加热消解，当消解液体积减少到 2～3mL，移去热源，冷却。加入高氯酸 2～5mL，继续加热消解，不时缓缓摇动使均匀，消解至冒白烟，消解液呈淡黄色或无色。浓缩消解液至 1mL 左右。冷至室温后定量转移至 10mL（如为粉类样品，则至 25mL）具塞比色管中，以水定容至刻度，备用。如样液浑浊，离心沉淀后可取上清液进行测定。

② 微波消解法。

见 8.4.1 中的微波消解法内容。

③ 浸提法。

准确称取样品 1g（精确到 0.001g）于 50mL 具塞比色管中。随同试样做试剂空白。样品如含有乙醇等有机溶剂，先在水浴或电热板上低温挥发。若为膏霜型样品，可预先在水浴中加热使管壁上样品熔化流入管底部。加入硝酸 5.0mL、过氧化氢 2.0mL，混匀，如出现大量泡沫，可滴加数滴辛醇。于沸水浴中加热 2h。取出，加入盐酸羟胺溶液 1.0mL，放置 15～20min，用水定容至 25mL。

该法只适用于不含蜡质的化妆品。

（3）测定

① 按仪器操作程序，将仪器的分析条件调至最佳状态。在扣除背景吸收下，分别测定铅标准系列、空白和样品溶液。如样品溶液中铁含量超过铅含量 100 倍，不宜采用氘灯扣除背景法，应采用塞曼效应扣除背景法，或按以下步骤②预先除去铁。绘制浓度-吸光度标准曲线，计算样品含量。

② 将标准、空白和样品溶液转移至蒸发皿中，在水浴上蒸发至干。加入盐酸 10mL 溶解残渣，转移至分液漏斗，用等量的 MIBK 萃取两次，保留盐酸溶液。再用盐酸 5mL 洗 MIBK 层，合并盐酸溶液，必要时赶酸，定容。按仪器操作程序，进行测定。

5. 结果计算

样品中铅的质量分数 w 按式(8-21) 计算，单位为 μg/g。

$$w_{Pb}=(\rho_1-\rho_0)\times V/m \tag{8-21}$$

式中　w_{Pb}——样品中铅的质量分数，μg/g；

ρ_1——测试溶液中铅的质量浓度，mg/L；

ρ_0——空白溶液中铅的质量浓度，mg/L；

V——样品消化液总体积，mL；

m——样品取样量，g。

M8-10　铅汞砷含量测定报告模板

8.4.3　汞含量的测定

在化妆品中汞的含量一般都很低，现在常用的测定方法有氢化物原子荧光光度法、冷原子吸收法和汞分析仪法等，在此主要介绍冷原子吸收法。

1. 测定原理

汞蒸气对波长 253.7nm 的紫外光具有特征吸收，在一定的浓度范围内，吸收值与汞蒸气浓度成正比。样品经消解、还原处理，将化合态的汞转化为元素汞，再以载气带入测汞仪，测定吸收值，与标准系列比较定量。

汞蒸气对 253.7nm 的共振线具有强烈的吸收。样品经直接干燥燃烧分解，再经催化、歧化反应后，样品中的汞转化为元素汞，以 O_2 为载体，将元素汞吹入汞检测器。在一定浓度范围内，其吸收值与汞含量成正比，与标准系列溶液比较定量。

本方法对汞的检出限为 0.01μg，定量下限为 0.04μg。取样量为 1g 时，检出浓度为 0.01μg/g，最低定量浓度为 0.04μg/g。

2. 仪器

① 具塞比色管：50mL、10mL。

② 冷原子吸收测汞仪。

③ 玻璃回流装置（磨口球形冷凝管）：250mL。

④ 水浴锅（或敞开式电加热恒温炉）。

⑤ 压力自控微波消解系统。

⑥ 天平。

⑦ 汞蒸气发生瓶。

⑧ 高压密闭消解罐。

3. 试剂

① 硝酸：优级纯

② 硫酸：优级纯。

③ 盐酸：优级纯。

④ 过氧化氢：质量分数为 30%。

⑤ 五氧化二钒。

⑥ 硫酸：质量分数为 10%，取②中的硫酸 10mL，缓慢加入到 90mL 水中，混匀。

⑦ 氯化亚锡溶液：称取 20g 氯化亚锡（分析纯）置于 250mL 烧杯中，加 20mL 浓盐酸，加水稀释至 100mL。

⑧ 重铬酸钾溶液：质量分数为 10%，称取 10g 重铬酸钾（分析纯）溶于 100mL 水中。

⑨ 重铬酸钾-硝酸溶液：取 5mL 重铬酸钾溶液，加入硝酸 50mL，用水稀释至 1000mL。

⑩ 汞标准溶液制备

a. 汞单元素溶液标准物质：$\rho_{Hg}=1000mg/L$，国家标准单元素储备溶液，应在有效期范围内。

b. 汞标准溶液Ⅰ：取汞单元素溶液标准物质 1.0mL 置于 l00mL 容量瓶中，用重铬酸钾-硝酸溶液稀释至刻度。可保存一个月。

c. 汞标准溶液Ⅱ：取汞标准溶液Ⅰ 1.0mL 置于 100mL 容量瓶中，用重铬酸钾-硝酸溶液稀释至刻度。临用现配。

d. 汞标准溶液Ⅲ：取汞标准溶液 10.0mL 置于 100mL 容量瓶中，用重铬酸钾-硝酸溶液稀释至刻度。

⑪ 氢氧化钾溶液：称取氢氧化钾5g溶于1L水中。

⑫ 硼氢化钾溶液：称取硼氢化钾（95%）20g溶于1L氢氧化钾溶液中，置冰箱内保存，一周内有效。

⑬ 10%盐酸溶液。

⑭ 盐酸羟胺溶液：称取盐酸羟胺12.0g和氯化钠12.0g溶于100mL水中。

4. 测定步骤

（1）标准系列溶液的制备

移取汞标准溶液Ⅲ 0mL、0.10mL、0.30mL、0.50mL、0.70mL、1.00mL、2.00mL，置于100mL锥形瓶或汞蒸气发生瓶中，用硫酸定容至一定体积。

（2）样品处理

样品处理的方法有微波消解法、湿式回流消解法、湿式催化消解法和浸提法（只适用于不含蜡质的化妆品）四种，可任选一种。

① 微波消解法。

见8.4.1中的微波消解法内容。

② 湿式回流消解法。

称取样品1.00g（精确至0.001g）于250mL圆底烧瓶中，随同试样做试剂空白。样品如含有乙醇等有机溶剂，先在水浴或电热板上低温挥发（不得干涸）。

加入硝酸30mL、水5mL、硫酸5mL及数粒玻璃珠。置于电炉上，接上球形冷凝管，通冷凝水循环。加热回流消解2h。消解液一般呈微黄色或黄色。从冷凝管上口注入10mL水，继续加热10min，放置冷却。用预先用水湿润的滤纸过滤消解液，除去固形物。对于含油脂蜡质多的试样，可预先将消解液冷冻使油脂蜡质凝固。用蒸馏水洗过滤器数次，合并洗涤液于滤液中，加入盐酸羟胺溶液，定容至50mL，备用。

③ 湿式催化消解法。

称取样品1.00g（精确至0.001g）于100mL锥形瓶中，随同试样做试剂空白。样品如含有乙醇等有机溶剂，先在水浴或电热板上低温挥发（不得干涸）。

加入五氧化二钒50mg、浓硝酸7mL。置沙浴或电热板上微火加热至微沸。取下放冷，加硫酸5mL，于锥形瓶口放一小玻璃漏斗，在135～140℃下继续消解，并于必要时补加少量硝酸，消解至溶液呈现透明蓝绿色或橘红色。冷却后，加少量水继续加热煮沸约2min以驱赶二氧化氮。加入盐酸羟胺溶液，定容至50mL，备用。

④ 浸提法。

称取样品1g（精确到0.001g）于50mL具塞比色管中，随同试样做试剂空白白。样品如含有乙醇等有机溶剂，先在水浴或电热板上低温挥发（不得干涸）。

加入硝酸 5.0mL、过氧化氢 2.0mL，混匀。如样品产生大量泡沫，可滴加数滴辛醇。于沸水浴中加热 2h，取出，加入盐酸羟胺溶液 1.0mL，放置 15～20min，加水定容至 25mL，备用。

（3）测定

按仪器说明书调整好测汞仪。将标准系列溶液加至汞蒸气发生瓶中，加入氯化亚锡溶液 2mL 迅速塞紧瓶塞。开启仪器气阀，待指示达最高读数时，记录读数。绘制标准曲线，从曲线上查出测试液中汞含量。

吸取定量的空白和样品溶液于汞蒸气发生瓶中，加入硫酸至一定体积，进行测定。

5. 结果计算

按式(8-22) 计算样品中汞的质量分数 w，单位为 μg/g。

$$w=\frac{(m_1-m_0)\times V}{m\times V_1} \tag{8-22}$$

式中 m_0——从工作曲线上查得用试剂做空白试验的汞质量，μg；

m_1——从工作曲线上查得样品测试液中的汞质量，μg；

m——样品取样量，g；

V_1——分取样品消化液体积，mL；

V——样品消化液总体积，mL。

8.4.4 镉含量的测定

采用火焰原子吸收分光光度法测定化妆品中总镉的含量。

1. 测定原理

样品经处理，使镉以离子状态存在于溶液中，样品溶液中镉离子被原子化后，基态原子吸收来自镉空心阴极灯的共振线，其吸收量与样品中镉的含量成正比。在其他条件不变的情况下，根据测量的吸收值与标准系列溶液比较进行定量。

本方法对镉的检出限为 0.007mg/L，定量下限为 0.023mg/L。取样量为 1g 时，检出浓度为 0.18mg/kg，最低定量浓度为 0.59mg/kg。

2. 试剂和材料

除了用下列镉标准溶液代替铅标准溶液外，其余试剂与本章 8.4.2 所述一致。

① 镉单元素溶液标准物质 [ρ(Cd)=1g/L]：国家标准单元素储备溶液，应在有效期内。

② 镉标准溶液Ⅰ：镉单元素溶液标准物质 10.0mL 于 100mL 容量瓶中，加硝酸（1＋1)2mL，用水稀释至刻度。

③ 镉标准溶液Ⅱ：取镉标准溶液Ⅰ 10.0mL 于 100mL 容量瓶中，加硝酸(1＋1)2mL，用水稀释至刻度。

3. 仪器和设备

① 原子吸收分光光度计。

② 硬质玻璃消解管或高型烧杯。

③ 具塞比色管：10mL、25mL。

④ 电热板或水浴锅。

⑤ 压力自控密闭微波溶样炉。

⑥ 高压密闭消解罐。

⑦ 聚四氟乙烯溶样杯。

⑧ 天平。

4. 测定步骤

（1）标准系列溶液的制备

取镉标准溶液Ⅱ 0mL、0.50mL、1.00mL、2.00mL、3.00mL、4.00mL、5.00mL，分别于 50mL 容量瓶中，加硝酸（1＋1)1mL，用水稀释至刻度，得浓度为 0mg/L、0.10mg/L、0.20mg/L、0.40mg/L、0.60mg/L、0.80mg/L、1.00mg/L 的镉标准系列溶液。

（2）样品处理

与本章 8.4.2 所述消解方法一致。

（3）测定

① 按仪器操作程序，将仪器的分析条件调至最佳状态。在扣除背景吸收下，分别测定标准系列、空白和样品溶液。如样品溶液中铁含量超过镉含量 100 倍，则不宜采用氘灯扣除背景法，应采用塞曼效应扣除背景法，或按下面②所述方法预先除去铁。绘制浓度-吸光度曲线，计算样品含量。

② 将标准、空白和样品溶液转移至蒸发皿中，在水浴上蒸发至干，加入盐酸 10mL 溶解残渣，转移至分液漏斗中，用等量的 MIBK 萃取 2 次，保留盐酸溶液。再用盐酸 5mL 洗 MIBK 层，合并盐酸溶液，必要时赶酸，定容。按仪器操作程序进行测定。

5. 结果计算

按照式(8-23) 计算样品中镉的质量分数。

$$w=\frac{(\rho_1-\rho_0)\times V}{m} \tag{8-23}$$

式中　w——样品中镉的质量分数，mg/kg；

ρ_1——测试溶液中镉的质量浓度，mg/L；

ρ_0——空白溶液中镉的质量浓度，mg/L；

V——样品溶液总体积，mL；

m——样品取样量，g。

8.5 化妆品微生物检验

化妆品中，特别是一些高级的护肤膏等，含有蛋白质、氨基酸、维生素以及各种植物的提取液等营养成分较高的物质，为霉菌、细菌等微生物的滋生、繁殖提供了良好的生长条件，从而影响化妆品的质量并危害人体健康。在国外，许多国家制定的化妆品微生物控制标准相当严格。欧美一些国家要求化妆品的杂菌数每克（或每毫升）控制在100～1000个，不允许有致病菌。我国药品微生物检验法规定：乳剂或外用液体每克（或每毫升）含杂菌数按品种不同控制在500～1000个。

根据《化妆品注册和备案检验工作规范》（2019年第72号）中要求，根据化妆品类型不同，微生物项目应当按照表8-24执行。

表 8-24 微生物检验项目

检验项目	非特殊用途化妆品①②	特殊用途化妆品								
		育发类②	染发类③	烫发类	脱毛类③	美乳类	健美类	除臭类	祛斑类	防晒类
菌落总数	○	○				○	○	○	○	○
霉菌和酵母菌总数	○	○				○	○	○	○	○
耐热大肠菌群	○	○				○	○	○	○	○
金黄色葡萄球菌	○	○				○	○	○	○	○
铜绿假单胞菌	○	○				○	○	○	○	○

① 指甲油卸除液不需要检测微生物项目。

② 乙醇含量≥75%（w/w）的产品不需要检测微生物项目。

③ 物理脱毛类产品、非氧化型染发类产品需要检测微生物项目。

○表示需检验项目。

在此，主要讨论化妆品微生物检验时样品的采集，细菌总数测定，粪大肠菌群、铜绿假单胞菌、金黄色葡萄球菌的测定。

8.5.1　化妆品微生物标准检验方法总则

化妆品微生物检验方法总则按《化妆品安全技术规范》（2015 年版）执行，该总则提供了样品的采集及注意事项，供检样品的制备，不同类型样品的检样制备的统一标准。

1. 培养基和试剂

① 生理盐水：称取 8.5g 氯化钠溶解于 1000mL 蒸馏水中，溶解后分装入加玻璃珠的三角瓶内，每瓶 90mL，121℃下高压灭菌 20min。

② SCDLP 液体培养基：配方如表 8-25 所示。

表 8-25　SCDLP 液体培养基配方

物质	用量	物质	用量
酪蛋白胨	17g	葡萄糖	2.5g
大豆蛋白胨	3g	卵磷脂	1g
氯化钠	5g	吐温 80	7g
磷酸氢二钾	2.5g	蒸馏水	1000mL

制备方法：先将卵磷脂在少量蒸馏水中加温溶解后，再与其他成分混合，加热溶解，调 pH 为 7.2～7.3 分装，每瓶 90mL，121℃高压灭菌 20min。注意振荡，使沉淀于底层的吐温 80 充分混合，冷却至 25℃左右使用。

③ 灭菌液体石蜡。

④ 灭菌吐温 80。

2. 样品的采集及注意事项

① 所采集的样品，应具有代表性，一般视每批化妆品数量大小，随机抽取相应数量的包装单位。检验时，应分别从两个包装单位以上的样品中共取 10g 或 10mL。包装量小于 20g 的样品，采样时可适当增加样品包装数量。

② 供检样品，应严格保持原有的包装状态。容器不应有破裂，在检验前不得打开，以防样品被污染。

③ 接到样品后，应立即登记，编写检验序号，并按检验要求尽快检验。如不能及时检验，样品应放在室温阴凉干燥处，不要冷藏或冷冻。

④ 若只有一个样品而同时需做多种分析，如微生物、毒理、化学等，则宜先取出部分样品作微生物检验，再将剩余样品做其他分析。

⑤ 在检验过程中，从打开包装到全部检验操作结束，均须防止微生物的再污染和扩散，所用器皿及材料均应事先灭菌，全部操作应在符合生物安全要求的实验室中进行。

3. 供检样品的制备

（1）液体样品

① 水溶性的液体样品：用灭菌吸管吸取10mL样品加到90mL灭菌生理盐水中，混匀后，制成1∶10检液。

② 油性液体样品：取样品10g，先加5mL灭菌液体石蜡混匀，再加10mL灭菌的吐温80，在40～44℃水浴中振荡混合10min，加入灭菌的生理盐水75mL（在40～44℃水浴中预温），在40～44℃水浴中乳化，制成1∶10的悬液。

（2）膏、霜、乳剂半固体状样品

① 亲水性的样品：称取10g，加到装有玻璃珠及90mL灭菌生理盐水的三角瓶中，充分振荡混匀，静置15min。用其上清液作为1∶10的检液。

② 疏水性样品：称取10g，置于灭菌的研钵中，加10mL灭菌液体石蜡，研磨成黏稠状，再加入10mL灭菌吐温80，研磨待溶解后，加70mL灭菌生理盐水，在40～44℃水浴中充分混合，制成1∶10检液。

（3）固体样品

称取10g，加到90mL灭菌生理盐水中，充分振荡混匀，使其分散混悬，静置后，取上清液作为1∶10的检液。

使用均质器时，则采用灭菌均质袋，将上述水溶性膏、霜、粉剂等，称10g样品加入90mL灭菌生理盐水，均质1～2min；疏水性膏、霜及眉笔、口红等，称10g样品，加10mL灭菌液体石蜡，10mL吐温80，70mL灭菌生理盐水，均质3～5min。

8.5.2 菌落总数检验方法

M8-11 微生物检验报告模板

1. 测定原理

菌落总数是指化妆品检样经过处理，在一定条件下培养后（如培养基成分、培养温度、培养时间、pH值、需氧性质等），1g（1mL）检样中所含菌落的总数。所得结果只包括一群本方法规定的条件下生长的嗜中温的需氧性和兼性厌氧菌落总数。

测定菌落总数便于判明样品被细菌污染的程度，是对样品进行卫生学总评价的综合依据。

2. 仪器和设备

① 三角烧瓶：250mL。

② 量筒：200mL。

③ pH计或精密pH试纸。

④ 高压灭菌器。

⑤ 试管：18mm×150mm。

⑥ 酒精灯。

⑦ 恒温培养箱：(36±1)℃。

⑧ 放大镜。

⑨ 灭菌平皿：直径 90mm。

⑩ 灭菌刻度吸管：10mL、1mL。

3. 培养基和试剂

① 生理盐水：见本章 8.5.1 中培养基与试剂①。

② 卵磷脂、吐温 80-营养琼脂培养基：配方见表 8-26 所示。

表 8-26　卵磷脂、吐温 80-营养琼脂培养基配方

物质	用量	物质	用量
蛋白胨	20g	卵磷脂	1g
牛肉膏	3g	吐温 80	7g
NaCl	5g	琼脂	15g
蒸馏水	1000mL		

制备方法：先将卵磷脂加到少量蒸馏水中，加热溶解，加入吐温 80，将其他成分（除琼脂外）加到其余的蒸馏水中，溶解，将已溶解的卵磷脂、吐温 80 混匀，调 pH 值为 7.1～7.4，加入琼脂，121℃高压灭菌 20min，储存于冷暗处备用。

③ 0.5%氯化三苯四氮唑（2,3,5-triphenyl terazolium chloride，TTC）：配方如下。

物质	用量	物质	用量
TTC	0.5g	蒸馏水	100mL

制法：溶解后过滤除菌，或 115℃高压灭菌 20min，装于棕色试剂瓶，置 4℃冰箱备用。

4. 测定步骤

① 用灭菌吸管吸取按 1∶10 稀释的检样 2mL，分别注入到两个灭菌平皿内，每皿 1mL。另取 1mL 注入到 9mL 灭菌生理盐水试管中（注意勿使吸管接触液面），更换一支吸管，并充分混匀，使成 1∶100 的稀释液，吸取 2mL，分别注入到两个灭菌平皿内，每皿 1mL。如样品含菌量高，还可再稀释成 1∶1000、1∶10000……每种稀释度应换 1 支吸管。

② 将融化并冷至 45～50℃的卵磷脂吐温 80-营养琼脂培养基倾注到平皿内，每皿约 15mL，随即转动平皿，使样品与培养基充分混合均匀，待琼脂凝固后，翻转平皿，置（36±1)℃培养箱内培养（48±2)h。另取一个不加样品的灭菌空

平皿，加入约15mL卵磷脂吐温80-营养琼脂培养基，待琼脂凝固后，翻转平皿，置36℃±1℃培养箱内培养48h±2h，为空白对照。

③ 为便于区别化妆品中的颗粒与菌落，可在每100mL卵磷脂吐温80-营养琼脂中加入1mL 0.5%的TTC溶液，如有细菌存在，培养后菌落呈红色，而化妆品的颗粒颜色无变化。

5. 菌落计数方法

先用肉眼观察，对菌落数进行计数，然后再用5～10倍的放大镜检查，以防遗漏。记下各平皿的菌落数后，求出同一稀释度各平皿生长的平均菌落数。若平皿中有连成片状的菌落或花点样菌蔓延生长时，该平皿不宜计数。若片状菌落不到平皿中的一半，而其余一半中菌落数分布又很均匀，则可将此半个平皿菌落计数后乘2，以代表全皿菌落数。

6. 菌落计数及报告方法

① 首先选取平均菌落数为30～300的平皿，作为菌落总数测定的范围。当只有一个稀释度的平均菌落数符合此范围时，即以该平皿菌落数乘其稀释倍数报告之（见表8-27，例1）。

② 若有两个稀释度，其平均菌落数均为30～300，则应求出两者菌落总数之比值来决定。若其比值小于或等于2，应报告其平均数，若大于2则报告其中稀释度较低的菌落数（见表8-27，例2及例3）。

③ 若所有稀释度的平均菌落数均大于300，则应按稀释度高的平均菌落数乘以稀释倍数报告之（见表8-27，例4）。

④ 若所有稀释度的平均菌落数均少于30，则应按稀释度的最低的平均菌落数乘以稀释倍数报告之（见表8-27，例5）。

⑤ 若所有稀释度的平均菌落数均不在30～300之间，其中一个稀释度大于300，而相邻的另一稀释度小于30时，则以接近30或300平均菌落数乘以稀释倍数报告之（见表8-27，例6）。

⑥ 若所有的稀释度均无菌生长，报告数为每克或每毫升小于10CFU。

⑦ 菌落计数的报告，菌落数在10以内时，按实有数值报告之，大于100时，采用两位有效数字，在两位有效数字后面的数值，应以四舍五入法计算。为了缩短数字后面零的个数，可用10的指数来表示（见表8-27报告方式栏）。在报告菌落数为“不可计”时，应注明样品的稀释度。

表8-27 细菌计数结果及报告方式

例次	不同稀释度的平均菌落数			两稀释度菌数之比	菌落总数/(CFU/g或CFU/mL)	报告方式/(CFU/g或CFU/mL)
	10^{-1}	10^{-2}	10^{-3}			
1	1365	164	20	—	16400	16000或1.6×10^4

续表

例次	不同稀释度的平均菌落数			两稀释度菌数之比	菌落总数/(CFU/g 或 CFU/mL)	报告方式/(CFU/g 或 CFU/mL)
	10^{-1}	10^{-2}	10^{-3}			
2	2760	295	46	1.6	38000	38000 或 3.8×10^4
3	2890	271	60	2.2	27100	27000 或 2.7×10^4
4	不可计	4650	513	—	513000	510000 或 5.1×10^5
5	27	11	5	—	270	270 或 2.7×10^2
6	不可计	305	12	—	30500	31000 或 3.1×10^4
7	0	0	0	—	$<1\times10$	<10

注：CFU 为菌落形成单位。

⑧ 按质量取样的样品以 CFU/g 为单位报告；按体积取样的样品以 CFU/mL 为单位报告。

细菌总数的测定问题

【问题】 某同学在测定细菌总数时，10^{-1}、10^{-2}、10^{-3}三个稀释度的结果读数分别为 5、21、75。

【讨论】 该同学的稀释度越大，其读数反而越大，测定结果可疑。你认为这位同学最可能的操作错误在哪里？

8.5.3 耐热大肠菌群的检验方法

1. 测定原理

耐热大肠菌细菌系一群需氧及兼性厌氧革兰氏阴性无芽孢杆菌，在 44.5℃培养 24～48h 能发酵乳糖产酸并产气。

该菌主要来自人和温血动物粪便，可作为粪便污染指标来评价化妆品的卫生质量，推断化妆品中有否污染肠道致病菌的可能。

2. 仪器

① 恒温水浴箱或隔水式恒温箱：(44.5±0.5)℃。

② 温度计。

③ 显微镜。

④ 载玻片。

⑤ 接种环。

⑥ 电磁炉。

⑦ 三角瓶：250mL。

⑧ 试管：18mm×150mm。

⑨ 小倒管。

⑩ pH 计或 pH 试纸。

⑪ 高温灭菌锅。

⑫ 灭菌平皿：直径 90mm。

⑬ 灭菌刻度吸管：10mL、1mL。

3. 培养基和试剂

（1）双倍乳糖胆盐（含中和剂）培养基

双倍乳糖胆盐（含中和剂）培养基配方见表 8-28。

表 8-28 双倍乳糖胆盐培养基配方

物质	用量	物质	用量
蛋白胨	40g	0.4%溴甲酚紫水溶液	5mL
猪胆盐	10g	乳糖	10g
卵磷脂	2g	吐温 80	14g
蒸馏水	1000mL		

制备方法：将卵磷脂、吐温 80 溶解到少量蒸馏水中。将蛋白胨、胆盐及乳糖溶解到其余的蒸馏水中，加到一起混匀，调 pH 值到 7.4，加入 0.4%溴甲酚紫水溶液，混匀，分装试管，每管 10mL（每支试管中加一个小倒管），115℃高压灭菌 20min。

（2）伊红美蓝（EMB）琼脂

伊红美蓝（EMB）琼脂配方见表 8-29。

表 8-29 伊红美蓝（EMB）琼脂配方

物质	用量	物质	用量
蛋白胨	10g	2%伊红水溶液	20mL
乳糖	10g	0.5%美蓝水溶液	13mL
磷酸氢二钾	2g	琼脂	20g
蒸馏水	1000mL		

制备方法：先将琼脂加到 900mL 蒸馏水中，加热溶解，然后加磷酸氢二钾及蛋白胨混匀，使之溶解。再以蒸馏水补足至 1000mL，校正 pH 值为 7.2～7.4。分装于三角瓶内，121℃高压灭菌 15min 备用。临用时加入乳糖并加热融化琼脂。冷至 60℃左右无菌操作加入经灭菌的伊红美蓝溶液，摇匀，倾注平皿备用。

（3）蛋白胨水（作靛基质试验用）

蛋白胨水（作靛基质试验用）配方见表 8-30。

表 8-30　蛋白胨水配方

物质	用量	物质	用量
蛋白胨(或胰蛋白胨)	20g	氯化钠	5g
蒸馏水	1000mL		

制备方法：将上述成分加热融化，调 pH 值为 7.0～7.2，分装小试管，121℃高压灭菌 15min。

（4）靛基质试剂

柯凡克试剂：将 5g 对二甲氨基苯甲醛溶解到 75mL 戊醇中，然后缓缓加入浓盐酸 25mL。

试验方法：接种细菌于蛋白胨水中，于（44.5±0.5)℃培养（24±2)h。沿管壁加柯凡克试剂 0.3～0.5mL，轻摇试管。阳性者于试剂层显深玫瑰红色。

注：蛋白胨应含有丰富的色氨酸，每批蛋白胨买来后，应先用已知菌种鉴定后方可使用。

（5）革兰氏染色液

① 染液制备：按表 8-31 制备染液。

表 8-31　染液的制备方法

成分		制备方法
A. 结晶紫染色液		将结晶紫 1g 溶于 20mL 95%的乙醇中，然后与 80mL 1%的草酸铵溶液混合
B. 革兰氏碘液		先将 1g 碘和 2g 碘化钾进行混合，加入少许蒸馏水，充分振荡，待完全溶解后，再加蒸馏水至 300mL
C. 脱色液		95%乙醇
D. 复染液	a. 沙黄复染液	将 0.25g 沙黄溶于 10mL 95%的乙醇，然后用 90mL 蒸馏水稀释
	b. 稀石碳酸复红液	称取碱性复红 10g，研细，加 95%乙醇 100mL，放置过夜，滤纸过滤。取滤液 10mL，加 5%石碳酸水溶液 90mL，即为石碳酸复红液。再取此液 10mL，加水 90mL，即为稀石碳酸复红液

② 染色法

A. 将涂片在火焰上固定，滴加结晶紫染色液，染 1min，水洗。

B. 滴加革兰氏碘液，作用 1min，水洗。

C. 滴加 95%乙醇脱色，约 30s，或将乙醇滴满整个涂片，立即倾去，再用乙醇滴满整个涂片，脱色 10s，水洗。

D. 滴加复染液，复染 1min，水洗，待干，镜检。

③ 染色结果。革兰氏阳性菌呈紫色，革兰氏阴性菌呈红色。如用 1∶10 稀释石碳酸复红染色液作复染液，复染时间仅需 10s。

4. 测定步骤

① 取 10mL 1∶10 稀释的样品，加到 10mL 双倍乳糖胆盐（含中和剂）培养基中，置 (44.5±0.5)℃培养箱中培养 24h。如不产酸也不产气，继续培养至 48h，如仍不产酸也不产气，则报告为耐热大肠菌群阴性。

② 如产酸产气，划线接种到伊红美蓝琼脂平板上，在 (36±1)℃培养 18～24h，同时取该培养液 1～2 滴接种到蛋白胨水中，在 (44.5±0.5)℃培养 (24±2)h。经培养后，在上述平板上观察有无典型菌落生长，耐热大肠菌群在伊红美蓝琼脂培养基上的典型菌落呈紫黑色，不带或略带金属光泽，或粉紫色，中心较深的菌落，亦常为耐热大肠菌群，均应注意挑选。

③ 挑选上述可疑菌落，涂片做革兰氏染色镜检。

④ 在蛋白胨水培养液中，加入靛基质试剂约 0.5mL，观察靛基质反应。阳性者液面呈玫瑰红色；阴性反应液面呈试剂本色。

5. 检验结果

根据发酵乳糖产酸产气，平板上有典型菌落，并经证实为革兰氏阴性短杆菌，靛基质试验阳性，则可报告被检样品中检出耐热大肠菌群。

8.5.4 铜绿假单胞菌的检验方法

1. 检验原理

铜绿假单胞菌属于假单胞菌属，为革兰氏阴性杆菌，氧化酶阳性，能产生绿脓菌素。此外还能液化明胶，还原硝酸盐为亚硝酸盐，在 (42±1)℃条件下能生长。

2. 仪器

① 恒温培养箱：(36±1)℃、(42±1)℃。

② 三角瓶：250mL。

③ 显微镜。

④ 载玻片。

⑤ 接种针、接种环。

⑥ 电磁炉。

⑦ 高压灭菌锅。

⑧ 试管：18mm×150mm。

⑨ 灭菌平皿：直径 90mm。

⑩ 灭菌刻度吸管：10mL、1mL。

⑪ 恒温水浴箱。

3. 培养基和试剂

① SCDLP 液体培养基：制备方法与本章 8.5.1 中 SCDLP 液体培养基制备

一致。

② 十六烷基三甲基溴化铵培养基：配方见表 8-32。

表 8-32　十六烷基三甲基溴化铵培养基配方

物质	用量	物质	用量
牛肉膏	3g	十六烷三甲基溴化铵	0.3g
蛋白胨	10g	琼脂	20g
NaCl	5g	蒸馏水	1000mL

制备方法：除琼脂外，将上述成分混合加热溶解，调 pH 值为 7.4～7.6，加入琼脂，115℃高压灭菌 20min 后，制成平板备用。

③ 乙酰胺培养基：配方见表 8-33。

表 8-33　乙酰胺培养基配方

物质	用量	物质	用量
乙酰胺	10.0g	NaCl	5.0g
无水 K_2HPO_4	1.39g	酚红	0.012g
无水 KH_2PO_4	0.73g	硫酸镁($MgSO_4 \cdot 7H_2O$)	0.5g
琼脂	20g	蒸馏水	1000mL

制备方法：除琼脂和酚红外，将其他成分加到蒸馏水中，加热溶解，调 pH 值为 7.2，加入琼脂、酚红，121℃高压灭菌 20min 后，制成平板备用。

④ 绿脓菌素测定用培养基：配方见表 8-34。

表 8-34　绿脓菌素测定用培养基配方

物质	用量	物质	用量
蛋白胨	20g	琼脂	18g
氯化镁	1.4g	甘油(化学纯)	10g
硫酸钾	10g	蒸馏水	1000mL

制备方法：将蛋白胨、氯化镁和硫酸钾加到蒸馏水中，加温使其溶解，调 pH 值至 7.4，加入琼脂和甘油，加热溶解，分装于试管内，115℃高压灭菌 20min 后，制成斜面备用。

⑤ 明胶培养基：配方见表 8-35。

表 8-35　明胶培养基配方

物质	用量	物质	用量
牛肉膏	3g	蛋白胨	5g
明胶	120g	蒸馏水	1000mL

制备方法：取各成分加在蒸馏水中浸泡 20min，随时搅拌加温使之溶解，调 pH 值至 7.4，分装于试管内，115℃高压灭菌 20min 后，直立制成高层，备用。

⑥ 硝酸盐蛋白胨水培养基：配方见表 8-36。

表 8-36　硝酸盐蛋白胨水培养基配方

物质	用量	物质	用量
蛋白胨	10g	亚硝酸钠	0.5g
酵母浸膏	3g	硝酸钾	2g
蒸馏水	1000mL		

制备方法：将蛋白胨和酵母浸膏加到蒸馏水中，加温使之溶解，调 pH 值为 7.2，煮沸过滤后补足液量，加入硝酸钾和亚硝酸钠，溶解混匀，分装到加有小倒管的试管中，115℃高压灭菌 20min 后备用。

⑦ 普通琼脂斜面培养基：配方见表 8-37。

表 8-37　普通琼脂斜面培养基配方

物质	用量	物质	用量
蛋白胨	10g	NaCl	5g
琼脂	15g	蒸馏水	1000mL
牛肉膏	3g		

制备方法：除琼脂外，其余成分溶解于蒸馏水中，调 pH 值为 7.2～7.4，加入琼脂，加热溶解，分装试管，121℃高压灭菌 15min 后，制成斜面备用。

4. 检验步骤

(1) 增菌培养

取 1∶10 样品稀释液 10mL 加到 90mL SCDLP 液体培养基中，置 (36±1)℃ 培养箱中，培养 18～24h，如有铜绿假单胞菌生长，培养液表面会有一层薄菌膜，培养液呈黄绿色或蓝绿色。

(2) 分离培养

从培养液的薄菌膜处挑取培养物，划线接种在十六烷三甲基溴化铵琼脂平板上。置 (36±1)℃培养 18～24h。凡铜绿假单胞菌在此培养基上，其菌落为扁平无定型，向周边扩散或略有蔓延，表面湿润，菌落呈灰白色，菌落周围培养基常有水溶性色素扩散。

在缺乏十六烷三甲基溴化铵琼脂时，也可以用乙酰胺培养基进行分离，将菌液划线接种于平板上，放 (36±1)℃培养 (24±2)h，铜绿假单胞菌在此培养基上生长良好，菌落扁平，边缘不整，菌落周围培养基略带粉红色，其他菌不生长。

(3) 染色镜检

挑取可疑的菌落，涂片，革兰氏染色，镜检为革兰氏阴性者进行氧化酶试验。

（4）氧化酶试验

取一小块洁净的白色滤纸片放在灭菌平皿内，用无菌玻璃棒挑取铜绿假单胞菌可疑菌落涂在滤纸片上，然后在其上滴加一滴新配制的1%二甲基对苯二胺试液，在15～30s内出现粉红色或紫红色时，为氧化酶试验阳性；若培养物不变色，为氧化酶试验阴性。

（5）绿脓菌素试验

取可疑菌落2～3个，分别接种在绿脓菌素测定用培养基上，置（36±1)℃培养（24±2)h，加入氯仿3～5mL，充分振荡使培养物中的绿脓菌素溶解于氯仿液内，待氯仿提取液呈蓝色时，用吸管将氯仿移到另一试管中并加入1mol/L的盐酸1mL左右，振荡后，静置片刻。如上层盐酸液内出现粉红色到紫红色时为阳性，表示被检物中有绿脓菌素存在。

（6）硝酸盐还原产气试验

挑取可疑的铜绿假单胞菌纯培养物，接种在硝酸盐胨水培养基中，置（36±1)℃培养（24±2)h，观察结果。凡在硝酸盐胨水培养基内的小倒管中有气体者，即为阳性，表明该菌能还原硝酸盐，并将亚硝酸盐分解产生氮气。

（7）明胶液化试验

取铜绿假单胞菌可疑菌落的纯培养物，穿刺接种在明胶培养基中，置（36±1)℃培养（24±2)h，取出放入（4±2)℃冰箱10～30min，如仍呈溶解状或表面溶解时即为明胶液化试验阳性，如凝固不溶者为阴性。

（8）42℃生长试验

挑取可疑的铜绿假单胞菌纯培养物，接种在普通琼脂斜面培养基上，置于(42±1)℃培养箱中，培养24～48h，铜绿假单胞菌能生长，为阳性，而近似的荧光假单胞菌则不能生长。

5. 检验结果报告

被检样品经增菌分离培养后，经证实为革兰氏阴性杆菌，氧化酶及绿脓菌素试验皆为阳性者，即可报告被检样品中检出铜绿假单胞菌；如绿脓菌素试验阴性而液化明胶、硝酸盐还原产气和42℃生长试验三者皆为阳性时，仍可报告被检样品中有铜绿假单胞菌。

8.5.5　金黄色葡萄球菌检验方法

金黄色葡萄球菌在外界分布较广，抵抗力也较强，能引起人体局部化脓性病灶，严重时可导致败血症，因此化妆品中检验金黄色葡萄球菌有重要意义。

1. 检验原理

金黄色葡萄球菌为革兰氏阳性球菌，呈葡萄状排列，无芽孢，无荚膜，能分解甘露醇，血浆凝固酶阳性。

2. 仪器

① 恒温培养箱：(36±1)℃。

② 三角瓶：250mL。

③ 显微镜。

④ 载玻片。

⑤ 离心机。

⑥ 酒精灯。

⑦ 高压灭菌锅。

⑧ 试管：18mm×150mm。

⑨ 灭菌刻度吸管：10mL、1mL。

⑩ 恒温水浴箱。

3. 培养基和试剂

① SCDLP 液体培养基：制备方法与前述 SCDLP 液体培养基制备一致。

② 7.5%的氯化钠肉汤：配方见表 8-38。

表 8-38 7.5%氯化钠肉汤配方

物质	用量	物质	用量
蛋白胨	10g	氯化钠	75g
牛肉膏	3g	蒸馏水	1000mL

制备方法：将上述成分加热溶解，调 pH 值为 7.4，分装，121℃高压灭菌 15min。

③ 营养肉汤：配方见表 8-39。

表 8-39 营养肉汤配方

物质	用量	物质	用量
蛋白胨	10g	氯化钠	5g
牛肉膏	3g	蒸馏水	1000mL

制备方法：将上述成分加热溶解，调 pH 值为 7.4，分装，121℃高压灭菌 15min。

④ Baird-Parker 平板：配方见表 8-40。

表 8-40 Baird-Parker 平板配方

物质	用量	物质	用量
胰蛋白胨	10g	氯化锂($LiCl \cdot 6H_2O$)	5g
牛肉膏	5g	琼脂	20g
酵母浸膏	1g	蒸馏水(pH 值 7.0±0.2)	950mL
甘氨酸	12g		

增菌剂的配制：30％卵黄盐水 50mL 与除菌过滤的 1％亚碲酸钾溶液 10mL 混合，保存于冰箱内。

Baird-Parker 平板制备方法：将各成分中到蒸馏水中，加热煮沸完全溶解，冷至（25±1)℃校正 pH 值。分装每瓶 95mL，121℃高压灭菌 15min。临用时加热融化琼脂，每 95mL 加入预热至 50℃的卵黄亚碲酸钾增菌剂 5mL，摇匀后倾注平板。培养基应是致密不透明的。使用前在冰箱贮存不得超过（48±2)h。

⑤ 血琼脂培养基：配方见表 8-41。

表 8-41 血琼脂培养基配方

物质	用量	物质	用量
营养琼脂	100mL	脱纤维羊血(或兔血)	10mL

制备方法：将营养琼脂加热融化，待冷至 50℃左右无菌操作加入脱纤维羊血，摇匀，制成平板，置冰箱内备用。

⑥ 甘露醇发酵培养基：配方见表 8-42。

表 8-42 甘露醇发酵培养基配方

物质	用量	物质	用量
蛋白胨	10g	牛肉膏	5g
氯化钠	5g	0.2％麝香草酚蓝溶液	12mL
甘露醇	10g	蒸馏水	1000mL

制备方法：将蛋白胨、氯化钠、牛肉膏加到蒸馏水中，加热溶解，调 pH 值至 7.4，加入甘露醇和指示剂，混匀后分装试管中，68.95kPa（115℃ 10lb）20min 灭菌备用。

⑦ 兔（人）血浆制备：取 3.8％柠檬酸钠溶液，121℃高压灭菌 30min，1 份加兔（人）全血 4 分，混匀静置；2000～3000r/min 离心 3～5min。血球下沉，取上面血浆。

4. 测定步骤

（1）增菌

取 1∶10 稀释的样品 10mL 接种到 90mL SCDLP 液体培养基中，置（36±1)℃培养箱，培养（24±2)h。

注：如无此培养基也可用 7.5％氯化钠肉汤。

（2）分离

自上述增菌培养液中，取 1～2 接种环，划线接种在 Baird-Parker 平板培养基，如无此培养基也可划线接种到血琼脂平板，置（36±1)℃培养 48h。在血琼脂平板上菌落呈金黄色，圆形，不透明，表面光滑，周围有溶血圈。在 Baird-

Parker 平板培养基上为圆形，光滑，凸起，湿润，颜色呈灰色到黑色，边缘为淡色，周围为一混浊带，在其外层有一透明带。用接种针接触菌落似有奶油树胶的软度。偶然会遇到非脂肪溶解的类似菌落，但无混浊带及透明带。挑取单个菌落分纯在血琼脂平板上，置（36±1)℃培养（24±2)h。

（3）染色镜检

挑取分纯菌落，涂片，进行革兰氏染色，镜检。金黄色葡萄球菌为革兰氏阳性菌，排列成葡萄状，无芽孢，无夹膜，致病性葡萄球菌，菌体较小，直径为0.5～1μm。

（4）甘露醇发酵试验

取上述分纯菌落接种到甘露醇发酵培养基中，在培养基液面上加入高度为2～3mm 的灭菌液体石蜡，置（36±1)℃培养（24±2)h，金黄色葡萄球菌应能发酵甘露醇产酸。

（5）血浆凝固酶试验

试管法：吸取 1∶4 的新鲜血浆 0.5mL。置于灭菌小试管中，加入待检菌(24±2)h 肉汤培养物 0.5mL，混匀，放（36±1)℃恒温箱或恒温水浴中，每半小时观察一次，6h 之内如呈现凝块即为阳性。同时以已知血浆凝固酶阳性和阴性菌株肉汤培养物及肉汤培养基各 0.5mL，分别加入无菌 1∶4 血浆 0.5mL 混匀，作为对照。

5. 检验结果

凡在上述选择平板上有可疑菌落生长，经染色镜检，证明为革兰氏阳性葡萄球菌，并能发酵甘露醇产酸，血浆凝固酶试验阳性者，可报告被检样品检出金黄色葡萄球菌。

8.5.6 霉菌和酵母菌的检验方法

1. 检验原理

霉菌和酵母菌数测定（determination of molds and yeast count）是指化妆品检样在一定条件下培养后，1g 或 1mL 化妆品中所污染的活的霉菌和酵母菌数量，藉以判明化妆品被霉菌和酵母菌污染程度及其一般卫生状况。

本方法根据霉菌和酵母菌特有的形态和培养特性，在虎红培养基上，置28℃±2℃培养 5d，计算所生长的霉菌和酵母菌数。

2. 仪器和设备

① 恒温培养箱：(28±1)℃。

② 三角瓶：250mL。

③ 振荡器。

④ 灭菌平皿：直径 90mm。

⑤ 量筒：200mL。

⑥ 酒精灯。

⑦ 高压灭菌器。

⑧ 试管：18mm×150mm。

⑨ 灭菌刻度吸管：10mL、1mL。

⑩ 恒温水浴箱。

3. 培养基和试剂

① 生理盐水：与细菌总数测定用的生理盐水一致。

② 虎红（孟加拉红）培养基：配方见表 8-43。

表 8-43　虎红培养基

成分	用量	成分	用量
蛋白胨	5g	琼脂	20g
葡萄糖	10g	1/3000 虎红溶液(四氯四碘荧光素)	100mL
磷酸二氢钾	1g	氯霉素	100mg
硫酸镁(含 $7H_2O$)	0.5g	蒸馏水加至	1000mL

制法：将上述各成分（除虎红外）加入蒸馏水中溶解后，再加入虎红溶液。分装后，121℃高压灭菌 20min，另用少量乙醇溶解氯霉素，溶解过滤后加入培养基中，若无氯霉素，使用时每 1000mL 加链霉素 30mg。

4. 操作步骤

（1）样品稀释

与细菌菌落总数测定稀释方法一致。

（2）培养

取 1∶10、1∶100、1∶1000 的检液各 1mL 分别注入灭菌平皿内，每个稀释度各用 2 个平皿，注入融化并冷至 45℃±1℃左右的虎红培养基，充分摇匀。凝固后，翻转平板，置 28℃±1℃培养箱内培养 5d，观察并记录。另取一个不加样品的灭菌空平皿，加入约 15mL 虎红培养基，待琼脂凝固后，翻转平皿，置 28℃±1℃培养箱内培养 5d，为空白对照。

（3）计算方法

先点数每个平板上生长的霉菌和酵母菌菌落数，求出每个稀释度的平均菌落数。判定结果时，应选取菌落数在 5～50 个范围之内的平皿计数，乘以稀释倍数后，即为每 g（或每 mL）检样中所含的霉菌和酵母菌数。其他范围内的菌落数报告应参照菌落总数的报告方法报告之。

5. 检验结果

每 g（或每 mL）化妆品含霉菌和酵母菌数以 CFU/g（mL）表示。

练习题

1. 化妆品的感官指标有哪些？如何进行感官指标的检验？
2. 化妆品的稳定性试验有哪些项目？
3. 洗发香波的有效物指的是什么？如何测定？
4. 《化妆品卫生标准》规定其中的汞含量为多少？用何种方法检验？使用什么仪器？
5. 砷对人体有何毒害作用？《化妆品卫生标准》规定其中的砷含量为多少？用何种方法检验？使用什么仪器？
6. 铅对人体有何毒害作用？《化妆品卫生标准》规定其中的铅含量为多少？用何种方法检验？使用什么仪器？
7. 化妆品微生物质量标准中，对哪些微生物进行检验？
8. 化妆品对菌落总数有何规定？
9. 如果某公司采用计数法测定雪花膏的细菌总数，10^{-1}、10^{-2}、10^{-3}三个稀释度的平均菌落数分别位 107、33、11，那么该公司应报该产品的细菌总数是多少？这批雪花膏产品是否合格？
10. 《化妆品安全技术规范》中对霉菌和酵母菌有什么要求？

实训21　乳液稳定性的测定

一、实训目的

① 掌握乳液稳定性的测量原理。

② 掌握乳液稳定性的测量方法。

二、实训原理

具体测定原理见 8.2.1 节。

三、实训仪器

具体仪器设备见 8.2.1 节。

四、实训试剂

无。

五、实训重点

① 色泽稳定性的判断。

② 耐寒耐热实验的温度设置以及实验时间。

六、实训难点

目测色泽的正确方法。

七、实训步骤

具体测定原理见 8.2.1 节。

八、实训记录与数据处理

样品	耐热试验	耐寒试验	离心试验	色泽稳定试验
样品 1				
样品 2				
样品 3				

九、实训思考

测定稳定性时需要恢复常温才观察吗？

实训22 化妆品pH值的测定

一、实训目的

① 掌握化妆品 pH 值的测量方法。

② 掌握精密酸度计的使用方法。

二、实训原理

具体测定原理见 2.8 节。

三、实训仪器

① 精密酸度计（最小分度值：0.01pH）。

② 复合电极或玻璃电极和甘汞电极。

③ 磁力搅拌器（附有加温控制功能）。

④ 烧杯，50mL。

⑤ 电子天平。

四、实训试剂

pH 标准缓冲溶液（4.00、6.86 和 9.18）。

五、实训重点

① 精密酸度计的校准。

② pH 电极的活化。

六、实训难点

精密酸度计的校准。

七、实训步骤

根据检验报告所要求的稀释度配溶液，如没有提及，一般情况按照 1∶9 的比例配溶液。

① 称取样品 1 份（精确至 0.1g），加不含 CO_2 的去离子水 9 份，加热至 40℃，并不断搅拌至均匀，冷却至室温，作为待测溶液。

② 电极活化：复合电极或玻璃电极在使用前应放入水中浸泡 24h 以上。

③ 校准仪器：按仪器出厂说明书，选用与样品 pH 相接近的两种标准缓冲溶液在所规定的温度下进行校准或在温度补偿条件下进行校准。

④ 用水洗涤电极，用滤纸吸干后，将电极插入待测溶液中，待酸度计读数稳定 1min 后，直接从仪器上读出 pH 值。

⑤ 测定完毕后，将电极清洗干净，浸泡在饱和 KCl 溶液中。

八、实训记录与数据处理

样品名称	pH 值		
	第一次测定	第二次测定	平均值

九、实训思考

溶液 pH 值测定的准确性需要注意的事项有哪些？

实训23　化妆品黏度的测定

一、实训目的

① 掌握化妆品黏度的测量方法。

② 掌握旋转黏度计的使用方法。

二、实训原理

具体测定原理见 2.10 节。

三、实训仪器

① 旋转黏度计。

② 超级恒温水浴：能保持（25±0.1)℃。

③ 温度计：分度为0.1℃。

④ 容器：直径不小于6cm，高度不低于11cm的容器或旋转黏度计上附带的容器。

四、实训重点

旋转黏度计的使用。

五、实训难点

旋转黏度计的使用。

六、实训步骤

1. 试样的配制

试样的采集和配制过程中应保证试样均匀无气泡。试样量要能满足旋转黏度计测定的需要。

2. 旋转黏度计使用

① 同种试样应该选择适宜的相同转子和转速，使读数在刻度盘的20%～80%范围内。

② 将盛有试样的容器放入恒温水浴中，保持20min，使试样温度与试验温度平衡，并保持试样温度均匀。

③ 将转子垂直浸入试样中心部位，并使液面达到转子液位标线（有保护架应装上)。

④ 开动旋转黏度计，读取旋转时指针在圆盘上不变时的读数。

⑤ 每个试样测定3次，取3次测定中最小读数值。

七、结果计算

$$\eta = K\alpha$$

式中　η——黏度值；

K——系数，根据所选的转子和转速由仪器给定；

α——读数值。

八、实训记录与数据处理

样品名称	黏度值		
	第一次测定	第二次测定	平均值

九、实训思考

请分析影响黏度测定的因素有哪些？

实训24　化妆水浊度的测定

一、实训目的

掌握目测法测定化妆品的浊度。

二、实训原理

具体测定原理见 8.2.4 节。

三、实训仪器

具体测定仪器见 8.2.4 节。

四、实训重点

① 选择合适的冷冻剂进行实验。

② 实验过程中保持平行样品底部不接触。

五、实训难点

根据不同的样品选择不同的指标温度。

六、实训步骤

在烧杯中放入冰块或冰水，或其他低于测定温度 5℃的适当冷冻剂。

取试样两份，分别倒入两支预先烘干的 ϕ2cm×13cm 玻璃试管中，样品高度为试管长度的 1/3。将其中一份用串联温度计的塞子塞紧试管口，使温度计的水银球位于样品中间部分。试管外部套上另一支 ϕ3cm×15cm 的试管，使装有样品的试管位于套管的中间，注意不使两支试管的底部相接触。将试管置于加有冷冻剂的烧杯中冷却，使试样温度逐步下降，观察到达规定温度时的试样是否清晰。观察时用另一份样品作对照。

重复测定一次，两次结果应一致。

七、结果表示

在规定温度时，试样仍与原样的清晰程度相等，则该试样检验结果为清晰，不混浊。

八、实训记录与数据处理

样品名称	浊度值		
	第一次测定	第二次测定	平均值

九、实训思考

请分析影响浊度测定的因素有哪些？

实训25　化妆品菌落总数的测定

一、实训目的

① 了解无菌操作技术的应用。

② 掌握微生物的培养方法。

二、实训原理

具体测定原理与8.5.2节所述一致。

三、实训仪器

① 三角瓶、量筒、高压灭菌锅、试管、酒精灯、恒温培养箱、放大镜、pH计或精密pH试纸。

② 灭菌平皿：直径9cm；灭菌刻度吸管：10mL。

四、实验试剂

① 生理盐水：称取8.5g氯化钠溶解于1000mL蒸馏水中，分装入加玻璃球的三角瓶中，每瓶90mL，在0.1MPa压强下高压灭菌20min。

② 卵磷脂、吐温80-营养琼脂培养基。

五、实训重点

① 培养基的配制。

② 高压灭菌锅的使用。

六、实训难点

菌落总数的测定。

七、实训步骤

用灭菌吸管，吸取按1∶10稀释的检样2mL分别注入两个灭菌平皿内，每皿1mL，另取1mL注入到9mL灭菌生理盐水试管中（注意勿使吸管接触液面），更换一支试管，并充分混匀，使成1∶100的稀释液，吸取2mL，分别注入到两个灭菌平皿内，每皿1mL。如样品含菌量高，还可稀释成1∶1000、1∶10000……每种稀释度应换1支吸管。

将熔化并冷至45～50℃的卵磷脂吐温80-营养琼脂培养基倾注平皿中，每皿约 15mL，另倾注一个不加样品的灭菌空平皿，做空白对照，随即转动平皿，使样品与培养基充分混合均匀，待琼脂凝固后，翻转平皿，置 37℃ 培养箱内培养 48h。

先用肉眼观察，对菌落数进行计数，然后再用 5～10 倍的放大镜检查，以防遗漏。记下各平皿的菌落数后，求出同一稀释度各平皿菌落数，若平皿中有连成片状的菌落或花点样菌蔓延生长时，该平皿不宜计数。若片状菌落不到平皿中的一半，而其余一半中菌落数分布又很均匀，则可将此半个平皿菌落计数后乘以 2，以代表全皿菌落数。

八、实训记录与数据处理

稀释度	菌落数			两稀释度菌数之比	菌落总数/(CFU/g 或 CFU/mL)	报告方式/(CFU/g 或 CFU/mL)
	平皿 1	平皿 2	平均值			
10^{-1}						
10^{-2}						
10^{-3}						

九、实训思考

请分析影响准确度的因素有哪些？

实训26　化妆品霉菌与酵母菌总数的测定

一、实训目的

① 掌握霉菌和酵母菌总数的测定方法。

② 掌握霉菌和酵母菌总数的计算方法。

二、实训原理

具体测定原理见 8.5.6 节。

三、实训仪器

具体测定仪器见 8.5.6 节。

四、实训重点

① 生理盐水的正确配制。

② 虎红培养基的正确配制。

③ 样品的正确稀释。

五、实训重点

① 培养基的配制。

② 高压灭菌锅的使用。

六、实训难点

样品霉菌和酵母菌的培养。

七、实训步骤

具体测定步骤见本书 8.5.6 节。

八、实训记录与数据处理

稀释度	菌落数			两稀释度菌数之比	菌落总数/(CFU/g 或 CFU/mL)	报告方式/(CFU/g 或 CFU/mL)
	平皿 1	平皿 2	平均值			
10^{-1}						
10^{-2}						
10^{-3}						

九、实训思考

霉菌与酵母菌的培养温度与细菌的培养温度有什么不同?

实训27 化妆品重金属含量的测定

一、实训目的

① 掌握火焰原子吸收分光光度计的使用;

② 掌握火焰原子吸收分光光度法测定铅含量的原理。

二、实训原理

与 8.4.2 节所述测定原理一致。

三、实训仪器

与 8.4.2 节所述仪器一致。

四、实训试剂

与 8.4.2 节所述试剂一致。

五、实训重点

① 微波消解法处理样品的方法;

② 火焰原子吸收分光光度计的使用。

六、实训难点

火焰原子吸收分光光度法测定铅的含量。

七、实训步骤

与 8.4.2 节所述测定步骤一致。

八、实训记录与数据处理

样品名称	读数值			质量分数计算结果
	第一次测定	第二次测定	平均值	

实训28　美白化妆品氢醌与苯酚含量的测定

一、实训目的

① 掌握气相色谱法测定化妆品中氢醌的含量。

② 掌握气相色谱法测定化妆品中苯酚的含量。

二、实验原理

样品中的氢醌和苯酚经乙醇提取后，用气相色谱法分离，氢火焰离子化检测器检测，根据保留时间定性，峰面积定量。

三、实训重点

① 气相色谱仪的正确使用。

② 外标法标准系列溶液的配制。

四、实训难点

① 气相色谱法测定化妆品中氢醌的含量。

② 气相色谱法测定化妆品中苯酚的含量。

五、实训试剂

除另有规定外，本方法所用试剂均为分析纯或以上规格，水为 GB/T 6682 规定的一级水。

① 乙醇［ϕ(乙醇)＝99.9%］。

② 氢醌标准储备溶液：称取色谱纯氢醌 0.4g（精确到 0.0001g）于烧杯中，

用少量乙醇溶解后移至100mL容量瓶中，用乙醇稀释至刻度。此溶液在一个月内稳定。

③ 苯酚标准储备溶液：称取色谱纯苯酚0.2g（精确到0.0001g）于烧杯中，用少量乙醇溶解后移至100mL容量瓶中，用乙醇稀释至刻度。此溶液在一个月内稳定。

六、实训仪器

① 气相色谱仪，氢火焰离子化检测器。

② 天平。

七、实训步骤

1. 标准系列溶液的制备

① 取氢醌标准储备溶液0mL、1.50mL、2.00mL、2.50mL、3.00mL于10mL容量瓶中，用乙醇定容至刻度，制成浓度分别为0g/L、0.60g/L、0.80g/L、1.00g/L和1.20g/L的氢醌标准系列溶液。

② 取苯酚标准储备溶液0mL、0.50mL、1.00mL、2.00mL、3.00mL、4.00mL、5.00mL于10mL容量瓶中，用乙醇定容至刻度，制成浓度分别为0g/L、0.10g/L、0.20g/L、0.40g/L、0.60g/L、0.80g/L和1.00g/L的苯酚标准系列溶液。

2. 样品处理

称取样品1g（精确到0.001g）于10mL具塞比色管中，用乙醇溶解，超声振荡1min，用乙醇稀释至刻度，静止后取上清液作为样品待测溶液。注入色谱仪，测定其峰面积。

3. 参考色谱条件

色谱柱：硬质玻璃柱（长2m，内径3mm），10% SE-30，担体为Chromosorb W AW DMCS 60～80目；

柱温：220℃；

汽化室温度：280℃；

载气：氮气；

气体流量：氮气30mL/min，氢气50mL/min，空气500mL/min；

进样体积：2.0μL。

4. 测定

在参考色谱条件下，取氢醌和苯酚标准系列溶液分别进样，记录色谱图，分别以氢醌标准系列溶液和苯酚标准系列溶液质量浓度为横坐标，峰面积为纵坐标，绘制氢醌和苯酚的标准曲线。

取样品待测溶液进样，记录色谱图，测得峰面积，根据标准曲线得到样品待测溶液中氢醌、苯酚的质量浓度。

八、实训记录与数据处理

样品名称	峰面积			质量浓度计算结果	样品中氢醌或苯酚的质量分数
	第一次测定	第二次测定	平均值		

样品中氢醌或苯酚的质量分数按下式计算。

$$w=\frac{\rho\times V\times 1000}{m}$$

式中 w——样品中氢醌或苯酚的质量分数，μg/g；

m——样品取样量，g；

ρ——从标准曲线得到待测组分的质量浓度，g/L；

V——样品定容体积，mL。

实训29 化妆品甲醛含量的测定

一、实训目的

掌握乙酰丙酮分光光度法测定化妆品中总甲醛的含量。

二、实训原理

样品中的甲醛，在过量铵盐存在下，与乙酰丙酮和氨作用生成黄色的3,5-二乙酰基-1,4二氢卢剔啶，根据颜色深浅比色定量。反应方程式如下：

$$\mathrm{H\overset{\overset{\displaystyle O}{\|}}{C}H + NH_3 + 2CH_3-\overset{\overset{\displaystyle O}{\|}}{C}-CH_2-\overset{\overset{\displaystyle O}{\|}}{C}-CH_3 \longrightarrow CH_3-\overset{\overset{\displaystyle O}{\|}}{C}-CH_2-C\langle\overset{C H_2}{}\rangle C-CH_2-\overset{\overset{\displaystyle O}{\|}}{C}-CH_3}$$

（环：C—$\overset{H_2}{C}$—C，C=HC—$\underset{H}{N}$—CH=C）

三、实训重点

① 甲醛标准系列溶液的配制。

② 甲醛样品的乙酰丙酮显色方法。

四、实训难点

乙酰丙酮分光光度法测定化妆品中总甲醛的含量。

五、实训试剂

除另有规定外，本方法所用试剂均为分析纯或以上规格，水为 GB/T 6682—2008 规定的一级水。

① 硫酸：优级纯。

② 硫酸钠溶液：称取无水硫酸钠 25g 于烧杯中，加水溶解至 100mL。

③ 乙酰丙酮的乙酸铵溶液：称取乙酸铵 25g 溶于水后，加冰乙酸 3mL 及乙酰丙酮 0.2mL，再加水至 100mL，混匀，转移至棕色瓶中，于冰箱内保存可在一个月内稳定。

④ 乙酸铵溶液：称取乙酸铵 25g 溶于水后，加冰乙酸 3mL，再加水至 100mL，混匀。

⑤ 氢氧化钠溶液：称取氢氧化钠 4g，用少量水溶解，再加水至 100mL，混匀。

⑥ 硫酸溶液Ⅰ：取硫酸 3mL，缓慢加入到 97mL 水中，混匀。

⑦ 硫酸溶液Ⅱ：取硫酸 10mL，缓慢加入到 90mL 水中，混匀。

⑧ 淀粉溶液：称取可溶性淀粉 1g，用水 5mL 调成溶液后，加入沸水 95mL，煮沸，加水杨酸 0.1g 或氯化锌 0.4g 防腐。

⑨ 碘标准溶液：称取碘 13.0g 和碘化钾 35g，加水 100mL，溶解后加入盐酸 3 滴，用水稀释至 1L，过滤后转移至棕色瓶中。

⑩ 重铬酸钾标准溶液 [$c(1/6K_2Cr_2O_7)=0.1mol/L$]：准确称取于 120℃±2℃干燥至恒重的重铬酸钾基准物质 4.9031g，溶于水转移至 1L 容量瓶中，定容到刻度，摇匀。

⑪ 硫代硫酸钠标准溶液：称取硫代硫酸钠（$Na_2S_2O_5 \cdot 5H_2O$）26g 或无水硫代硫酸钠 16g 溶于 1L 新煮沸放冷的水中，加入氢氧化钠 0.4g 或无水碳酸钠 0.2g，摇匀，储存于棕色玻璃瓶内，放置两周后过滤，并按如下方法标定浓度：

准确量取重铬酸钾标准溶液 25.00mL 于 500mL 碘量瓶中，加碘化钾 2.0g 和硫酸溶液Ⅱ 20mL，立即密塞，摇匀，于暗处放置 10min。加水 150mL，用硫代硫酸钠溶液滴定至溶液显浅黄色时，加入淀粉溶液 2mL，继续滴定至溶液颜色由蓝色变为亮绿色。同时做空白试验。按下式计算硫代硫酸钠溶液的浓度：

$$c(Na_2S_2O_3)=\frac{c(K_2Cr_2O_7)\times 25.00}{V_1-V_0}$$

式中　$c(Na_2S_2O_3)$——硫代硫酸钠标准溶液的浓度，mol/L；

$c(K_2Cr_2O_7)$——重铬酸钾标准溶液的浓度 [$c(1/6K_2Cr_2O_7)$]，mol/L；

V_1——滴定重铬酸钾消耗硫代硫酸钠溶液的体积，mL；

V_0——滴定空白消耗硫代硫酸钠溶液的体积，mL。

⑫ 甲醛标准储备溶液：称取甲醛溶液（Formalin）1g（精确到 0.0001g），

加水稀释到1L，作为甲醛标准储备溶液（此溶液于冰箱中保存可在三个月内稳定）。按如下方法标定甲醛标准储备溶液中所含甲醛（HCHO）的浓度：

准确量取甲醛标准储备溶液20.00mL于250mL碘量瓶中，加入碘标准溶液50.00mL，氢氧化钠溶液15mL，加塞，摇匀放置15min，加硫酸溶液Ⅰ 20mL，立即塞紧，混匀，于暗处放置15min，用硫代硫酸钠标准溶液滴定至溶液显淡黄色时，加入淀粉溶液2mL，继续滴定至溶液的蓝色刚好褪去，记录消耗硫代硫酸钠标准溶液的体积。同时做空白试验。并按下式计算甲醛的浓度：

$$\rho(\mathrm{HCHO})=\frac{(V_0-V_1)\times c\times 15\times 1000}{V}$$

式中 $\rho(\mathrm{HCHO})$——甲醛溶液的浓度分数，mg/L；

V——甲醛标准储备液取样体积，mL；

V_0——滴定空白溶液消耗的硫代硫酸钠标准溶液体积，mL；

V_1——滴定甲醛溶液消耗的硫代硫酸钠标准溶液体积，mL；

c——硫代硫酸钠溶液的摩尔浓度，mol/L；

15——甲醛（1/2HCHO）摩尔质量，g/mol。

六、实训仪器

分光光度计、天平、离心机、水浴锅。

七、实训步骤

1. 标准系列溶液的制备

取甲醛标准储备溶液适量，用水逐级稀释到所需浓度（1～4mg/L）的标准系列溶液。临用现配。

2. 样品处理

称取样品1g（精确到0.001g）于50mL具塞比色管中，加硫酸钠溶液25mL，振摇，加水至刻度，于40℃水浴中放置1h（其间不时振摇）。取出快速冷却，转移至离心管中，离心（3000r/min），过滤。滤液作为待测溶液。

3. 测定

取待测溶液5.00mL于10mL具塞比色管中，加乙酰丙酮的乙酸铵溶液5.00mL，摇匀，于40℃水浴中加热30min，室温下放置30min。另取待测溶液5.00mL，加乙酸铵溶液5.00mL，摇匀，与前者同法加热，作为比色参比溶液。用1cm的比色皿在414nm波长处测定吸光度，待测溶液和参比溶液的吸光度之差值作为A。另取甲醛标准溶液及水各5.00mL，分别加入乙酰丙酮的乙酸铵溶液5.00mL，与样品同法加热，冷却。以水为参比溶液，测定其吸光度A_S及A_0。为保证测定结果的准确性，样品溶液中甲醛的含量应与标准溶液中的浓度相近。

如为含硫化物较多的样品，可在弱碱性条件下加入适量的10%乙酸锌溶液，使之生成硫化锌沉淀，过滤去除沉淀物，取滤液测定。

八、实训记录与数据处理

测定次数	m	ρ	A	A_S	A_0	w	w平均值
第一次							
第二次							

样品中甲醛的质量分数按下式计算。

$$w=\rho\times\frac{A-A_0}{A_S-A_0}\times V\times\frac{1}{m}$$

式中　w——样品中甲醛的质量分数，μg/g；

m——样品取样量，g；

ρ——甲醛标准溶液的质量浓度，mg/L；

A——待测溶液与参比溶液吸光度的差值；

A_S——以水为参比的甲醛标准溶液的吸光度值；

A_0——以水为参比的空白溶液的吸光度值；

V——样品定容体积，mL。

第9章 化妆品留样管理

知识目标

- (1) 了解化妆品留样的目的。
- (2) 熟悉相关留样制度。
- (3) 掌握化妆品留样工作的基本程序。

能力目标

- (1) 能进行化妆品成品及原料的留样及存档。
- (2) 能根据化妆品类型确定留样数量及处理方法。

案例导入

作为一名化妆品品质管理人员，你知道化妆品成品需要保留多长时间吗？

课前思考题

(1) 哪些产品或样品需要留样？

(2) 样品取样是随机进行吗？

9.1 概述

（1）目的

① 通过周期性对留样样品进行观察，确认包装材料、原料、半成品、成品的稳定性。

② 便于在发生质量投诉或质量异常时通过对留样样品复查，进而便于进行原因分析及相关结果追溯。

③ 符合《化妆品生产许可检查要点》要求。

（2）适用范围

适用于生产过程中涉及到的原料、包装材料（含促销物料）、半成品、成品（包含 OEM 成品）批次留样以及不合格品的留样管理。

（3）定义

完整包装：剔除掉收缩膜后的完整销售包装，有两种形式：

① 单支产品：严格保持原有销售包装状态的单支样品，合并留样。

② 套盒（含面贴膜类）产品：外盒（含盒内辅助包装材料，如吸塑）与灌装半成品分开留样。

新品类：新配方，或配方或工艺有重大变更，或内包装材料材质变更，或内包装材料结构变更，连续生产≤10 批（灌装批）的产品。

（4）职责

部门	岗位	职责
品质管理部	检验员	负责样品的入库上架、整理、观察、库存管理和下架合理销毁，并负责留样房环境管理，实验室主管负责对留样管理工作的监督、检查

9.2 留样制度

（1）留样要求

① 来料检验的每批次原料均需留样。

② 来料检验的每批次包装材料（含促销物料）均需留样。

③ 生产的每批次半成品均需留样。

④ 生产的每批次成品（包含 OEM 成品）均需留样。

⑤ 凡发现的不合格品（包含原料、包装材料、半成品、成品等），在未得到妥善处理以及处理结果未得到充分评估之前，必须留样。

（2）留样条件

留样应保存在通风良好、清洁、干燥、避免日光直射的室内，温度应控制在18～26℃（但对于有特殊要求的原料留样应按照实际储存要求进行保管），相对湿度应控制在30%～75%的环境中，并将每天的环境监测数据填写在《测量环境监测记录》上，每日一次（休息日、节假日除外）。若出现数据偏差等异常情况时，应立即报告以便及时调查原因并采取相应的解决措施。

留样架应保证牢固且放置水平，以避免样品挤压破碎，保证留样的安全性。

9.3 留样管理

1. 成品留样管理

（1）样品标识

品质管理部车间巡检员需每天对当天生产的成品进行每批取样。每个样品均有样品标识。各留样标签示例说明如下：

① 品管留样（开封）——如绿底黑字，用于表示该支灌装半成品是开封过的。

② 品管留样（未开封）——如蓝底黑字，用于表示该支灌装半成品是未开封过的，贴在泵头处（泵类）或瓶盖与瓶身处（非泵头类），用于表明此样品保持未开封状态。当该样品被开封后，需更换标签为“品管留样（开封）”。

③ 品管留样（异常）——如红底黑字，用于表示该支产品观样后有异常，在“异常简述”栏简述异常情况。

④ 品管留样（外包装）——如白底黑字，粘贴在盒子（彩盒或套盒）上。

注：对于套盒（含面贴膜）产品，同一批组套中，盒中单支（或单片）产品有不同批次，甚至出现不用限用日期的情况。为了方便追溯，现场留样时，应获取该成品批的“半成品出库单”并随套盒一起保存。

样品标签如下所示。

标签1	品管留样(开封)	标签2	品管留样(未开封)
标签3	品管留样(异常)	标签4	品管留样(外包装)

（2）留样数量（针对灌装半成品样）

每批灌装半成品的留样量应不少于该成品进行两次全项目检测的使用量，同时应预留该成品进行定期稳定性观察的留样量。样品应具有代表性（前中后段取样），取样及留样数量按表 9-1 执行，同时于《包装/灌装车间样品取样登记表》上登记，并在取样完成后转交留样管理员进行样品流转和管理。

表 9-1　取样数量规定

产品类型	净含量 Q/mL	新批次产品	备注
非泵头类	<30	4	—
	≥30	3	
泵头类	<30	3	—
	≥30	2	
眼霜类	<20	4	—
	≥20	3	
膜袋类	规格不限	10	取样 10 片，初始留样 9 片

注：1. 精油类产品——不限规格，每灌装批抽取 2 支。

2. 不再区分卖品与非卖品，统一按表中规定取样量进行取样，小规格也要留样。

（3）取样操作

① 单支产品的取样

a. 即灌即包装产品。灌装半成品样：灌装时在线按规定数量取样和标识、登记，按前、中、后段分散取样（一批生产时间少于 1 小时，或总取样量少于 3 个的，按前、后段取样）。完整包装样：包装时在线取第一盒成品（完整打码，不含收缩膜），按规定标识、登记。

b. 捡拉产品。灌装半成品样：灌装时在线按规定数量取样和标识、登记，按前、中、后段分散取样（一批生产时间少于 1 小时，或总取样量少于 3 个的，按前、后段取样）。完整包装样：包装时取第一个空盒（完整打码，无收缩膜）标识、登记。

（注：在上架前，成品留样管理员将此空盒与对应的未开封灌装半成品配套好后再上架，形成一套完整包装样。）

② 套盒（含组套产品、面贴膜产品）的取样

a. 灌装半成品样：只在灌装时取样和标识、登记。（同单支产品取样）

b. 完整包装样：包装时取第一个空盒（完整打码，无收缩膜）标识、登记。

（当套内单支/单片产品的批号或限用日期有变化时，内附“半成品出库单”。）

③ 仅为点数出货的单个、小袋等试用装或仅有中盒而无对应彩盒包装的赠品或配套销售产品：只需依据具体留样数量要求作灌装半成品的取样与留样、登记、标识，无需对包装用的中盒、纸箱等进行留样。

（4）成品留样库存管理

① 留样管理员应及时将留样样品信息登记于《成品留样登记总台账及观察记录》上，包含但不限于产品名称、规格、留样数量、有无完整包装等信息。

② 已取样的灌装产品留样需按品牌、取样日期、是否开封样、是否新品等，分类存放在指定位置。空包装亦按品牌及取样日期进行单独分类存放、记录。

③ 成品留样期限：产品保质期后6个月。

④ 成品留样室由留样管理员负责管理维护，包含留样上架下架、现场5S、环境温湿度管理、留样观察等。

⑤ 盘点：留样管理员应每三个月随机抽取30个批次的成品留样盘点一次，每年全部盘点一次，品质主管或经理每半年抽取30个批次的成品留样盘点抽查一次，每次盘点应做好盘点记录，并在《成品留样登记总台账及观察记录》中修正盘点数量（盘盈盘亏）。

（5）成品留样观察

① 观察周期：留样管理员负责对成品留样进行定期观察，观察周期确定如下。

是否新品	类别	观样周期	补充说明
新品	面膜类	3个月1次	12个月后，按旧品周期来观样
	非面膜类	1个月1次	12个月后，按旧品周期来观样
非新品	面膜类	12个月1次	特殊情况除外，比如：当置疑产品有问题时，验证需要时
	非面膜类	12个月1次	

② 观样项目及观察方法

外观：取试样于比色管中或均匀涂抹于白纸上，在室温、正常光线、非阳光直射下目测观察，确认颜色、状态等是否正常。

气味：用嗅觉进行鉴别。

肤感：取适量试样涂于手背或手臂内侧验证膏体的肤感、黏稠度等，确认肤感是否正常。

包装外观：观察样品包装有无渗漏、变色、变形、破裂等情况。

参考标准：标准样品、检验标准。

每次定期观察留样后填写《成品留样登记总台账及观察记录》。当发现不合格时，将异常现象进行汇总（登记在《成品留样观样发现不合格记录及跟进表》），并 24 个工作时内反馈异常至部门经理，并以《留样异常整改措施计划表》形式反馈给相关部门如生产部、研发部、采购部等，进行跟进处理，并要求相关部门在接收《留样异常整改措施计划表》后的 15 个工作日内给出相关反馈处理。

（6）成品留样出库

留样样品不得随意外借或转送他人，如其他人需要借出留样，须经品质过程控制部经理同意后，双方在《留样出库情况登记表》上登记样品信息、借样原因、数量和拟归还日期等，并双方签名确认。留样管理员根据拟归还日期督促对方归还留样，并对归还后的样品进行确认，做好归位工作。

（7）成品留样销毁

留样期满（保质期后 6 个月）的样品应及时整理，列出清单，报主管审核后转财务部确认，再合理销毁，同时更新台账。正常情况下，一年开展一到两次销毁工作。

当样品达到有效期但无新的留样补充时原则上应先予以保留。

2. 原料留样管理

（1）原料留样的采集及标示

原料检验员对每批次来料取样，并装瓶保存，每批次原料的留样量要保证可进行一次全分析检测的使用量。在每批留样上贴上原料留样标签，并写明原料代码、名称、生产厂家、供应商、生产批号、检验日期、取样人、取样数量。

（2）原料留样的保存

① 原料检验员对每日留样整理，按原料代码存放，以方便查看，对于低温保存的原料应储存于冰箱中。

② 原料留样应保存一年。

③ 原料留样原则上应采用 30mL 或 50mL PVC 塑料瓶进行封装保存，但香精类、特殊类原料因其自身原料性质特殊导致其易与现有 PVC 塑料瓶发生反应，故其需存放于 30mL 玻璃瓶中，对有避光要求的原料，同时注意做好避光保存。

（3）原料留样的观察与处理

① 每三个月对原料留样进行观察，发现外观、气味等异常情况及时反馈。

② 观察方法参照成品留样观察。

③ 每次定期观察留样后填写《原料留样登记总台账及观察记录》，并对异常留样现象进行汇总，将观察结果反馈至生产部、研发部、采购部等相关部门进行跟进处理，并要求在品质管理部提供《整改措施计划表》后的次月 15 号之前给出相关反馈处理。

（4）原料的销毁

销毁条件：留样时间达到留样期（一年）且已过保质期的原料。

当达到销毁期限而无新的留样补充时，应先予以保留，暂不销毁。

3. 半成品留样管理

半成品理化检验员对每批次半成品进行留样，每批次半成品需贴上留样标签，并写明样品名称、生产批号、留样日期，按留样日期存放保存三个月，以便期间出现异常问题时追溯。到期后由半成品理化检验员负责报废。

当达到销毁期限而无新的留样补充时，应先予以保留，暂不报废。

4. 包装材料留样管理

包装材料检验员对每批次来料进行留样，并按照包装材料类型分箱保存，在样品上需标识到货日期、取样日期、供应商名称，按留样日期存放保存半年，以便期间出现包装材料异常问题时追溯。到期后由包装材料检验员负责报废。

参 考 文 献

[1] 张庆生，王钢力. 化妆品安全技术规范. 2015 年版. 北京：人民卫生出版社，2017.

[2] 龚盛昭，高洪潮. 精细化学品检验技术. 北京：科学出版社，2010.

[3] 杜雅娟，郭朝晖，杨平荣. 药品化妆品抽样及检验的有关问题探讨. 中国药事，2020，34 (4).

[4] 刘思然，朱英. 化妆品中香料的安全性及检验技术研究进展. 中国卫生检验杂志，2017 (9).

[5] 朱俐，刘洋，曾三平. 化妆品中有害物质分析检测方法研究进展. 分析测试学报，2016 (2).

[6] 李野，尹利辉，曹进. 化妆品中重金属检测方法的现状. 药物分析杂志，2013 (10).

[7] 李硕，李莉，王海燕. 我国化妆品标准及其效力研究. 中国药事，2021 (1).

[8] 王建梅，曾莉. 化验员实用操作指南. 北京：化学工业出版社，2020.

[9] 郭毅. 化妆品中微生物的检测及应用. 化工管理，2018 (23).

[10] 何清清. 化妆品与药品标准体系比较及检验特点研究. 轻工标准与质量，2019 (2).

[11] 于晓瑾，穆同娜. 国内外化妆品禁限用物质检测方法相关法规和标准综述. 日用化学工业，2013，43 (6).